U0339544

"十三五"国家重点出版物出版规划项目

转型时代的中国财经战略论丛

资源环境约束下
农业用水效率评价及提升路径研究

杨 骞 著

中国财经出版传媒集团

经济科学出版社
Economic Science Press

图书在版编目（CIP）数据

资源环境约束下农业用水效率评价及提升路径研究/
杨骞著 . —北京：经济科学出版社，2020.1
（转型时代的中国财经战略论丛）
ISBN 978 - 7 - 5218 - 1243 - 5

Ⅰ. ①资… Ⅱ. ①杨… Ⅲ. ①农田水利 – 水资源
管理 – 研究 – 中国 Ⅳ. ①S279.2

中国版本图书馆 CIP 数据核字（2020）第 014511 号

责任编辑：于海汛 陈 晨
责任校对：王肖楠
责任印制：李 鹏

资源环境约束下农业用水效率评价及提升路径研究
杨 骞 著
经济科学出版社出版、发行 新华书店经销
社址：北京市海淀区阜成路甲 28 号 邮编：100142
总编部电话：010 - 88191217 发行部电话：010 - 88191522
网址：www. esp. com. cn
电子邮件：esp@ esp. com. cn
天猫网店：经济科学出版社旗舰店
网址：http://jjkxcbs. tmall. com
北京季蜂印刷有限公司印装
710 × 1000 16 开 20.75 印张 330000 字
2020 年 2 月第 1 版 2020 年 2 月第 1 次印刷
ISBN 978 - 7 - 5218 - 1243 - 5 定价：72.00 元
（图书出现印装问题，本社负责调换。电话：010 - 88191510）
（版权所有 侵权必究 打击盗版 举报热线：010 - 88191661
QQ：2242791300 营销中心电话：010 - 88191537
电子邮箱：dbts@ esp. com. cn）

总　序

　　山东财经大学《转型时代的中国财经战略论丛》（以下简称《论丛》）系列学术专著是"'十三五'国家重点出版物出版规划项目"，是山东财经大学与经济科学出版社合作推出的系列学术专著。

　　山东财经大学是一所办学历史悠久、办学规模较大、办学特色鲜明，以经济学科和管理学科为主，兼有文学、法学、理学、工学、教育学、艺术学八大学科门类，在国内外具有较高声誉和知名度的财经类大学。学校于2011年7月4日由原山东经济学院和原山东财政学院合并组建而成，2012年6月9日正式揭牌。2012年8月23日，财政部、教育部、山东省人民政府在济南签署了共同建设山东财经大学的协议。2013年7月，经国务院学位委员会批准，学校获得博士学位授予权。2013年12月，学校入选山东省"省部共建人才培养特色名校立项建设单位"。

　　党的十九大以来，学校科研整体水平得到较大跃升，教师从事科学研究的能动性显著增强，科研体制机制改革更加深入。近三年来，全校共获批国家级项目103项，教育部及其他省部级课题311项。学校参与了国家级协同创新平台中国财政发展2011协同创新中心、中国会计发展2011协同创新中心，承担建设各类省部级以上平台29个。学校高度重视服务地方经济社会发展，立足山东、面向全国，主动对接"一带一路"、新旧动能转换、乡村振兴等国家及区域重大发展战略，建立和完善科研科技创新体系，通过政产学研用的创新合作，以政府、企业和区域经济发展需求为导向，采取多种形式，充分发挥专业学科和人才优势为政府和地方经济社会建设服务，每年签订横向委托项目100余项。学校的发展为教师从事科学研究提供了广阔的平台，创造了良好的学术生态。

　　习近平总书记在全国教育大会上的重要讲话，从党和国家事业发展全局的战略高度，对新时代教育工作进行了全面、系统、深入的阐述和部署，为我们的科研工作提供了根本遵循和行动指南。习近平总书记在庆祝改革开放40周年大会上的重要讲话，发出了新时代改革开放再出发的宣言书和动员令，更是对高校的发展提出了新的目标要求。在此背景下，《论丛》集中反映了我校学术前沿水平、体现相关领域高水准的创新成果，《论丛》的出版能够更好地服务我校一流学科建设，展现我校"特色名校工程"建设成效和进展。同时，《论丛》的出版也有助于鼓励我校广大教师潜心治学，扎实研究，充分发挥优秀成果和优秀人才的示范引领作用，推进学科体系、学术观点、科研方法创新，推动我校科学研究事业进一步繁荣发展。

　　伴随着中国经济改革和发展的进程，我们期待着山东财经大学有更多更好的学术成果问世。

山东财经大学校长

2018 年 12 月 28 日

前　言

　　水是生命之源、生产之要、生态之基，水资源的紧缺严重制约着经济和社会的可持续发展。农业是国民经济中水资源利用量最大的部门，农业用水占到全部用水量的 60% 以上。然而，随着农药、农膜、化肥等要素的过量投入，农业水环境不断恶化，农业水污染问题日趋严峻。根据《中国环境统计年鉴》，2015 年农业废水中化学需氧量（COD）排放占的比重超过 48%，农业废水氨氮（NH）排放占全国的比重超过 31%。另据课题组估算，2001～2017 年中国农业面源污染 COD 排放 24231.67 万吨，总氮排放 13923.37 万吨，总磷排放 1617.82 万吨。近年来，国家相关部门十分重视农业用水和缺水问题。2012 年发布的《国务院关于实行最严格水资源管理制度的意见》提出了加强用水效率控制红线管理，以及全面推进节水型社会建设的目标和要求。"十三五规划"提出了"坚持绿色发展、着力改善生态环境"的要求，继续实行最严格的水资源管理制度，以水定产、以水定城，建设节水型社会。然而，从现实情况来看，破解中国农业用水危机、建设资源节约与环境友好型农业依旧任重而道远，遏制农业水污染排放、提升农业水资源利用效率成为解决中国农业用水危机的当务之急。

　　基于上述背景，本书研究水资源与水污染环境约束背景下的中国农业用水效率问题。主要内容包括：在科学测度分省及地区资源环境约束下农业用水效率的基础上，对中国农业用水效率的时空格局及空间交互影响、中国农业用水效率的区域差距及其成因、中国农业用水效率的影响因素及其空间溢出效应进行深入研究，最终对如何有效提升中国农业用水效率提出了相关建议。由于数据缺失等原因，中国的台湾地区、香港地区和澳门地区的情况不包括在本书的研究中，在此统一声明，书中详细内容处不再加以复核。全书共分为7章，各章内容如下：

第1章，导论。主要介绍了中国农业水资源利用现状及存在的问题。一是着重分析了农业在中国经济发展中的重要地位和价值。二是揭示了近年来中国农业水资源利用和农业水污染的现状。三是探究了农业水资源短缺及水环境恶化对中国农业发展的影响，并提出提升农业用水效率对于解决中国农业用水危机的重要意义。四是提出本书的研究框架、研究思路、研究方法与创新点。

第2章，文献综述。主要对现有的关于农业水资源利用效率的相关研究进行疏理和归纳，从"农业用水效率的测算方法""农业用水效率的区域特征""农业用水效率的影响因素"三方面进行文献评述。

第3章，资源环境约束下中国农业用水效率的测度。采用多个模型对资源环境约束下中国农业用水效率进行测算，甄选最佳的测度方案。首先，构建基于全局基准技术的非期望产出 SBM 模型，分别以面源污染和以 COD、NH 作为非期望产出，基于不同模型对资源环境约束下中国农业用水效率进行测度。其次，为了比较不同测度模型下的农业用水效率测度结果，本书遵循是否考虑非期望产出以及是否考虑不同规模报酬的思路进行配对检验，通过检验最终采用考虑采用非期望产出、投入产出双向、规模报酬不变模型测度中国农业用水效率。

第4章，中国农业用水效率的时空格局及空间交互影响。主要对资源环境约束下中国农业用水效率的空间分布特征进行事实描述，并对资源环境约束下中国农业用水效率在区域之间的交互影响进行实证考察。首先，利用可视化方法绘制资源环境约束下中国农业用水效率的分布，刻画中国农业用水效率的空间非均衡及空间集聚特征。其次，在时间序列框架下借助向量自回归脉冲响应函数方法，考察资源环境约束下中国农业用水效率在区域之间的交互影响，并对这种交互影响的强弱和方向进行识别。

第5章，中国农业用水效率的地区差距及其成因。主要对资源环境约束下中国农业用水效率的地区差距及其成因进行实证研究。一是利用泰尔指数方法对资源环境约束下中国农业用水效率的地区差距程度进行测度并进行地区分解，以揭示地区差距的来源。二是利用非参数估计方法揭示资源环境约束下中国农业用水效率的分布动态演进趋势。三是利用收敛检验方法对资源环境约束下中国农业用水效率的 σ – 收敛和 β –

收敛进行实证考察。四是首次利用关系数据计量建模技术和二次指派程序揭示中国农业用水效率地区差距的成因。

第6章，中国农业用水效率影响因素的实证研究。主要在考虑农业用水效率及其影响因素空间溢出效应的背景下，揭示中国农业用水效率的影响因素及其空间溢出效应。首先，以邻接空间权重、地理距离权重和经济空间权重三种对称权重矩阵及两种非对称空间权重矩阵表征中国农业用水效率的空间关联模式。其次，利用探索性空间数据分析中的 Moran's I 指数和 Moran 散点图，揭示资源环境约束下中国农业用水效率的全局和局域空间相关性。最后，构建空间动态 Durbin 面板数据模型，对资源环境约束下中国农业用水效率的影响因素进行实证检验和经验识别，并采用空间回归模型偏微分方法进行空间效应分解。

第7章，结论及政策建议。根据本书研究结论，从转变农业发展方式、加强环境规制、发展节水农业、加快技术创新、增强空间协同、完善水权和水价制度、增强农户节水意识等多个方面，为中国农业用水效率的有效提升，实现中国农业绿色、协调、可持续发展提供切实可行的政策建议。

本书的研究价值主要体现在三个方面：一是通过构建资源环境约束下全要素农业用水效率的测度方法及揭示农业用水效率的时空格局与区域特征，丰富了中国农业水资源利用效率的测度研究，拓展了空间经济学研究方法在农业水资源领域中的应用；二是基于对资源环境约束下农业用水效率的评价，揭示中国省域及区域农业用水效率的现状；三是基于对资源环境约束下农业用水效率空间差异及演变趋势的研究，为中国不同区域农业用水效率提升路径及策略提供依据；四是基于对农业用水效率及其影响因素空间溢出效应的研究，为有效提升中国农业用水效率、发展节水高效农业、保障国家粮食安全、实现农业可持续发展提供对策建议。

目　录

第1章 导 论

1.1 研究背景

农业是人类赖以生存的基础。近年来，中国农业增加值稳中有进，如图1-1所示。而2004~2015年，中国粮食产量成功实现了"十一年连增"，如图1-2所示。当前，中国经济已经进入"新常态"，在新时期，中国经济呈现速度变化、结构优化和动力转换三大特点，在此背景下，习近平总书记强调，要深入推进农业供给侧结构改革，不断提高中国农业综合效益和竞争力[①]。2016年"中央一号文件"《关于落实发展新理念加快农业现代化实现全面小康目标的若干意见》提出，"推进农业供给侧结构性改革，加快转变农业发展方式，保持农业稳定发展和农民持续增收"[②]。

水是生命之源、生产之要、生态之基，水资源的紧缺严重制约着经济和社会的可持续发展。中国作为全世界21个贫水国家之一，人均水资源占有量低，不足世界人均占有量的1/4。中国的水资源分布不均，整体呈现"南多北少，东多西少"的格局，而且中国的水土资源在地区上的组合不相匹配，水资源分布与产业布局不相适应，各地区水资源

---

① 沈王一：《习近平谈农业供给侧改革，加快补齐农业现代化短板》，人民网，2016年12月22日，http://cpc.people.com.cn/xuexi/n1/2016/1222/c385475-28968946.html。

② 2017年中央"一号文件"《关于深入推进农业供给侧结构性改革，加快培育农业农村发展新动能的若干意见》又进一步强调，要坚持新发展理念，协调推进农业现代化与新型城镇化，以推进农业供给侧结构性改革为主线，围绕农业增效、农民增收、农村增绿，加强科技创新引领，加快结构调整步伐，加大农村改革力度，提高农业综合效益和竞争力。

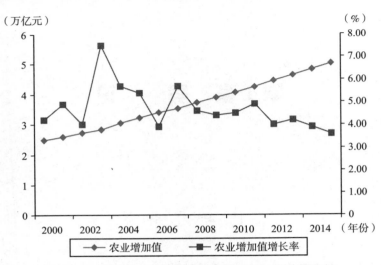

图 1 - 1 中国农业增加值（2000 年价格）及其增长率

资料来源：笔者根据 2016 年《中国统计年鉴》数据绘制。

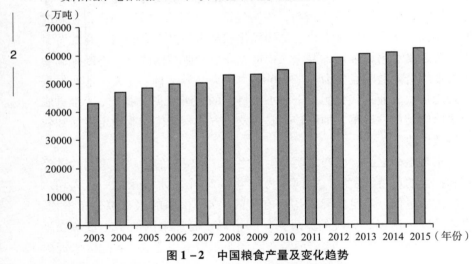

图 1 - 2 中国粮食产量及变化趋势

资料来源：笔者根据 2003 ~ 2015 年《中国农村统计年鉴》数据绘制。

供需矛盾差异较大，有些地区水资源短缺已经严重地制约了当地的经济发展①。农业生产离不开水，一直以来农业都是所有生产部门中用水量

———————

① 王晓青：《中国水资源短缺地域差异研究》，载于《自然资源学报》2001 年第 6 期，第 516 ~ 520 页。

最大的部门,如图 1 - 3 所示。近年来,农业用水占比一直比较稳定,维持在 63% 左右,如图 1 - 4 所示。农业作为水资源消耗最大的部门,农业用水危机直接关系到农业生产和国家粮食安全。随着工业化、城市化进程加快和人类活动加剧,水资源需求不断增加,对农业生产和粮食安全产生严重且深远的影响①。

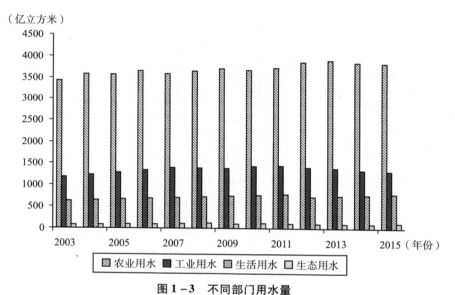

图 1 - 3 不同部门用水量

资料来源:笔者根据 1999 ~ 2016 年《中国水资源公报》数据绘制。

随着农业经济的迅猛发展,中国农业面临的环境问题越来越严峻,尤其是水污染问题日渐突出。当前,农业已成为中国最大的排污部门之一,图 1 - 5 表明,2014 年和 2015 年,农业废水中的 COD(化学需氧量)排放量占全国废水中 COD 排放总量的比重均超过了 48%,而农业废水中的 NH(氨氮)排放量占全部废水中 NH 排放量的比重均超过了 31%。农业废水中的污染物排放量居高不下,在近年的治理中减少甚微,如图 1 - 6 所示,这降低了实际可用水量并加剧农作物食品危机。

① 王金霞、徐志刚、黄季焜等:《水资源管理制度改革、农业生产与反贫困》,载于《经济学(季刊)》2005 年第 4 期,第 189 ~ 202 页。

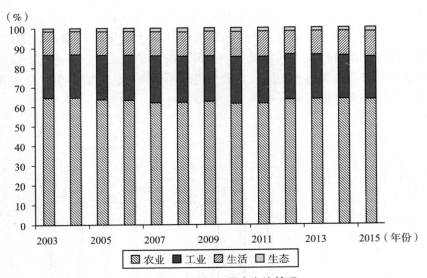

图 1-4 不同部门用水占比情况

资料来源：笔者根据 1999~2016 年《中国水资源公报》数据绘制。

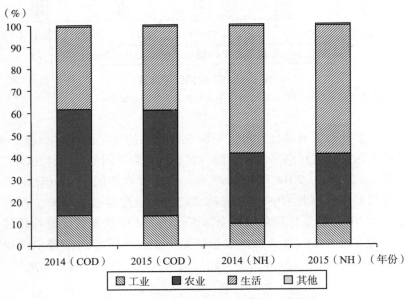

图 1-5 不同部门废水中 COD 与 NH 排放占比

资料来源：笔者根据 2015~2016 年《中国环境统计年鉴》数据绘制。

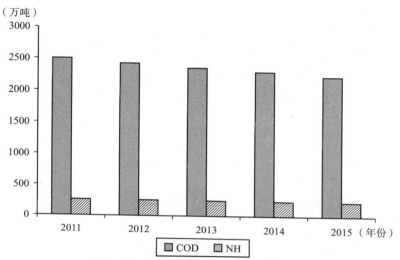

图 1-6　农业废水中 COD 与 NH 排放量

资料来源：笔者根据 2012～2016 年《中国环境统计年鉴》数据绘制。

中国农业水资源的短缺和水污染的严峻形势使中国农业发展面临着日益突出的"水危机"问题。在水资源短缺和水污染形势日趋严峻的双重约束下，通过提升农业用水效率已成为解决农业用水危机的根本手段。

1.1.1　农业水资源短缺现状

农业在中国经济社会发展中扮演极其重要的角色，然而中国农业用水面临着严重的水资源短缺问题。中国的人均水资源只有世界水平的 1/4，70% 的城市供水不足，20% 的城市严重缺水，每年因缺水造成的经济损失在 2000 亿～3000 亿元①。全国水资源综合规划成果显示，全国平均缺水量为 536 亿立方米，其中农业缺水约 300 亿立方米，因农业用水缺水造成的损失值得我们密切关注。到 2030 年左右，中国人口数量将达到 16 亿高峰，届时为满足人口粮食需求，中国的农业用水量将从现状的 4000 亿立方米增长到 6650 亿立方米左右②。根据水利部发布

---

①　2016 年 9 月 25 日中国工业环保促进会会长杨朝飞在"第四届水与国家安全研讨会暨中国绿色环保产业发展高峰论坛"上发表的讲话，详见：http://www.zgxk.org/xinwentoutiao/2016-09-25/2370.html。

②　乔金亮：《我国农业仍是第一用水大户，直面农业节水困局》，中国经济网，2016 年 10 月 4 日，http://www.ce.cn/xwzx/gnsz/gdxw/201610/04/t20161004_16478809.shtml。

的 2015 年《中国水资源公报》，中国的农田灌溉水有效利用系数①为 0.536，而发达国家此系数为 0.700，与之相差甚远。中国六大地区②华北、东北、东南、中部、西北和西南的农田灌溉水有效利用系数较低且差距也较大，如图 1-7 所示。农业需水量增大与水资源短缺、农业用水效率不高之间的矛盾日益凸显，农业快速发展与资源环境约束日益趋紧之间的冲突越加强烈。

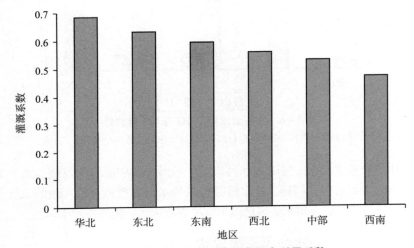

图 1-7　中国六大地区农田灌溉水利用系数

资料来源：笔者根据冯保清：《我国不同分区灌溉水有效利用系数变化特征及其影响因素分析》，载于《节水灌溉》2013 年第 6 期，第 29～32 页数据绘制。

　　国家相关部门相当重视农业用水和缺水问题。2012 年国务院发布的《关于实行最严格水资源管理制度的意见》提出了加强用水效率控

————————

　　①　灌溉水利用系数是指在一次灌水期间被农作物利用的净水量与水源渠首处总引进水量的比值。它是衡量灌区从水源引水到田间作用吸收利用水的过程中水利用程度的一个重要指标，也是集中反映灌溉工程质量、灌溉技术水平和灌溉用水管理的一项综合指标，是评价农业水资源利用的重要参考。

　　②　根据气候分布特点，除中国香港地区、台湾地区、澳门地区以外的省份，划分为华北（包含 6 个省份，北京、天津、河北、河南、山西和山东）、东北（包含 3 个省份，黑龙江、吉林和辽宁）、东南（包含 6 个省份，福建、浙江、江苏、上海、广东和海南）、中部（包含 6 个省份，宁夏、内蒙古、新疆、青海、甘肃和陕西）、西北（包含 4 个省份，湖南、湖北、安徽和江西）、西南（包含 6 个省份，云南、贵州、四川、重庆、广西和西藏）共 6 大地区。

制红线管理，以及全面推进节水型社会建设的目标和要求。与此同时，强化监管，严格控制用水总量，全面提高用水效率，促进水资源优化配置，遏制农业粗放用水，也应被全力实施。在"十一五"规划中，设立了建设节水型社会对农业领域设定的中长期目标，到 2020 年农业用水量占总用水量比例控制在 45% 以上，年均下降 1 个百分点。"十二五"期间是我国水资源供需矛盾最突出、用水方式转型最紧迫和水资源管理要求最严格的关键时期。农业作为水资源利用的大户，农业水资源高效利用是现阶段加强用水效率控制管理，全面推进节水型社会建设的重要问题之一。在"十三五"规划中，中国又提出了"坚持绿色发展，着力改善生态环境"的要求，实行最严格的水资源管理制度，以水定产，以水定城，建设节水型社会。合理制定水价，编制节水规划，实施雨洪资源利用、再生水利用、海水淡化工程，建设国家地下水监测系统，开展地下水超采区综合治理。另外，近几年的"中央一号文件"①针对农业用水也提出了相应的要求，如表 1-1 所示。

表 1-1　　　　　　　"中央一号文件"中有关水资源的表述

文件名称	相关内容
2017 年"中央一号文件"《关于深入推进农业供给侧结构性改革，加快培育农业农村发展新动能的若干意见》	实行绿色生产方式，大规模实施绿色节水工程
2016 年"中央一号文件"《关于落实发展新理念加快农业现代化实现全面小康目标的若干意见》	落实最严格的水资源管理制度，强化水资源管理"三条红线"刚性约束
2015 年"中央一号文件"《关于加大改革创新力度加快农业现代化建设的若干意见》	加强农业生态治理，推广节水技术，全面实施区域规模化高效节水灌溉
2014 年"中央一号文件"《关于全面深化农村改革加快推进农业现代化的若干意见》	落实最严格的水资源管理制度，分区域规模化推进高效节水灌溉行动
2013 年"中央一号文件"《关于加快发展现代农业进一步增强农村发展活力的若干意见》	扩大小型农田水利重点县覆盖范围，大力发展高效节水灌溉

资料来源：笔者根据相关资料整理绘制。

---

① "中央一号文件"原指中共中央每年发的第一份文件，现在已成为中共中央重视农村问题的专有名词。2004 年至 2017 年又连续十四年发布以"三农"（农业、农村、农民）为主题的中央一号文件，强调了"三农"问题在中国的社会主义现代化时期"重中之重"的地位。

1.1.2 农业水污染现状

除了面临严重的水资源短缺，中国农业用水也面临着严重的污染排放问题。20 世纪初以来，大量工业废水和生活污水的排放引起了水体富营养化，逐步增加的化肥施用及肥料流失更是造成水体富营养化日趋严重（全为民和严力蛟，2002）[①]。除了工业和城市污染向农业和农村转移排放外，化肥、农药等农业投入品的过量使用以及畜禽粪便、农作物秸秆和农田残膜等农业废弃物的不合理处置，加剧了土壤和水体的污染，导致了农业面源污染[②]问题凸现。2013 年农作物亩均化肥施用量为 21.9 公斤，远高于世界平均水平（每亩 8 公斤），是美国的 2.6 倍，欧盟的 2.5 倍；2012～2014 年农作物病虫害防治农药年均使用量高达 31.1 万吨[③]。农业化肥施用量和农药使用量呈逐年上升趋势，如图 1-8、图 1-9 所示。

农业面源污染问题也引起了国家相关部门的高度重视。习近平总书记指出，农业发展不仅要杜绝生态环境欠新账，而且要逐步还旧账，要打好农业面源污染治理攻坚战[④]。2015 年 4 月，农业部印发了《关于打好农业面源污染防治攻坚战的实施意见》（以下简称《意见》）[⑤]，该

[①] 全为民、严力蛟：《农业面源污染对水体富营养化的影响及其防治措施》，载于《生态学报》2002 年第 3 期，第 291～299 页。

[②] 面源污染（diffused pollution，DP），也称非点源污染（non-point source pollution，NPS），是指溶解和固体的污染物从非特定地点，在降水或融雪的冲刷作用下，通过径流过程而汇入受纳水体（包括河流、湖泊、水库和海湾等）并引起有机污染、水体富营养化或有毒有害等其他形式的污染（陈吉宁等，2004）。具体参阅文献：陈吉宁、李广贺、王洪涛：《滇池流域面源污染控制技术研究》，载于《中国水利》2004 年第 9 期，第 47～50 页。

[③] 数据来源于 2015 年 3 月 18 日农业部颁布的《到 2020 年化肥使用量零增长行动方案》和《到 2020 年农药使用量零增长行动方案》。方案针对中国农业存在的化肥施用量过大及农药使用率不高等问题进行了分析，提出了减少化肥和农药使用的目标以及相关建议。

[④] 资料来源于 2015 年 4 月 14 日袁晗在新华网发表的报道《农业部："一控两减三基本"治理农业面源污染》。该报道提出：农业部门贯彻落实中央要求，不断加强农业面源污染防治工作力度，确保到 2020 年实现"一控两减三基本"的目标，详见：http://news. xinhuanet. com/live/2015 – 04/14/c_1114960533. htm。

[⑤] 该《意见》分打好农业面源污染防治攻坚战的总体要求、明确打好农业面源污染防治攻坚战的重点任务、加快推进农业面源污染综合治理、不断强化农业面源污染防治保障措施 4 部分。

《意见》对"加强农业生态治理"做出专门部署，着重强调加强农业面源污染治理，加快推进农业生态文明建设。另外，近5年的"中央一号文件"也多次提出要着力重点整治面源污染问题，如表1-2所示。

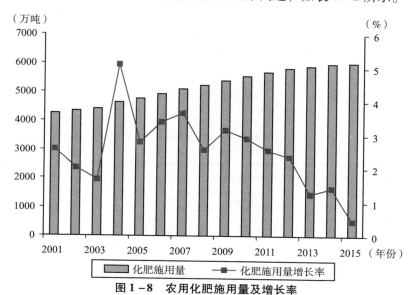

图1-8 农用化肥施用量及增长率

资料来源：笔者根据国家统计局网站相关数据绘制。

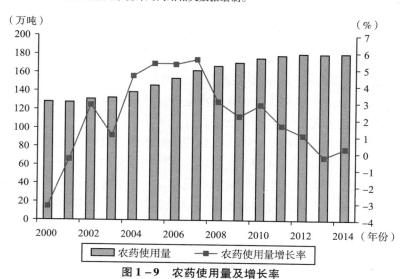

图1-9 农药使用量及增长率

资料来源：笔者根据国家统计局网站相关数据绘制。

表 1-2 　　　　　"中央一号文件"中有关面源污染的说明

文件名称	文件主要内容
2017 年"中央一号文件"	集中治理农业环境突出问题，扩大农业面源污染综合治理试点范围
2016 年"中央一号文件"	加大农业面源污染防治力度，实施化肥农药零增长行动
2015 年"中央一号文件"	加强农业面源污染治理，深入开展测土配方施肥
2014 年"中央一号文件"	加大农业面源污染防治力度，支持高效肥使用、畜禽粪便资源化利用
2013 年"中央一号文件"	强化农业生产过程环境监测，积极开展农业面源污染和畜禽养殖污染防治

资料来源：笔者根据相关资料整理绘制。

1.2　研究意义与价值

水资源日益短缺和水生态环境不断恶化是我国农业用水面临的双重约束。2012 年，国务院发布《关于实行最严格水资源管理制度的意见》，其中确立了用水总量、用水效率、水功能区限制纳污"三条红线"。2014 年 12 月，中央农村工作会议进一步指出，"要减少农业投入品的过量使用，逐步退出超过资源环境承载能力的生产，严格保护水资源"。面对资源环境约束的日益趋紧，不断提升资源环境约束下的农业用水效率，就成为解决我国农业用水危机、建设资源节约与环境友好型农业的根本途径和必然选择。

已有研究将污染物排放纳入农业用水效率的测度中，此类研究的样本主要集中在省际、区域的工业领域，将污染排放纳入农业用水效率的研究相对较少。随着水生态环境的日趋恶化，已有学者将水污染约束纳入全国及工业层面用水效率的指标界定及评价中[1]，但目前较少拓展到

---

[1] Liu J, Zang C, Tian S, et al. Water Conservancy Projects in China: Achievements, Challenges and Way Forward [J]. Global Environmental Change, 2013, 23 (3): 633-643；李静、马潇璨：《资源与环境双重约束下的工业用水效率——基于 SBM-Undesirable 和 Meta-frontier 模型的实证研究》，载于《自然资源学报》2014 年第 6 期，第 920~933 页。

农业用水效率领域。针对现有研究不足，本书分别采用课题组测算的农业面源污染和官方报告的农业水污染排放（包括化学需氧量和氨氮两部分）作为非期望产出（undesirable output），并将其分别纳入农业用水效率测度中，在数据包络分析（DEA）和全要素用水效率的测度框架下，对资源环境约束下中国农业用水效率进行测度。本书研究的理论价值：一是通过构建资源环境约束下全要素农业用水效率的评价方法，丰富农业用水效率的评价研究；二是通过揭示资源环境约束下农业用水效率的空间特征，拓展了空间经济学研究方法在农业水资源领域中的应用。本书研究的应用价值：一是基于对资源环境约束下农业用水效率的评价，揭示中国省域及区域农业用水效率的现状；二是基于对资源环境约束下农业用水效率地区差距及演变趋势的研究，为差别化农业用水效率提升策略提供基本依据；三是基于对农业用水效率及其影响因素空间溢出效应的研究，为提升农业用水效率、发展节水高效农业、保障国家粮食安全、实现农业可持续发展目标提供切实可行的政策建议。

1.3　研究思路与研究方法

1.3.1　研究框架

本书遵循"提出问题、厘清问题、分析问题、解决问题"的基本思路。一是根据我国农业用水特征及现状，提出资源环境约束下提升农业用水效率的意义。二是对省域及不同区域资源环境约束下农业用水效率进行测度与比较，并对农业用水效率的空间差异程度、演变趋势及成因进行定量描述，以厘清资源环境约束下农业用水效率的现状。三是对资源环境约束下农业用水效率及其影响因素的空间溢出效应进行理论与实证研究，分析不同区域农业用水效率的关键影响因素。四是针对不同区域，提出提升农业用水效率的政策建议，以期为提升我国的农业用水效率提供有价值的决策参考。本书研究框架如图1-10所示。

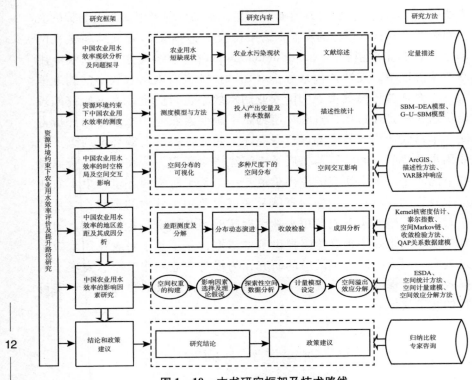

图 1 – 10 本书研究框架及技术路线

资料来源：笔者整理绘制。

1.3.2 研究思路

面对资源环境约束不断趋紧，水资源日益短缺和水生态环境不断恶化的双重约束，本书在测度资源环境约束下中国农业用水效率的基础上，深入考察资源环境约束下中国农业用水效率的时空分布、地区差距及其成因、影响因素等问题，并结合研究结论提出相应的政策建议。主要内容包括以下七个部分：

第一，中国农业水资源利用现状及问题探寻。主要介绍了研究背景和研究意义。一是以近年来中国经济稳步增长为背景，着重分析了农业经济在中国经济发展中的重要地位和价值。二是阐述了当前我国农业面临的水资源短缺和水污染严重两大问题。三是探究了二者对中国农业发展的影响，并提出提升资源环境约束下农业用水效率成为解决农业用水危机的重要途径。四是提出了研究框架、研究思路、研究方法和本书的研究特色与创新点。

第二，文献综述。主要是对现有的关于农业用水效率的相关研究和文献进行查阅和整理，并从"农业用水效率的测算方法""农业用水效率的区域特征分析""农业用水效率的影响因素"三方面进行详细综述，对现有研究的优点和缺陷进行阐述，并针对现有研究缺陷提出具体的改进方法。

第三，资源环境约束下中国农业用水效率的测度。在数据包络分析和全要素框架下构建资源环境约束下农业用水效率的测度模型和方法，并以此对中国农业用水效率进行测度。首先，构建基于全局基准技术下的 SBM 模型（G－SBM 模型），并进一步在 G－SBM 模型基础上构建基于全局基准技术下的非期望产出 SBM 模型（G－U－SBM 模型）。其次，采用以面源污染和以 COD、NH 为非期望产出两种思路，基于不同模型对资源环境约束下中国农业用水效率进行测度。最后，为了比较不同测度模型下的农业用水效率测度结果，本书遵循是否考虑非期望产出以及考虑不同规模报酬的思路进行配对检验，通过检验最终采用考虑非期望产出、投入产出双向、规模报酬不变的农业用水效率。

第四，中国农业用水效率的时空格局及空间交互影响。主要对资源环境约束下中国农业用水效率的空间分布特征进行事实描述，并对资源环境约束下中国农业用水效率在区域之间的交互影响进行实证考察。首先，利用地理信息系统（GIS）的可视化方法绘制资源环境约束下中国农业用水效率的地理分布图，直观刻画中国农业用水效率的空间非均衡性及空间集聚特征。其次，在时间序列框架下，借助向量自回归（VAR）脉冲响应函数方法，考察资源环境约束下中国农业用水效率在区域之间的交互影响，并对这种交互影响的强弱和方向进行识别。

第五，中国农业用水效率的地区差距及其成因分析。为了揭示资源环境约束下中国农业用水效率的地区差距特征和演变规律，以及地区差距的影响因素，本书按照多样化的地域划分标准，综合运用多种研究方法，对资源环境约束下中国农业用水效率的地区差距及其成因进行实证研究。一是利用泰尔指数方法对资源环境约束下中国农业用水效率的地区差距程度进行测度并进行地区分解，以揭示地区差距的来源；二是利用非参数估计方法（包括 Kernel 密度估计方法和 Markov 链方法），揭示资源环境约束下中国农业用水效率的分布动态演进趋势；三是利用收敛检验方法对资源环境约束下中国农业用水效率的 σ - 收敛和 β - 收敛进行实证考察；四是首次利用关系数据计量建模技术和二次指派程序（QAP）揭示中国农业用水效率地区差距的成因。

第六，中国农业用水效率的影响因素研究。为了充分考虑农业用水效率及其影响因素的空间溢出效应，以邻接空间权重、地理距离权重和经济空间权重三种对称权重矩阵及两种非对称空间权重矩阵表征中国农业用水效率的空间关联模式，采用最新的空间计量建模及估计技术，利用探索性空间数据分析中的 Moran's I 指数和 Moran 散点图，揭示资源环境约束下中国农业用水效率的全局和局域空间相关性，进而构建空间动态 Durbin 面板数据模型，对资源环境约束下中国农业用水效率的影响因素进行实证检验和经验识别，在此基础上采用空间回归模型偏微分方法（spational regression model partial derivatives）进行空间效应分解，从而为提升资源环境约束下的中国农业用水效率提供实证支持。

第七，结论及对策建议。根据本书研究结论，从转变农业发展方式、加强环境规制、大力发展节水农业、加快技术创新、增强空间协同性、完善水权和水价制度、增强农户节水意识等多个方面，为实现中国农业用水效率的提升，进而实现中国农业的绿色、协调、可持续发展提供切实可行的政策建议，助力"资源节约型"和"环境友好型"社会的建设。

1.3.3　研究方法

第一，运用基于全局基准技术下的非期望产出 SBM 模型，对不同前沿面下省域及区域的农业用水效率进行测度，同时对不同模型下的农业用水效率测度结果进行配对检验，通过检验得到最优的农业用水效率。

第二，运用 ArcGIS 地理信息系统的可视化方法、向量自回归（VAR）脉冲响应函数方法来揭示中国农业用水效率的空间分布格局及地区间的空间交互影响。采用泰尔指数及其分解方法、Kernel 密度估计方法和空间 Markov 链技术揭示资源环境约束下农业用水效率的地区差距、分布动态及演进趋势。运用 σ - 收敛检验、β - 收敛检验来探究中国农业用水效率的收敛趋势，进而采用二次指派程序（quadratic assign-ment procedure，QAP）探究中国农业用水效率地区差距的成因。

第三，基于三种对称空间权重矩阵和两种非对称空间权重矩阵，利用探索性空间数据分析中的 Moran's I 指数和 Moran 散点图，揭示资源环境约束下中国农业用水效率的全局和局域空间相关性；构建空间动态 Durbin 面板数据模型，对中国农业用水效率影响因素进行实证检验和经验识别，并借助空间回归模型偏微分方法，将各影响因素对中国农业用水效率的空间溢出效应进行分解。

1.4 研究特色与创新点

1.4.1 研究特色

本书的研究特色主要包括两个方面：

第一，研究具有可靠且翔实的数据基础。本书基于数据包络分析（DEA）方法测度资源环境约束下农业用水效率。由于效率测度涉及多种投入和多种产出，为了能够充分体现科学研究的可重复性、可验证性，我们在本书最后部分报告了研究涉及的全部数据资料。我们希望学界同仁可以利用这些数据重复以及检验我们的运算结果。当然，这些数据资料也可以成为未来相关研究的一个基础数据库，减少了后来者搜集数据、处理数据的烦琐。

第二，研究融合了多样化的研究方法。在研究过程中，除了采用 DEA 方法测度资源环境约束下农业用水效率外，还采用了 ArcGIS 工具刻画并揭示了中国农业用水效率的空间分布、采用向量自回归（VAR）、泰尔指数、收敛检验、Kernel 密度估计、空间 Markov 链等方法刻画了中国农业用水效率的时空格局特征；此外采用关系数据计量建模技术和二次指派程序（QAP）揭示了中国农业用水效率地区差距的成因，同时采用最新的空间计量建模技术及空间回归偏微分方法揭示了农业用水效率的影响因素。多学科多方法的运用确保研究结论更加稳健。

1.4.2 创新点

本书研究的创新具体体现在以下三个方面：

第一，在数据包络分析（DEA）和全要素分析框架下，构建了基于全局基准技术的非期望产出 SBM 模型（global benchmark-undesirable outputs SBM，G－U－SBM）对资源环境约束下中国分省及区域农业用水效率进行了测度。相比已有研究，该模型具有两个优点：一是考虑了变量松弛和非期望产出，更能体现实际的农业生产过程；二是基于全局基准技术构建生产前沿面，确保了测度结果具有跨期可比性。需要强调的是，本书在测度资源环境约束下中国农业用水效率的过程中，在非期望产出的设置上，采用了以面源污染和以 COD、NH 为非期望产出两种思路，能够提供更加丰富的测度结果。

第二，采用多样化的分析技术全面刻画并揭示资源环境约束下中国农业用水效率的时空特征及规律。具体而言，利用地理信息系统（GIS）的可视化方法绘制资源环境约束下中国农业用水效率的地理分布图，直观刻画中国农业用水效率的空间非均衡性及空间集聚特征。通过向量自回归（VAR）脉冲响应函数方法，检验中国农业用水效率在区域之间的交互影响效应。利用泰尔指数对中国农业用水效率的地区差距程度进行测度并进行地区分解。利用 Kernel 密度估计和空间 Markov 链方法揭示中国农业用水效率的分布动态演进趋势。利用收敛检验方法对中国农业用水效率收敛性进行实证考察。最后，首次利用关系数据计量建模技术和二次指派程序（QAP）揭示中国农业用水效率地区差距的成因。

第三，采用空间计量建模及估计技术实证考察并揭示了资源环境约束下中国农业用水效率的影响因素及其效应。具体而言，分别以邻接空间权重、地理距离权重和经济空间权重三种对称空间权重矩阵及两种非对称空间权重矩阵表征中国农业用水效率的空间关联模式，利用探索性数据分析中的 Moran's I 指数和 Moran 散点图，揭示资源环境约束下中国农业用水效率的全局和局域空间相关性，进而构建空间动态 Durbin 面板数据模型，对资源环境约束下的农业用水效率的溢出效应及影响因素进行实证检验，并采用空间效应偏微分方法进行空间效应分解，从而为提升资源环境约束下的农业用水效率提供决策支持。

1.5　本章小结

　　本章主要介绍了本书的研究背景和意义，着重分析了当前我国农业面临的水资源短缺和水污染严重两大约束，并进行了问题探寻，在此基础上依次介绍了本书的研究框架、研究思路、研究方法和本书的研究特色与创新点。

17

第 2 章 文 献 综 述

农业用水效率已经引起了很多学者的关注和研究，通过疏理文献，与农业用水效率关联密切的研究主要集中在"农业用水效率的测度方法""农业用水效率的区域特征分析""农业用水效率的影响因素"三个方面。为了更清晰地展现已有研究，本章开展了以下三个方面的工作：首先，介绍农业用水效率测度方法的相关研究；其次，回顾农业用水效率地区差距的相关文献；最后，综述农业用水效率影响因素的相关研究。

2.1 农业用水效率测度方法的相关研究

根据考虑要素的多少，用水效率（water use efficiency，WUE）的评价指标有单要素用水效率和全要素用水效率。单要素用水效率一般通过比值分析法进行衡量，如万元 GDP 用水量、万元工业增加值用水量和农业灌溉亩均用水量等。比值分析法计算用水效率形式简单、含义明确[1]，但是单要素用水效率将用水量作为产出的单一投入要素，从而忽略了其他关键要素，因此在实际应用中存在很大局限。全要素用水效率则考虑了除水资源投入外其他因素（如水资源禀赋、供水结构、灌溉水价等）的相互替代性和它们对产出要素的共同影响，更符合实际生产过程[2]。

---

① 靳京、吴绍洪、戴尔阜：《农业资源利用效率评价方法及其比较》，载于《资源科学》2005 年第 1 期，第 146～152 页。

② 沈满洪、程永毅：《中国工业水资源利用及污染绩效研究——基于 2003～2012 年地区面板数据》，载于《中国地质大学学报（社会科学版）》2015 年第 1 期，第 31～40 页。

2.1.1 单要素农业用水效率测度方法

单要素农业用水效率的测度方法一般分为两类（表 2 - 1 列出了代表性文献）：一类是用农业水资源消耗系数直接表征，它反映每生产 1 千克粮食所消耗的水资源量，其倒数即为农业水资源利用效率系数[①]。消耗系数越大，水资源的利用率就越低；反之，消耗系数越小，水资源的利用率就越高。另一类是用农业水资源消耗系数间接表征，此方法常用到经济指标（如万元 GDP 用水量）和物理指标（如吨钢产量的水资源消耗量）[②]。

表 2 - 1　　　　　比值分析法的农业用水效率研究：代表性文献

作者（年份）	研究指标	样本范围	时间跨度
比尔惠曾和斯雷特尔 （Bierhuizen & Slatyer, 1964）	水分利用率	世界各国及地区	无固定年度
谢高地和齐文虎（1998）	水资源消耗系数、 水资源利用系数	中国和世界各国	1997 年
于法稳和李来胜（2005）	水资源消耗系数、 水利用效率系数	中国西部地区	1978～2000 年
李世祥等（2008）	万元 GDP 用水量	中国东、中、 西三地区	2000～2006 年

资料来源：笔者根据相关资料整理绘制。

单要素农业用水效率测度方法比较简单，因此得到了学者的广泛应用，如李世祥等（2008）用万元 GDP 用水量来衡量用水效率，得出我

19

---

①　于法稳、李来胜：《西部地区农业资源利用的效率分析及政策建议》，载于《中国人口·资源与环境》2005 年第 6 期，第 158 页。
②　李世祥、成金华、吴巧生：《中国水资源利用效率区域差异分析》，载于《中国人口·资源与环境》2008 年第 3 期，第 215～220 页。

国用水效率差距来源于地区经济发展水平差异的结论。于法稳和李来胜（2005）[1] 通过水资源消耗系数与利用效率系数，着重分析了我国西部地区的农业用水效率，研究得出我国西部农业用水效率远低于全国平均水平，而重庆是西部地区农业用水效率最高的。尽管单要素农业用水效率测度方法简单，但无法直观反映生产过程中的产出是由多重要素共同生产所得，忽略了水资源与其他要素投入的代替。

2.1.2　全要素农业用水效率测度方法

全要素水资源效率的测度思想来源于胡和王（Hu & Wang，2006），此思想采用"实际用水量与最优用水量的比值"进行衡量，不仅仅着眼于水资源，而且考虑了多种要素的投入，因此更加具有实际意义，应用也更广泛。在全要素水资源效率的测度框架下，农业用水效率的测度方法主要包括随机前沿分析（stochastic frontier analysis，SFA）[2] 和数据包络分析（data envelopment analysis，DEA）[3]。

1. 基于 SFA 方法的农业用水效率研究

SFA 方法于 1977 年由默森和布洛克（Meusen & Broeck，1977）提出，其模型通过极大似然估计方法确定前沿边界，由于它的前沿面是随机的，所得结论更接近于实际情况。基于生产前沿面理论的农业用水效率测算方法，提供了将用水效率与生产技术效率联系起来的有用统计量，这有利于每个地区规划出更清晰可行的农业用水管理政策[4]。表 2-2 列出了基于 SFA 方法的测度农业用水效率的代表性文献。

---

① 于法稳、李来胜：《西部地区农业资源利用的效率分析及政策建议》，载于《中国人口·资源与环境》2005 年第 6 期，第 35～39 页。

② SFA 方法是一种参数方法，随机前沿成本分析和随机前沿产出函数分析。前沿成本是指在一定产出水平，可能达到的最小成本；前沿产出指在一定的投入水平下，可能达到的最大产出。

③ DEA 方法是一种运用线性规划的数学过程，用于评价决策单元（DMU）的效率（Coelli，1996）。DEA 方法的目的就是构建出一条非参数的包络前沿线，有效点位于生产前沿上，无效点位于前沿的下方。

④ 王学渊、赵连阁：《中国农业用水效率及影响因素——基于 1997～2006 年省区面板数据的 SFA 分析》，载于《农业经济问题》2008 年第 3 期，第 10～18 页。

表2-2 基于SFA方法的农业用水效率研究：代表性文献

作者（年份）	样本数据	投入变量	产出变量
金子勋等（Kaneko et al.，2004）	1999~2002年30个省份面板数据	农业用水耕地面积、农林牧渔业就业人数、化肥、农业机械	农业产值
王晓娟和李周（2005）	1996年、2003年和2004年河北石津灌区农户调查面板数据	单位面积灌溉用水、劳动、资本投入（种子、化肥、农药和机械费）	单位面积作物产量
王学渊和赵连阁（2008）	1997~2006年31个省份面板数据	农业机械总动力、劳动力、化肥、农药和水	单位面积农业产值
许朗和黄莺（2012）	安徽省蒙城县的实地调查数据	种子投入、化学投入、机械投入、劳动力投入、灌溉用水投入	小麦单位面积产量

资料来源：笔者根据相关资料整理绘制。

王晓娟和李周（2005）以1996年、2003年和2004年河北石津灌区农户调查面板数据为基础，通过超越对数随机前沿生产函数①，对生产技术效率、灌溉用水效率以及影响灌溉用水效率的因素进行计量分析，研究发现灌溉用水、资本和劳动力对生产技术效率有正向影响，渠水比例、水价、黏土比例、小畦灌溉、低压管灌溉以及用水者协会等变量对农业灌溉用水效率的影响是正的。许朗和黄莺（2012）也通过实地调查，基于安徽省蒙城县的实地调查数据，通过构建C-D生产函数形式的随机前沿模型对灌溉用水效率进行分析。

2. 基于DEA方法的用水效率研究

相比SFA方法，DEA方法不需要设定基本的函数形式，同时可以考虑多种投入与多种产出，因此在效率测度方面更接近实际情况，有更

---

① 在SFA中生产函数通常选择为柯布—道格拉斯生产函数（下文简称"C—D函数"）或超越对数生产函数（下文简称"Translog函数"）。在SFA中，选择C—D函数的主要优点是其形式简洁，参数有直接的经济学含义；选择Translog函数的主要优点是考虑了资本和劳动相互作用对于产出的影响，克服C—D函数替代弹性固定为1的缺点（李双杰和范超，2009）。具体文献请参阅：李双杰、范超：《随机前沿分析与数据包络分析方法的评析与比较》，载于《统计与决策》2009年第7期，第25~28页。

大的优势①。

（1）基于 DEA 方法的用水效率及工业用水效率测算。在全要素框架下，DEA 方法在水资源利用效率测算中得到了广泛应用，大量研究利用 DEA 方法考察了全国水资源利用效率和工业水资源利用效率，表 2-3 列出了相关代表性文献。

表 2-3　　　　　　　基于 DEA 的用水效率研究：代表性文献

作者（年份）	样本	时期跨度	投入变量	产出变量
孙才志和刘玉玉（2009）	31 个省份	1997～2001 年	生活用水、生产用水、从业人员、固定资产投资	GDP
孙才志和闫冬（2008）	大连市	1996～2006 年	生产用水、生活用水、从业人员、固定资产投资	GDP
马海良等（2012）	30 个省份	2003～2009 年	资本存量、劳动力、知识存量、水资源消耗量	GDP
廖虎昌和董毅明（2011）	西部 12 个省份	1998～2008 年	地区生产总值、固定资产投资、全年供水量、用水人口	GDP
董毅明和廖虎昌（2011）	西部 12 个省会城市	2008～2009 年	固定资产投资总额、用水总量、用水人口	GDP
钱文婧和贺灿飞（2011）	31 个省份	1998～2008 年	水资源、资本和劳动力	GDP
岳立和赵海涛（2011）	13 个工业省份	2003～2009 年	工业从业人数、工业资本存量、工业水供给量	工业产值（期望）、COD 和 NH 排放（非期望）
李静和马潇璨（2014）	30 个省份	1999～2011 年	工业用水量、工业从业人数、工业净资产	工业增加值（期望）、COD 和 NH 排放（非期望）

资料来源：笔者根据相关资料整理绘制。

---

① Wadud A, White B. Farm Household Efficiency in Bangladesh: AComparison of Stochastic Frontier and DEA Methods [J]. Applied Economics, 2000, 32 (13): 1665 - 1673；魏楚、沈满洪：《水资源效率的测度及影响因素：基于文献的述评》，载于《长江流域资源与环境》2014 年第 2 期，第 197～204 页。

以上文献通过 DEA 测算用水效率[①]，它们呈现如下特点：第一，大多文献通过 Malmquist 指数分析全要素水资源利用效率变化。Malmquist 指数为全要素水资源利用效率变化提供了便利的工具[②]，可以把生产率的变化原因分为技术变化与效率变化，不需要价格资料，从而避免价格信息不对称所引起的问题。廖虎昌和董毅明（2011）通过 Malmquist 指数分析得出西部 12 省的水资源利用的纯技术效率呈 U 形增长，技术效率的变化在很大程度上制约了西部地区水资源利用效率的提高。第二，较少考虑非期望产出。大多数文献中，研究者将产出单纯地考虑为期望产出，如国内生产总值（GDP）、工业增加值和生产力等（孙才志和刘玉玉，2009；孙才志和闫冬，2008；马海良等，2012），仅有岳立和赵海涛（2011）、李静和马潇璨（2014）针对工业用水效率的研究考虑 COD 和 NH 排放等非期望产出。

（2）基于 DEA 方法的农业用水效率测度。用 DEA 方法测算农业用水效率的研究相对较少，目前已有的针对农业用水效率的研究中（表 2 - 4 列出了代表性文献），投入指标除了农业用水外，大多采用土地播种面积、化肥施用量、农业机械和农业劳动投入（陈洪斌，2017；王震等，2015），产出指标大多为农业总产值和农业增加值等期望产出，少量文献考虑了 COD 和 NH 等非期望产出（杨骞和刘华军，2015a）。

表 2 - 4　　　　基于 DEA 的农业用水效率研究：代表性文献

作者（年份）	样本点	时期跨度	投入变量	产出变量
刘渝和王岌（2012）	29 个省份	1999 ~ 2006 年	农业用水量、农业机械、人力资本、土地、化肥施用量	农林牧渔业增加值
刘渝等（2007）	湖北省	2004 年	农业用水比例、生态用水、灌溉亩均用水量、未节水灌溉率、排灌动力机械、水利资金总投入	农业用水产出率、农业产值/立方米、水资源存量变动率

① 钱文婧、贺灿飞：《中国水资源利用效率区域差异及影响因素研究》，载于《中国人口·资源与环境》2011 年第 2 期，第 54 ~ 60 页；孙才志、闫冬：《基于 DEA 模型的大连市水资源——社会经济可持续发展评价》，载于《水利经济》2008 年第 4 期，第 1 ~ 4 页。

② 马海良、黄德春、张继国等：《中国近年来水资源利用效率的省际差异：技术进步还是技术效率》，载于《资源科学》2012 年第 5 期，第 794 ~ 801 页。

续表

作者（年份）	样本点	时期跨度	投入变量	产出变量
王震等（2015）	粮食主产区	2001～2011 年	农作物播种面积、灌溉用水量、灌溉耗水量、固定投资、农业在岗职工人数、化肥施用量	农业生产总值、农村居民人均农业收入、作物产量
佟金萍等（2015）	长江流域	1998～2011 年	化肥、播种面积、农业机械、劳动和农业用水	各省农业总产值
陈洪斌（2017）	西北干旱落后地区	2005～2014 年	农业劳动投入、土地耕种面积、灌溉设施投入、灌溉用水、中间投入	各省农业总产出
杨骞等（2017）	31 个省份	1998～2013 年	用水量、劳动、农业播种面积、农业机械动力、化肥使用量	农业增加值
杨骞和刘华军（2015a）	31 个省份	2011 年、2012 年	农业用水量、农业就业人数、农作物播种面积、化肥使用量、农业机械动力	农业增加值（期望）；NH 和 COD 排放量（非期望）

资料来源：笔者根据相关资料整理绘制。

综合对总体用水、工业用水和农业用水使用 DEA 进行效率测度的研究进行评价，一是多采用传统的径向距离或方向性距离函数模型，忽视了变量的松弛（Slack）问题（Fukuyama & Weber，2009；王兵和罗佑军，2010）[①]，而基于全局基准技术下的非期望产出 SBM 模型（global benchmark-undesirable outputs SBM，G – U – SBM）能够弥补以上缺陷（Tone，2001）[②]。二是多采用固定基准技术，即按照当期的投入产出数据构造生产前沿（马海良等，2012）[③]，导致不同年份的评价结果无法比较（Pastor & Lovell，2005）[④]，而基于全局基准的前沿构造技术能够

[①] Fukuyama H, Weber W L. A Directional Slacks-based Measure of Technical Inefficiency [J]. Socio – Economic Planning Sciences, 2009, 43 (4): 274 –287；王兵、罗佑军：《中国区域工业生产效率、环境治理效率与综合效率实证研究——基于 RAM 网络 DEA 模型的分析》，载于《世界经济文汇》2015 年第 1 期，第 99 ～119 页。

[②] Tone, K. A Slacks – Based Measure of Efficiency in Data Envelopment Analysis [J]. European Journal of Operational Research, 2001, 130 (3): 498 –509.

[③] 马海良、黄德春、张继国：《考虑非合意产出的水资源利用效率及影响因素研究》，载于《中国人口·资源与环境》2012 年第 10 期，第 35 ～42 页。

[④] Pastor J T, Lovell C A K. A global Malmquist Productivity Index [J]. Economics Letters, 2005, 88 (2): 266 –271.

弥补以上缺陷；三是在对农业用水效率进行评价时，忽视了农业生产中的污染排放这一非期望产出（杨骞和刘华军，2015b；王昕和陆迁，2014）①。截至目前，少量研究将污染约束纳入农业用水效率的测算，例如杨骞和刘华军（2015a）② 将农业废水中的污染物排放（COD 和NH）作为非期望产出，对污染排放约束下中国分省及区域的农业水资源效率进行了测度。本书在数据包络分析（DEA）和全要素分析框架下，构建基于全局基准技术的非期望产出 SBM 模型（G－U－SBM）对资源环境约束下中国分省及区域农业用水效率进行测度。

2.2　农业用水效率地区差距的相关研究

已有研究表明，中国农业用水效率存在较大的地区差距（Kaneko et al.，2004；王学渊和赵连阁，2008）③。然而不同的地域单元划分及空间尺度选择、地区差距的研究方法、用水效率指标及样本跨度，导致研究结论不尽相同。同时现有研究多停留在描述层面，对资源环境约束下全要素农业用水效率的地区差距进行测度、分解及收敛性检验等方面的定量研究还较少。

2.2.1　关于空间尺度的选择和地域单元的划分

目前关于农业用水效率地区差距的文献（表 2－5 列出了代表文献）大多采用了三大地区（许新宜等，2010；刘渝和王岌，2012）④ 和

---

① 杨骞、刘华军：《污染排放约束下中国水资源绩效研究——演变趋势及驱动因素分析》，载于《财经研究》2015 年第 3 期，第 53～64 页；王昕、陆迁：《中国农业水资源利用效率区域差异及趋同性检验实证分析》，载于《软科学》2014 年第 11 期，第 133～137 页。

② 杨骞、刘华军：《污染排放约束下中国农业水资源效率的区域差异与影响因素》，载于《数量经济技术经济研究》2015 年第 1 期，第 114～128 页。

③ Kaneko S，Tanaka K，Toyota T，et al. Water Efficiency of Agricultural Production in China：Regional Comparison From 1999 to 2002 ［J］. International Journal of Agricultural Resources，Governance and Ecology，2004，3（3－4）：231－251；王学渊、赵连阁：《中国农业用水效率及影响因素——基于1997～2006 年省区面板数据的 SFA 分析》，载于《农业经济问题》2008 年第 3 期，第 10～18 页。

④ 许新宜、刘海军、王红瑞等：《去区域气候变异的农业水资源利用效率研究》，载于《中国水利》2010 年第 21 期，第 12～15 页；刘渝、王岌：《农业水资源利用效率分析——全要素水资源调整目标比率的应用》，载于《华中农业大学学报（社会科学版）》2012 年第 6期，第 26～30 页。

农业生产地区（王学渊和赵连阁，2008）的地域划分方法，少量研究采取了以省行政界为基准的主要河流及流域（大西晓生等，2013；Kaneko et al.，2004）[①] 划分方法。区域差异在不同的空间层、空间格局和不同时段上的表现是不同的（Keidel，2009）[②]，因此，采用不同的地域单元划分标准，地区差距的测度结果也将不同。

表 2-5　　　　　　　　　地域单元的划分：代表性文献

作者（年份）	研究范围	研究结论
金子勋等（2004）	东北地区、黄河流域、长江流域、南部沿海、西南地区、西北地区	西北地区水资源效率最高南部沿海水资源效率最低
许新宜等（2010）	东、中、西地区	农业水资源利用效率从北至南下降，华北最高，华南最低
刘渝和王岌（2012）	东、中、西地区	东部地区农业用水效率较高，中部次之，西部最低
大西晓生等（2013）	主要河流及流域（按照省行政界）	内陆河流及流域农业用水量2002年后保持不变，北部地区农作物生产量较高

资料来源：笔者根据相关资料整理绘制。

已有研究按照不同的地域划分方法，采用不同的效率指标，所得到的结论各异。金子勋等（Kaneko et al.，2004）利用 SFA 方法对中国六大区域包括东北地区、黄河流域、长江流域、南部沿海、西南地区和西北地区的农业用水效率进行了测度，研究发现西北地区的用水效率最高，而南部沿海的用水效率最低。王学渊和赵连阁（2008）基于全要素效率指标，按照农业生产的地区分布，得出东北地区和南部沿海的用水效率高于全国平均，黄河流域、长江流域的用水效率低于全国平

① 大西晓生、田山珊、龙振华等：《中国农业用水效率的地区差别及其评价》，载于《农村经济与科技》2013 年第 7 期，第 167~171 页；Kaneko S, Tanaka K, Toyota T, et al. Water Efficiency of Agricultural Production in China: Regional Comparison From 1999 to 2002 [J]. International Journal of Agricultural Resources, Governance and Ecology, 2004, 3 (3-4): 231-251.

② Keidel A. Chinese Regional Inequalities in Income and Well-being [J]. Review of Income and Wealth, 2009, 55 (Supplement): 538-561.

均水平的结论。刘渝和王岌（2012）基于全要素效率指标按照东、中、西三大地区划分方法，发现东部地区农业水资源效率最高，中部次之，西部最低。

以上研究中，地域单元划分标准有待进一步地细化，过粗的区域划分往往会掩盖区域内省际的用水效率差异。当然，区域划分也不能过细，过细的区域划分不利于水资源政策的制定。魏后凯（1997）[①] 指出，研究对象的地区差距同地域单元的划分是密切相关的。由于中国幅员辽阔，地域内的差距往往被"平均"了，即"异质"区域被认为"同质化"，以此作为分析基础所得出的结论就显得过于粗糙，甚至得出与实际政策操作相反的结论（杨明洪和孙继琼，2006）[②]。在地域单元的划分上，除了考虑分省和全国层面外，还考虑了其他多种地域单元划分方法，包括二、三、四和八大地区。采用多种地域单元划分方法有助于我们从多个角度全面审视资源环境约束下农业用水效率的地区差距。

2.2.2 关于地区差距的相关研究方法

与传统的地区差距文献相比，关于中国水资源效率的文献所采用的地区差距研究方法相对单一。现有研究中，多数文献采用了描述性方法（钱文婧和贺灿飞，2011；买亚宗等，2014；姜楠，2009）[③]；邓益斌和尹庆民（2015）[④] 采用泰尔指数测算了中国水资源效率的区域差异并进行了地区分解；少量采用变异系数（李世祥等，2008）[⑤]；部分文献则

[①] 魏后凯：《中国地区发展：经济增长、制度变迁与地区差异》，经济管理出版社 1997 年版。

[②] 杨明洪、孙继琼：《中国地区差距时空演变特征的实证分析：1978～2003》，载于《复旦学报（社会科学版）》2006 年第 1 期，第 84～89 页。

[③] 钱文婧、贺灿飞：《中国水资源利用效率区域差异及影响因素研究》，载于《中国人口·资源与环境》2011 年第 2 期，第 54～60 页；买亚宗、孙福丽、黄枭枭等：《中国水资源利用效率评估及区域差异研究》，载于《环境保护科学》2014 年第 5 期，第 1～7 页；姜楠：《我国水资源利用相对效率的时空分异与影响因素研究》，辽宁师范大学，2009 年。

[④] 邓益斌、尹庆民：《中国水资源利用效率区域差异的时空特性和动力因素分析》，载于《水利经济》2015 年第 3 期，第 19～23 页。

[⑤] 李世祥、成金华、吴巧生：《中国水资源利用效率区域差异分析》，载于《中国人口·资源与环境》2008 年第 3 期，第 215～220 页。

采用 Moran's I 空间自相关指数（操信春等，2016；陈午等，2015；孙才志和刘玉玉，2009）[①] 对水资源效率的空间相关性进行了检验。就农业用水效率地区差距的相关研究而言（表 2 – 6 列出了代表性文献），已有研究多停留在描述层面，缺少对中国农业用水效率地区差距的定量测度、演变趋势的刻画以及收敛性的检验。

表 2 – 6　　　　　农业用水效率地区差距的相关研究：代表性文献

作者（年份）	研究方法	研究结论
金子勋等（2004）	简单描述	西北地区用水效率最高，南部沿海最低
王学渊和赵连阁（2008）	简单描述	西南地区用水效率最高，西北地区最低
刘渝和王岌（2012）	简单描述	农业用水效率"东高西低"
大西晓生等（2013）	简单描述	内陆河流流域农业用水量 2002 年后保持不变，北部地区农作物生产量较高
潘经韬（2016）	简单描述	农业用水效率"东高西低"
刘涛（2016）	简单描述	农业用水效率"东高西低"，各省农业用水效率有明显差异，呈现收敛趋势
杨骞和刘华军（2015b）	简单描述	从地区分布看，水资源绩效指数较高的省多在东部，较低的省多在中西部
李赫龙等（2015）	泰尔指数	闽西人均水资源生态足迹较高，闽东较低
杨骞和刘华军（2015a）	ArcGIS	用水效率较低的省份主要分布在西北、东部沿海和东部地区，粮食主产区最优

资料来源：笔者根据相关资料整理绘制。

　　针对农业用水效率地区差距及其收敛趋势，多数文献采用简单的描述性方法（刘涛，2016；潘经韬，2016；大西晓生等，2013；刘渝和王

　　[①]　操信春、杨陈玉、何鑫等：《中国灌溉水资源利用效率的空间差异分析》，载于《中国农村水利水电》2016 年第 8 期，第 128 ~ 132 页；陈午、许新宜、王红瑞等：《梯度发展模式下我国水资源利用效率评价》，载于《水力发电学报》2015 年第 9 期，第 29 ~ 38 页；孙才志、刘玉玉：《基于 DEA—ESDA 的中国水资源利用相对效率的时空格局分析》，载于《资源科学》2009 年第 10 期，第 1696 ~ 1703 页。

炭，2012)①。关于农业用水效率的地区差距，李赫龙等（2015）② 采用多要素指标，用泰尔指数测算了福建省农业用水效率的地区差距，发现闽西地区农业用水效率（用人均水资源生态足迹衡量）较低，闽东地区较高。关于农业用水效率的收敛趋势，王昕和陆迁（2014）③ 对中国农业水资源利用效率进行了省际趋同性检验。σ-收敛检验发现，随着时间的变动，农业水资源利用效率的省际差距出现缩小趋势，但这种趋势并不明显。β-绝对收敛检验发现，随着时间的变化，不同地区间农业水资源利用效率最终会达到一种稳定的水平，趋向统一。β-条件收敛检验发现不同省份自身都存在着稳态的效率水平，而且省际的差距会逐渐缩小。臧正和邹欣庆（2016）④ 对水资源强度进行收敛性分析，研究发现中国东部省份的生态用水强度存在俱乐部收敛，西部省份在生活用水强度方面呈现出明显的俱乐部收敛。沈满洪和程永毅（2015）⑤ 专门对我国工业用水效率进行测量，发现虽然国内工业用水效率在不同地区存在俱乐部收敛，但地区的这种收敛趋势并不如资本和劳动效率一样明显。总的来说，现有对农业水资源效率地区差距的研究依然较少，大多数研究还是集中于工业水资源利用效率或者总体的水资源利用效率（李世祥等，2008；岳立和赵海涛，2011）⑥，农业用水效率地区差距相关研究亟待充实。

---

① 刘涛：《中国农业生态用水效率的空间差异与模式分类》，载于《江苏农业科学》2016 年第 7 期，第 443～445 页；潘经韬：《中国农业用水效率区域差异及影响因素研究》，载于《湖北农业科学》2016 年第 11 期，第 2943～2947 页；大西晓生、田山珊、龙振华等：《中国农业用水效率的地区差别及其评价》，载于《农村经济与科技》2013 年第 7 期，第 167～171 页；刘渝、王岱：《农业水资源利用效率分析——全要素水资源调整目标比率的应用》，载于《华中农业大学学报（社会科学版）》2012 年第 6 期，第 26～30 页。

② 李赫龙、林佳、苏玉萍等：《福建省水资源生态足迹时空差异及演变特征》，载于《福建师大学报（自然科学版）》2015 年第 6 期，第 109～117 页。

③ 王昕、陆迁：《中国农业水资源利用效率区域差异及趋同性检验实证分析》，载于《软科学》2014 年第 11 期，第 133～137 页。

④ 臧正、邹欣庆：《中国大陆水资源强度的收敛特征检验：基于省际面板数据的实证》，载于《自然资源学报》2016 年第 6 期，第 920～935 页。

⑤ 沈满洪、程永毅：《中国工业水资源利用及污染绩效研究——基于 2003～2012 年地区面板数据》，载于《中国地质大学学报（社会科学版）》2015 年第 1 期，第 31～40 页。

⑥ 李世祥、成金华、吴巧生：《中国水资源利用效率区域差异分析》，载于《中国人口·资源与环境》2008 年第 3 期，第 215～220 页；岳立、赵海涛：《环境约束下的中国工业用水效率研究——基于中国 13 个典型工业省区 2003 年～2009 年数据》，载于《资源科学》2011 年第 11 期，第 2071～2079 页。

综合以上文献，关于农业用水效率地区差距和收敛趋势的研究存在诸多局限：一是多用比值法或比较法对农业用水效率的地区差距进行描述，很难深入揭示资源环境约束下农业用水效率的地区差距程度及来源。二是较少考虑空间关联对农业用水效率地区差距的影响，我们需要从空间统计的角度来完善它。三是现有的针对农业用水效率收敛性的研究中，较少研究考虑资源环境约束下农业用水效率变化的内部流动性，无法全面揭示农业用水效率的演变趋势。针对已有研究局限，本书采用泰尔指数方法对下农业用水效率的地区差距程度进行测度并进行地区分解，利用非参数估计方法（包括 Kernel 密度估计方法和空间 Markov 链方法）揭示农业用水效率的分布动态演进趋势，通过收敛检验方法对资源环境约束下中国农业用水效率的 σ – 收敛和 β – 收敛进行实证检验，利用关系数据计量建模技术和 QAP 方法实证考察中国农业用水效率地区差距的成因。

2.3　农业用水效率影响因素的相关研究

农业用水效率的影响因素有很多，探究农业用水效率的影响因素对农业用水效率的提高以及农业用水情况的改善有重要作用。目前，有大量研究实证考察了农业用水效率的影响因素（表 2 – 7 列举了代表文献），少数学者针对用水效率影响因素的空间溢出效应（赵良仕，2014）[①] 进行具体探究。

表 2 – 7　　　　农业用水效率影响因素的相关研究：代表性文献

作者（年份）	研究方法	正向影响	负向影响
赵连阁和王学渊（2010）	T 检验	农业为农民的主要收入来源、灌溉条件	用水管理制度
瓦吉斯等（Varghese et al.，2013）	边缘结构模型（MSM）	水稻种植、民众节水意识、灌溉投资	水资源禀赋

① 赵良仕：《中国省际水资源利用效率测度、收敛机制与空间溢出效应研究》，辽宁师范大学，2014 年。

续表

作者（年份）	研究方法	正向影响	负向影响
刘渝等（2007）	交叉评价模型	灌溉节水技术、农艺节水技术、生态效益	水权模糊
斯皮尔曼等（Speelman et al., 2007）	Tobit	灌溉制度、农场规模、土地所有权、作物选择、灌溉方法	无
王学渊和赵连阁（2008）	Tobit	农业生产布局、农田水利设施、自然条件、水资源禀赋、供水来源	较高的年均温度和湿度、人均水资源量增加
许朗和黄莺（2012）	Tobit	农户种植经验、农业规模化生产、农户节水意识	有效灌溉面积、技术了解程度、技术满意度、灌溉方式满意程度
钱文婧和贺灿飞（2011）	Tobit	进口需求、水权、水市场等节水型试点	农业和工业比重、出口需求、水资源拥有量
王洁萍等（2016）	Tobit	农田水利设施、种植结构、人均 GDP	人均水资源占有量
耿献辉等（2014）	Tobit	棉农的族别、经营方式、灌溉用水价格、种植方式、浇灌方式、棉花技术培训	农业劳动力数量
潘经韬（2016）	Tobit	有效灌溉面积、节水灌溉面积、农村居民人均纯收入、人均水资源占有量	农业用水比重、粮食播种面积
博曼斯（Bouman，2007）	空间计量	气候和土壤等自然条件、水资源禀赋	无
刘军等（2015）	空间计量	用水成本、节水技术培训	棉农的年龄、农户受教育程度、棉农身份的特殊属性
王晓娟和李周（2005）	空间计量	用水者协会、水价、灌溉方式、土壤性质	无
杨骞和刘华军（2015a）	Bootstrap	农田水利建设和环境规制	水资源丰裕程度
杨骞和刘华军（2015b）	Bootstrap	经济发展水平、COD 减排力度、技术进步	水资源丰裕程度

资料来源：笔者根据相关资料整理绘制。

根据文献整理，对农业用水效率产生正向影响的因素大致分为四类：一是自然地理方面的因素，包括气候、土壤等自然条件以及水资源禀赋等（Bouman，2007；王晓娟和李周，2005）；二是农业生产方面的因素，包括种植结构、轮耕方式、灌溉技术等（许朗和黄莺，2012）[①]，节水技术对灌溉用水效率的提高具有很大的正效应；三是经济及制度方面的因素，包括经济发展、水价、水权、节水补偿制度等（Speelman et al.，2007；耿献辉等，2014）[②]；四是用水主体方面的因素，包括农户节水意识、用水户协会运作等（Varghese et al.，2013；王亚华，2013）[③]。对农业用水效率产生负向影响的因素有：一是人均水资源量（王学渊和赵连阁，2008；王洁萍等，2016；佟金萍等，2014）[④]；二是农业所占比重（潘经韬，2016；钱文婧和贺灿飞，2011）[⑤]；三是农村劳动力的特征，如农业劳动力的数量、农户的受教育程度、农户对农业现有灌溉方式的满意程度等（耿献辉等，2014；刘军等，2015；许朗和黄莺，2012）[⑥]。

从农业用水效率影响因素的方法上来看，多数文献呈以下特点：一是以 Tobit 模型和空间计量为主。多数文献采用了 Tobit 模型进行估计，

① 许朗、黄莺：《农业灌溉用水效率及其影响因素分析——基于安徽省蒙城县的实地调查》，载于《资源科学》2012 年第 1 期，第 105～113 页。

② Speelman S，DʼHaese M F C，Buysse J，et al. Technical Efficiency of Water Use and its Determinants，Study at Small-scale Irrigation Schemes in North – West Province，South Africa［J］. General Information，2007；耿献辉、张晓恒、宋玉兰：《农业灌溉用水效率及其影响因素实证分析——基于随机前沿生产函数和新疆棉农调研数据》，载于《自然资源学报》2014 年第 6 期，第 934～943 页。

③ Varghese S K，Veettil P C，Speelman S，et al. Estimating TheCausal Effect of Water Scarcity on the Groundwater Use Efficiency of Rice Farming in South India［J］. Ecological Economics，2013，86（2）：55–64；王亚华：《中国用水户协会改革：政策执行视角的审视》，载于《管理世界》2013 年第 6 期，第 61～71 页。

④ 王学渊、赵连阁：《中国农业用水效率及影响因素——基于 1997～2006 年省区面板数据的 SFA 分析》，载于《农业经济问题》2008 年第 3 期，第 10～18 页；王洁萍、刘国勇、朱美玲：《新疆农业水资源利用效率测度及其影响因素分析》，载于《节水灌溉》2016 年第 1 期，第 63～67 页；佟金萍、马剑锋、王慧敏等：《中国农业全要素用水效率及其影响因素分析》，载于《经济问题》2014 年第 6 期，第 101～106 页。

⑤ 潘经韬：《中国农业用水效率区域差异及影响因素研究》，载于《湖北农业科学》2016 年第 11 期，第 2943～2947 页；钱文婧、贺灿飞：《中国水资源利用效率区域差异及影响因素研究》，载于《中国人口·资源与环境》2011 年第 2 期，第 54～60 页。

⑥ 刘军、朱美玲、贺诚：《新疆棉花节水技术灌溉用水效率与影响因素分析》，载于《干旱区资源与环境》2015 年第 2 期，第 115～119 页。

然而传统的 Tobit 模型对于解释农业水资源效率的影响因素并不恰当，主要的问题在于 Tobit 模型中的被解释变量与解释变量之间的内生性问题。因此基于 Tobit 模型得出的关于农业水资源效率影响因素的结论就可能存在偏误。二是从农业用水效率的计量建模看，多数研究采用时间序列模型或面板数据模型。中国农业用水效率存在明显的空间非均衡性（杨骞和刘华军，2015a）[①]，而时间序列模型无法考虑区域之间的差异，经典面板数据计量模型忽视了空间异质性和空间依赖性，将不可避免地造成估计结果有偏（Anselin，1988）[②]。三是已有研究难以衡量各种影响对资源环境约束下农业用水效率的空间溢出效应，而新近发展起来的空间 Durbin 模型为解决该问题提供了有效途径。已有文献中，尚未发现利用 SDM 模型研究资源环境约束下农业用水效率影响因素的相关研究。除此之外，根据勒萨热和佩斯（LeSage & Pace，2009）[③] 提出的空间回归模型偏微分方法，可将农业用水效率影响因素的空间溢出效应分解为直接效应、间接效应和总效应。对空间溢出效应的忽视，会导致农业用水效率影响因素的实证结果有偏，影响有效政策建议的提出。

2.4　本 章 小 结

本章主要介绍了农业用水效率相关研究，从"农业用水效率的测算方法""农业用水效率的区域特征分析""农业用水效率的影响因素"三方面进行了详细综述，对现有研究的优点和不足进行阐述。

已有研究为本书奠定了良好的基础，但仍存一定局限及拓展空间：一是农业用水效率的评价未能考虑污染排放约束，无法适应"环境友好型"农业发展的现实要求。二是农业用水效率的 DEA 评价模型及前沿面构造技术有待进一步改进，以使评价结果更加精准并获取更多信息。三是农业用水效率地区差距的研究仅限于区域之间的横向比较，缺少对

---

① 杨骞、刘华军：《污染排放约束下中国农业水资源效率的区域差异与影响因素》，载于《数量经济技术经济研究》2015 年第 1 期，第 114~128 页。

② Anselin L. Spatial Econometrics: Methods and Models [M]. Kluwer Academic Publishers, 1988.

③ LeSage J P, Pace R K. Introduction to Spatial Econometrics [M]. CRC Press, 2009.

农业用水效率地区差距的定量测度、演变趋势的刻画以及空间关联的相关研究。四是农业用水效率影响因素的研究忽视了对其空间溢出效应的考察，而且农业用水效率与经济增长、资源禀赋以及用水总量等其他因素之间的关系也有待进一步深入探究。

鉴于已有研究局限，本书基于全要素思想对资源环境约束下的农业用水效率进行科学界定；构建全局基准技术下的非期望产出 SBM 模型，对资源环境约束下中国农业用水效率进行评价及比较；采用多样化的分析方法定量揭示农业用水效率的地区差距程度及演变趋势；在考虑空间关联的基础上，采用空间面板数据计量模型和空间回归模型偏微分方法对区域农业用水效率及其影响因素的空间溢出效应进行理论与实证研究；最后对不同区域的农业用水效率的提升以及地区差距的缩小提供政策建议。

第 3 章 资源环境约束下中国农业用水效率的测度

本章在 DEA 框架下构建资源环境约束下农业用水效率测度模型和方法，并对中国农业用水效率进行实证测度。由于测度中需要考虑资源环境约束，而中国官方自 2011 年才开始公布农业水污染（COD、NH）数据，如果以 COD、NH 作为非期望产出，只能测度 2011～2015 这五年的农业用水效率。为了能够考察更长时期内中国农业用水效率，本章借鉴已有研究实证测度了中国 1998～2015 年农业面源污染，农业面源污染未有官方公布的数据，但是根据适当的方法可以实现对农业面源污染数据的估算。基于以上，本书分别以农业面源污染和农业 COD、NH 作为非期望产出，利用中国 1998～2015 年、2011～2015 年两个时期跨度的样本数据对资源环境约束下中国农业用水效率进行测度。在效率测度的基础上，对不同 DEA 模型下的测度结果进行比较及描述统计。

3.1 农业用水效率的 DEA 测度模型与方法

为了更清晰地展现模型构建脉络，本节的结构安排如下：首先，介绍由托恩（Tone，2001）[①] 提出的基于松弛测度的 SBM 模型（slack-based measure，SBM）。最初的 SBM 模型是基于当期基准技术的，难以进行跨期比较，我们将在 SBM 模型基础上借鉴帕斯特和洛佛尔（Pastor

---

[①] Tone K. A Slacks-based Measure of Efficiency in Data Envelopment Analysis [J]. European Journal of Operational Research, 2001, 130 (3): 498–509.

& Lovell, 2005）[1] 的方法构建基于全局基准技术下的 SBM 模型（Global – SBM，G – SBM）。其次，介绍托恩（Tone，2003）[2] 提出的非期望产出 SBM 模型（undesirable outputs SBM，U – SBM），并进一步在 G – SBM 模型基础上引入非期望产出构建非期望产出 G – U – SBM 模型（global benchmark-undesirable outputs SBM，G – U – SBM）。最后，在数据包络分析（DEA）和全要素测度框架下构建农业用水效率测度方法。

3.1.1 SBM 模型

传统的 DEA 模型主要包括两大类，一是基于不变规模报酬（constant return-to-scale，CRS）的 CCR 模型（Chames et al.，1978）[3]；二是基于可变规模报酬（variable return-to-scale，VRS）的 BCC 模型（Banker et al.，1984）[4]。这两类模型均属于径向（radial）和角度（oriented）的 DEA 评价模型。其中径向的 DEA 方法意味着投入和产出同比例缩减或放大，当存在投入过度（input excess）或产出不足（output shortage）即存在投入或产出的非零松弛（slack）时，径向的 DEA 方法会高估 DMU 的效率（王兵等，2010）[5]。角度的 DEA 方法则意味着效率评价时要么假设产出不变，要么假设投入不变。因此，角度的 DEA 方法必然忽视了投入或者产出的某个方面，从而影响了效率测度结果的准确性。

为了克服传统 DEA 模型的缺陷，托恩（Tone，2001）[6] 提出了基于

---

[1]　Pastor J T, Lovell C A K. A Global Malmquist Productivity Index [J]. Economics Letters, 2005, 88 (2): 266 – 271.

[2]　Tone K. Dealing with Undesirable Outputs in DEA: A Slacks – MasedMeasure (SBM) Approach [J]. GRIPS Research Report Series, 2003.

[3]　Charnes A, Cooper W W, Rhodes E. Measuring the Efficiency of Decision MakingUnits [J]. European Journal of Operational Research, 1978, 2 (6): 429 – 444.

[4]　Banker R D, Charnes A, Cooper W W. Some Models for Estimating Technical and Scale Inefficiencies in Data Envelopment Analysis [J]. Management Science, 1984, 30 (9): 1078 – 1092.

[5]　王兵、吴延瑞、颜鹏飞：《中国区域环境效率与环境全要素生产率增长》，载于《经济研究》2010 年第 5 期，第 95 ~ 109 页。

[6]　Tone K. A Slacks-based Measure of Efficiency in Data Envelopment Analysis [J]. European Journal of Operational Research, 2001, 130 (3): 498 – 509.

松弛测度的 SBM 模型。假设有 L 个 DMU（DMU_s，$j = 1, 2, \cdots, L$），每个 DMU 有 m 种投入（$i = 1, \cdots, m$）和 s 种产出（$r = 1, \cdots, s$）。对于第 j 个 DMU，其投入产出向量可以分别记作 x_j 和 y_j，且 $x_j \in R_+^m$，$y_j \in R_+^s$。投入产出矩阵可以定义为：$X = (x_1, \cdots, x_L) \in R_+^{m \times L}$，$Y = (y_1, \cdots, y_L) \in R_+^{s \times L}$。为了简化起见，假定 $X > 0$，$Y > 0$。生产可能性集合（Production Possibilities Set，PPS）可以表示为式（3-1）：

$$PPS = \left\{ (x, y) \mid x \geq \sum_{j=1}^{L} \lambda_j x_j, \ y \leq \sum_{j=1}^{L} \lambda_j y_j, \ l \leq e\lambda \leq u, \ \lambda_j \geq 0 \right\}$$

$$(3-1)$$

其中，$\lambda = (\lambda_1, \lambda_2, \cdots, \lambda_L)$ 是权重向量，参数 u 和 l 表示规模报酬假设。根据博格托夫和奥托（Bogetoft & Otto，2010）[①]，u 和 l 的取值可以分为四类：（$l = 0$，$u = \infty$）对应不变规模报酬（CRS）；（$l = 1$，$u = 1$）对应可变规模报酬（VRS）；（$l = 0$，$u = 1$）对应非递增（递减）规模报酬（NIRS）；（$l = 1$，$u = \infty$）对应递增规模报酬（IRS）。

托恩（Tone，2001）[②] 提出了基于松弛测度的非径向、非角度的效率评价模型，即 SBM 模型。SBM 模型可以用式（3-2）的分式规划模型进行测度。

$$\rho = \min_{\lambda, s^-, s^+} \frac{1 - \dfrac{1}{m} \sum_{i=1}^{m} \dfrac{s_i^-}{x_{io}}}{1 + \dfrac{1}{s} \sum_{r=1}^{s} \dfrac{s_r^+}{y_{ro}}}$$

$$\text{s. t.} \quad x_o = \sum_{j=1}^{L} \lambda_j x_j + s^-$$

$$y_o = \sum_{j=1}^{L} \lambda_j y_j - s^+$$

$$s^- \geq 0, \ s^+ \geq 0, \ l \leq e\lambda \leq u, \ \lambda_j \geq 0 \qquad (3-2)$$

式（3-2）中，投入的松弛变量表示投入过度（excesses in inputs），而产出的松弛变量则表示产出不足（shortages in outputs）。式（3-2）的目标值即效率值满足 $0 < \rho \leq 1$。

---

① Bogetoft P, Otto L. Benchmarking with DEA, SFA, and R［M］. Springer Science & Business Media, 2010.

② Tone K. A Slacks-based Measure of Efficiency in Data Envelopment Analysis［J］. European Journal of Operational Research, 2001, 130（3）: 498 –509.

$$\tau = \min_{t, \Lambda, S^-, S^+} \left(\theta - \frac{1}{m} \sum_{i=1}^{m} \frac{S_i^-}{x_{io}} \right)$$

$$\text{s. t.} \quad 1 = \theta + \frac{1}{s} \sum_{r=1}^{s} \frac{S_r^+}{y_{ro}}$$

$$x_o \theta = \sum_{j=1}^{L} \Lambda_j x_j + S^-$$

$$y_o \theta = \sum_{j=1}^{L} \Lambda_j y_j - S^+$$

$$S^- \geqslant 0, S^+ \geqslant 0, l\theta \leqslant e\lambda \leqslant u\theta, \Lambda_j \geqslant 0, \theta \geqslant 0 \qquad (3-3)$$

由式（3-2）可以看出，SBM 模型在效率测度中不仅考虑了投入和产出两个方面，而且考虑了变量的松弛问题，因此克服了传统径向的或角度的 DEA 模型在效率测度中的不足。需要注意的是，式（3-2）是分式规划模型，因此，可以采用 Charnes - Cooper 方法将其转换为等价的线性规划模型运用于实际测度中，如式（3-3）所示。

若式（3-3）的线性规划的最优解为 θ^*，S^{-*}，S^{+*}，Λ^*，则分式规划式（3-2）的最优解可以根据式（3-4）得到。若 $\rho^* = 1$，即 $s^{-*} = 0$，$s^{+*} = 0$，则 DMU 为 SBM 有效，换言之，该 DMU 不存在投入过度，也不存在产出不足。

$$\rho^* = \tau^*, \lambda^* = \Lambda^*/\theta^*, s^{-*} = S^{-*}/\theta^*, s^{+*} = S^{+*}/\theta^* \qquad (3-4)$$

3.1.2　全局基准技术下的 SBM 模型（G - SBM）

托恩（Tone，2001）[①] 提出的 SBM 模型乃是基于当期基准技术，换言之，技术前沿面是以每一期所有 DMU 的投入产出数据构建的。由于不同时期的生产技术前沿是不一样的，基于不同的生产技术前沿测度得到的效率值不具有跨期可比性。为了弥补 SBM 模型的局限，本书借鉴帕斯特和洛佛尔（Pastor & Lovell，2005）[②] 的方法构建基于全局基准技术下的 SBM 模型。

假设有 L 个 DMU(DMU$_s$，j = 1，2，…，L)，每个 DMU 有 m 种投

① Tone K. A Slacks-based Measure of Efficiency in Data Envelopment Analysis ［J］. European Journal of Operational Research，2001，130（3）：498 - 509.

② Pastor J T，Lovell C A K. A Global Malmquist Productivity Index ［J］. Economics Letters，2005，88（2）：266 - 271.

入（i = 1，…，m）和 s 种产出（r = 1，…，s）。对于第 j 个 DMU，其投入产出向量可以分别记作 x_j 和 y_j，且 $x_j \in R_+^m$，$y_j \in R_+^s$。投入产出矩阵可以定义为：$X = (x_1, …, x_L) \in R_+^{m \times L}$，$Y = (y_1, …, y_L) \in R_+^{s \times L}$。为了简化起见，仍然假定 $X > 0$，$Y > 0$。每个时期 p（p = 1，2，…，P）的生产技术即生产可能性集合（以下简称"PPS^p"）可以表示为式（3 - 5）：

$$PPS^p = \left\{ (x^p, y^p) \mid x^p \geq \sum_{j=1}^L \lambda_j^p x_j^p, \, y^p \leq \sum_{j=1}^L \lambda_j^p y_j^p, \, l \leq e\lambda \leq u, \, \lambda_j^p \geq 0 \right\}$$

$$(3 - 5)$$

在 PPS^p 的基础上，我们可以根据所有时期的样本数据构造基于全局基准技术的生产技术前沿，如式（3 - 6）所示：

$$PPS^{global} = (PPS^1 \cup PPS^2 \cup, …, \cup PPS^P) \qquad (3 - 6)$$

其中，PPS^{global} 表示基于全局基准技术的生产可能性集合，PPS^p（p = 1，2，…，P）为不同时期的生产可能性集合。在全局基准技术下，G - SBM 模型的分式规划可以表示为式（3 - 7）：

$$\rho = \min_{\lambda, s^-, s^+} \frac{1 - \frac{1}{m} \sum_{i=1}^m \frac{s_i^-}{x_{io}}}{1 + \frac{1}{s} \sum_{r=1}^s \frac{s_r^+}{y_{ro}}}$$

$$s.t. \quad x_o = \sum_{j=1}^L \sum_{p=1}^P \lambda_j^p x_j^p + s^-$$

$$y_o = \sum_{j=1}^L \sum_{p=1}^P \lambda_j^p y_j^p - s^+$$

$$s^- \geq 0, \, s^+ \geq 0, \, l \leq e\lambda \leq u, \, \lambda_j^p \geq 0 \qquad (3 - 7)$$

从式（3 - 7）的分式规划和式（3 - 2）的分式规划可以看出，G - SBM 模型和 SBM 模型的区别就在于生产技术前沿面的不同，由于 G - SBM 模型采用的全局基准技术作为生产前沿，确保每个时期、每个 DMU 都按照同一个生产技术前沿，因此效率测度结果具有跨期可比，这就是 G - SBM 模型的优势所在。

需要注意的是，由于式（3 - 7）是分式规划模型，因此在实际的测度中，需要采用 Charnes - Cooper 方法（Charnes & Cooper，1962）① 将其

---

① Charnes A. and Cooper W. Programming with Linear Fractional Functionals [J]. Naval Research Logistic Quarterly，1962，9（3 - 4）：181 - 186.

转换为等价的线性规划模型，篇幅所限，不再赘述。

3.1.3　非期望产出 SBM 模型（U – SBM）

SBM 模型和 G – SBM 模型均没有考虑生产过程中的"坏"产出（bad output）即非期望产出（undesirable output），然而诸如环境污染排放等非期望产出在实际生产过程中是伴随期望产出而产生的。为了将非期望产出纳入效率测度中，托恩（Tone，2003）[①] 提出了考虑非期望产出的 SBM 模型（undesirable output SBM，U – SBM）。

我们首先根据费尔等（Färe et al.，2007）[②] 的做法，构造一个同时包含期望产出和非期望产出的生产可能性集合。仍然假定有 L 个 DMU，使用 m 种要素投入、s_1 种期望产出（"好"产出）、s_2 种非期望产出（"坏"产出），分别用 $X = (x_1, \cdots, x_L) \in R_+^{m \times L}$，$Y^g = (y_1^g, \cdots, y_L^g) \in R_+^{s1 \times L}$，$Y^b = (y_1^b, \cdots, y_L^b) \in R_+^{s2 \times L}$ 表示。环境生产技术满足产出集闭合、投入变量和期望产出强可处置、非期望产出弱可处置及零结合性等假定，在此基础上，环境生产可能性集合（environmental production possibilities set，EPPS）可以定义如下：

$$EPPS = \left\{ (x, y^g, y^b) \mid x \geq \sum_{j=1}^{L} \lambda_j x_j, y^g \leq \sum_{j=1}^{L} \lambda_j y_j^g, y^b \right.$$

$$\left. \geq \sum_{j=1}^{L} \lambda_j y_j^b, l \leq e\lambda \leq u, \lambda_j \geq 0 \right\} \tag{3-8}$$

基于上述环境生产技术，U – SBM 模型可以表示为下面的数学规划（Tone，2003；Cooper et al.，1999[③]），如式（3 – 9）所示。

$$\rho = \min_{\lambda, s^-, s^g, s^b} \frac{1 - \frac{1}{m} \sum_{i=1}^{m} \frac{s_i^-}{x_{io}}}{1 + \frac{1}{s_1 + s_2} \left(\sum_{r=1}^{s_1} \frac{s_r^g}{y_{ro}^g} + \sum_{k=1}^{s_2} \frac{s_k^b}{y_{ko}^b} \right)}$$

　①　Tone K. Dealing with Undesirable Outputs in DEA: A Slacks – Mased Measure（SBM）Approach [J]. GRIPS Research Report Series，2003.

　②　Färe R，Grosskopf S，Pasurka C A. Environmental Production Functions and Environmental Directional Distance Functions [J]. Energy，2007，32（7）：1055 – 1066.

　③　Cooper W W，Tone K，Seiford L M. Data Envelopment Analysis: A Comprehensive Text with Models，Applications References，and DEA – Solver Software with Cdrom [M]. Kluwer Academic Publishers，1999.

$$\text{s. t.} \quad x_o = \sum_{j=1}^{L} \lambda_j x_j + s^-$$

$$y_o^g = \sum_{j=1}^{L} \lambda_j y_j^g - s^g$$

$$y_o^b = \sum_{j=1}^{L} \lambda_j y_j^b + s^b$$

$$s^- \geq 0, \ s^g \geq 0, \ s^b \geq 0, \ l \leq e\lambda \leq u, \ \lambda_j \geq 0 \qquad (3-9)$$

式（3 - 9）中，向量 $s^- \in R_+^m$，$s^b \in R_+^{s2}$ 分别表示过度的投入和非期望产出；$s^g \in R_+^{s1}$ 表示期望产出不足。对于 $s^-(\forall i)$，$s^g(\forall r)$，$s^b(\forall k)$，目标函数是严格单调递减的，且目标值满足 $0 \leq \rho \leq 1$。模型（3 - 9）也是分式规划模型，在具体测算中可以通过 Charnes - Cooper 转换方法（Charnes & Cooper，1962）[①] 将其转换为等价的线性规划模型进行求解。

3.1.4　全局基准技术下的非期望产出 SBM 模型（G - U - SBM）

与 SBM 模型一样，U - SBM 模型也是基于当期基准技术，换言之，技术前沿面的构建是以每一期的所有 DMU 投入产出数据构建的。由于不同时期的生产技术前沿是不一样的，基于不同的生产技术前沿测度得到的效率值不具有跨期可比性。为了弥补 U - SBM 模型的局限，本书借鉴帕斯特和洛佛尔（Pastor & Lovell，2005）[②] 的方法构建基于全局基准技术下的非期望产出 SBM 模型（global benchmark-undesirable outputs SBM，G - U - SBM）。

同样地，我们根据费尔等（Färe et al.，2007）[③] 的做法，构造一个同时包含期望产出和非期望产出的生产可能性集合。仍然假定有 L 个 DMU，使用 m 种要素投入、s_1 种期望产出（"好"产出）、s_2 种非期望产出（"坏"产出），分别用 $X = (x_1, \cdots, x_L) \in R_+^{m \times L}$，$Y^g = (y_1^g, \cdots,$

———

① Charnes A. and Cooper, W. Programming with Linear Fractional Functionals [J]. Naval Research Logistic Quarterly, 1962, 9 (3 - 4): 181 - 186.

② PastorJ. T. and Lovell, C. A. K. A Global Malmquist Productivity Index [J]. Economics Letters, 2005, 88 (2): 266 - 271.

③ Färe R., Grosskopf. S. and Pasurka, C. A. Environmental Production Functions and Environmental Directional Distance Functions [J]. Energy, 2007, 32 (7): 1055 - 1066.

$y_L^g) \in R_+^{s1 \times L}$, $Y^b = (y_1^b, \cdots, y_L^b) \in R_+^{s2 \times L}$ 表示。在满足产出集闭合、投入变量和期望产出强可处置、非期望产出弱可处置及零结合性等环境生产技术假定基础上,每个时期 p(p = 1, 2, …, P) 的环境生产可能性集合 EPPS^p 可以表示如下:

$$EPPS^p = \left\{ (x^p, y^{pg}, y^{pb}) \mid x^p \geqslant \sum_{j=1}^{L} \lambda_j^p x_j^p, \ y^{pg} \leqslant \sum_{j=1}^{L} \lambda_j^p y_j^{pg}, \ y^{pb} \right.$$

$$\left. \geqslant \sum_{j=1}^{L} \lambda_j^p y_j^{pb}, \ l \leqslant e\lambda \leqslant u, \ \lambda_j^p \geqslant 0 \right\} \quad (3-10)$$

在 EPPS^p 的基础上,我们可以根据所有时期的样本数据构造基于全局基准技术的生产技术前沿,如式(3-11)所示:

$$EPPS^{global} = (EPPS^1 \cup EPPS^2 \cup, \cdots, \cup EPPS^p) \quad (3-11)$$

其中,EPPS^{global} 表示基于全局基准技术的生产可能性集合,EPPS^p(p = 1, 2, …, P)为不同时期的生产可能性集合。在全局基准技术下,G-U-SBM 模型的分式规划模型如式(3-12)所示。

$$\rho = \min_{\lambda, s^-, s^g, s^b} \frac{1 - \dfrac{1}{m} \sum_{i=1}^{m} \dfrac{s_i^-}{x_{io}}}{1 + \dfrac{1}{s_1 + s_2} \left(\sum_{r=1}^{s_1} \dfrac{s_r^g}{y_{ro}^g} + \sum_{k=1}^{s_2} \dfrac{s_k^b}{y_{ko}^b} \right)}$$

$$\text{s. t.} \quad x_o = \sum_{j=1}^{L} \sum_{p=1}^{P} \lambda_j^p x_j^p + s^-$$

$$y_o^g = \sum_{j=1}^{L} \sum_{p=1}^{P} \lambda_j^p y_j^{pg} - s^g$$

$$y_o^b = \sum_{j=1}^{L} \sum_{p=1}^{P} \lambda_j^p y_j^{pb} + s^b$$

$$s^- \geqslant 0, \ s^g \geqslant 0, \ s^b \geqslant 0, \ l \leqslant e\lambda \leqslant u, \ \lambda_j^p \geqslant 0 \quad (3-12)$$

从式(3-12)的分式规划和式(3-9)的分式规划可以看出,G-U-SBM 模型和 U-SBM 模型的区别就在于生产技术前沿面的不同,由于 G-U-SBM 模型采用的全局基准技术作为生产前沿,确保每个时期、每个 DMU 都按照同一个生产技术前沿,因此效率测度结果具有跨期可比,这就是 G-U-SBM 模型的优势所在。

同样需要注意的是,由于式(3-12)是分式规划模型,因此在实际的测度中，需要采用 Charnes – Cooper 方法（Charnes & Cooper，1962）[①]将其转换为等价的线性规划模型，篇幅所限，不再赘述。

3.1.5　全要素及 DEA 框架下农业用水效率测度方法

借鉴胡和王（Hu & Wang，2006）[②] 的用水效率测度思路，在全要素及 DEA 框架下，农业用水效率（Agricultural Water Use Efficiency，AWE）可以采用农业用水量的目标与实际值的比值来定义，具体测度方法如式（3 – 13）所示：

$$AWE = \frac{w^{target}}{w^{actual}} = \frac{w^{actual} - s^{water}}{w^{actual}} = 1 - \frac{s^{water}}{w^{actual}} \tag{3 – 13}$$

式（3 – 13）中，AWE 表示农业用水效率，w^{target} 表示农业用水的目标值，w^{actual} 表示农业用水的实际值，s^{water} 表示农业用水的松弛量，农业用水的目标值等于农业用水的实际值与农业用水的松弛量之间的差。从式（3 – 13）可以看出，农业用水效率 AWE 位于 0 ~ 1 之间，AWE 越大，则农业用水效率就越高；反之则越低。若 $s^{water} = 0$ 即农业用水不存在松弛量，换言之，农业用水没有过度投入，则 AWE = 1。

式（3 – 13）给出的公式可以用来测度某个 DMU（以省份作为DMU）的农业用水效率，基于式（3 – 13）可以测算全国及区域的农业用水效率。假设全国（或某个区域）有 K 个省份，则全国（区域）的农业用水效率 RAWE 可以按照式（3 – 14）进行测算：

$$RAWE = \frac{\sum_{k=1}^{K} w_k^{target}}{\sum_{k=1}^{K} w_k^{actual}} = \frac{\sum_{k=1}^{K} w_k^{actual} - \sum_{k=1}^{K} s_k^{water}}{\sum_{k=1}^{K} w_k^{actual}} = 1 - \frac{\sum_{k=1}^{K} s_k^{water}}{\sum_{k=1}^{K} w_k^{actual}} \tag{3 – 14}$$

3.2　投入产出变量及样本数据

数据包络分析（data envelopment analysis，DEA）是一种数据驱使

---

①　Charnes A. and Cooper, W. Programming with Linear Fractional Functionals [J]. Naval Research Logistic Quarterly, 1962, 9 (3 – 4): 181 – 186.

②　Hu J. L. , Wang, S. C. and Yeh, F. Y. Total-factor Water Efficiency of Regions in China [J]. Resources Policy, 2006, 31 (4): 217 – 230.

的方法，属于数据导向的非参数方法（nonparametric method）。作为效率分析的主要工具之一，DEA 方法受到国内外诸多学者的高度关注，在应用方面已经取得了长足的发展（Cook & Seiford，2009）[1]。

DEA 方法要求投入产出数据必须明确可量化而且变量个数不宜太多，这样投入产出变量的个数就完全满足 "Rule of Thumb"，即 $n \geq \max\{m \times s, 3 \times (m+s)\}$（n 为 DMU 个数；m、s 分别为投入产出个数）（Cooper et al.，1999）[2]，从而保证了 DEA 效率测度有足够的识别能力。本书在测度资源环境约束下农业用水效率的过程中，投入端选择了农业用水量、土地要素、劳动要素、资本要素等，产出端包括期望产出和非期望产出，如图 3 − 1 所示。在已有测度农业用水效率的研究中，绝大多数文献没有考虑非期望产出，仅有少数文献考虑了非期望产出。其中，杨骞和刘华军（2015）[3] 以农业废水中的 COD 和 NH 作为非期望产出。陈磊等（2015）[4] 以水污染中的 COD 排放总量作为非期望产出。李静和马潇璨（2015）[5] 将作物生产过程带来的水污染中氮（N）、磷（P）排放量作为非期望产出，氮排放量的计算公式为农业总氮排放量乘以该省某作物化肥施用量占化肥施用总量的比例，磷排放量的计算公式为农业总磷排放量乘以该省某作物化肥施用量占化肥施用总量的比例。其中，农业总氮排放量和农业总磷排放量的测算采用清单分析法。目前，《中国环境统计年鉴》仅公布了 2011～2015 年的农业废水的污染物数据。因此，如果以农业废水中的 COD 和 NH 排放量作为非期望产出，根据目前数据的可得性，本书仅能够测算 2011～2015 年的农业用水效率。

---

① Cook W. D, Seiford L M. Data Envelopment Analysis（DEA）– Thirty Years On ［J］. European Journal of Operational Research，2009，192（1）：1 – 17.

② Cooper W W, Tone K, Seiford L M. Data Envelopment Analysis：A Comprehensive Text with Models, Applications References, and DEA – Solver Software with Cdrom ［M］. Kluwer Academic Publishers，1999.

③ 杨骞、刘华军：《污染排放约束下中国农业水资源效率的区域差异与影响因素》，载于《数量经济技术经济研究》2015 年第 1 期，第 114～128 页。

④ 陈磊、吴继贵、王应明：《基于空间视角的水资源经济环境效率评价》，载于《地理科学》2015 年第 12 期，第 1568～1574 页。

⑤ 李静、马潇璨：《资源与环境约束下的产粮区粮食生产用水效率与影响因素研究》，载于《农业现代化研究》2015 年第 2 期，第 252～258 页。

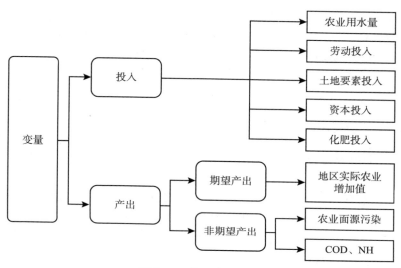

图 3 - 1　投入产出变量

资料来源：笔者绘制。

　　鉴于农业面源污染的测度是可以实现的，如果以农业面源污染作为非期望产出，则可以测度较长时期资源环境约束下的农业用水效率。综合以上两个方面，在对农业用水效率的测度中，本书分别选择了以农业面源污染（课题组测算）和 COD、NH（《中国环境统计年鉴》公布数据）作为非期望产出。根据目前数据的可得性，以农业面源污染作为非期望产出，时间跨度为 1998 ~ 2015 年。因此，本书在测度资源环境约束下农业用水效率的过程中，选用了 1998 ~ 2015 年全国 31 个省份农业投入产出的面板数据，以及 2011 ~ 2015 年全国 31 个省份农业投入产出面板数据。同时选择以上两套数据，也便于我们对测度结果进行比较及稳健性考察，尽可能地选择更为精准的农业用水效率测度结果。以下是本书测算过程中所采用的投入产出变量的数据来源及具体处理情况。

3.2.1　投入变量

1. 农业用水量

农业生产离不开水资源，作为一种日益稀缺的战略性资源，农业用水对国家粮食安全和农业经济发展具有举足轻重的影响。本书采用的农业用水包括农田灌溉用水、林果地灌溉用水、草地灌溉用水、鱼塘补水和畜禽用水[①]。其中，1998～2003 年的数据来源于中国水资源统计公报，2004～2015 年数据来源于国家统计局[②]。分省的农业用水量数据见附录表 1。

2. 劳动投入

劳动投入是农业及整个国民经济与社会发展的基本条件。本书采用农林牧渔业从业人员数表示劳动投入。因 2013～2015 年数据缺失，本书采用 2010 年、2011 年和 2012 年三年均值代替 2013 年农林牧渔业从业人员数，2014 年和 2015 年农林牧渔业从业人员数的计算方法参照2013 年（取上三年均值），数据来源于国家统计局网站。分省的农林牧渔业从业人员数据见附录表 2。

3. 土地要素投入

土地是最为稀缺的资源（陈飞，2014）[③]，同时也是农业发展的基本支撑（潘丹，2013）[④]。土地作为不可或缺的生产要素以及社会、经济、政治、文化等各项活动的载体，更是成为影响中国农业经济增长的重要因素。本书采用农作物总播种面积指标作为土地要素的代理变量，农作物总播种面积数据均来源于国家统计局网站，由图 3-2 可以看出，自 2006 年以来，中国的农作物播种面积呈逐年扩大趋势。分省的农作物播种面积数据见附录表 3。

4. 资本投入

现代农业生产更多的是采用机械化设备，本书采用农业机械总动力作为资本投入的代理变量。农业机械总动力是主要用于农、林、牧、渔业的各种动力机械的动力总和，包括耕作机械、排灌机械、收获机械、农用运输机械、牧业机械、林业机械、渔业机械等。农业机

---

① 2012 年起，生活用水量中的牲畜用水量调整至农业用水量中。

② 国家统计局官方网站的"国家数据"（http://data.stats.gov.cn/）。

③ 陈飞：《中国农业经济地区差异及成因研究》，科学出版社 2014 年版。

④ 潘丹：《基于资源环境约束的中国农业绿色生产率研究》，中国环境出版社 2013 年版。

械总动力的数据来源于国家统计局①。由于公布的数据为每一年的年底数，本书将上年年底数与当年年底数取均值作为当年的农业机械总动力。由图3－3可以看出，1998～2015年农业机械总动力呈逐年上升趋势。分省农业机械总动力数据见附录表4。

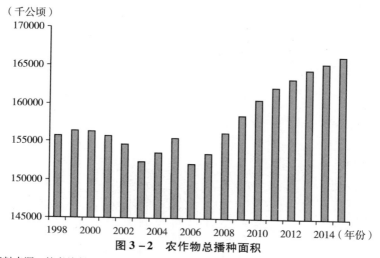

（千公顷）

图3－2 农作物总播种面积

资料来源：笔者绘制。

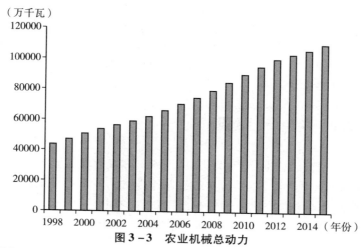

（万千瓦）

图3－3 农业机械总动力

资料来源：笔者绘制。

① 国家统计局的"国家统计数据库"官方网站：http：//data. stats. gov. cn/。

5. 化肥投入

近年来，中国化肥施用量逐年攀升，如图 3 - 4 所示，化肥的合理使用有助于农业增产增收。本书采用农用化肥施用折纯量[①]作为化肥投入的代理变量。其中，农用化肥施用量是指本年内实际用于农业生产的化肥数量，包括氮肥、磷肥、钾肥和复合肥，化肥施用量要求按折纯量计算数量。农用化肥施用折纯量数据来源于国家统计局网站。分省农用化肥施用量数据见附录表 5。

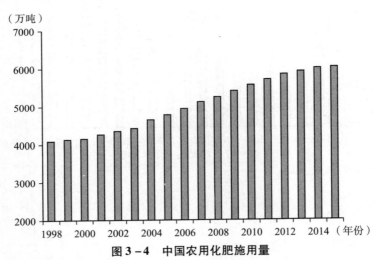

（万吨）

图 3 - 4　中国农用化肥施用量

资料来源：笔者绘制。

3.2.2　期望产出变量

在已有研究中，期望产出通常用地区实际农业增加值来表示。鉴于 DEA 方法对数据的要求，期望产出变量不能太多。本书采用各地区实际农业增加值作为期望产出，期望产出用符号"GDP"表示。根据本书的研究需要，我们分别测算整理了 1998～2015 年的分省实际农业增加值

①　折纯量是指把氮肥、磷肥、钾肥分别按含氮、含五氧化二磷、含氧化钾的百分之百成分进行折算后的数量。其中复合肥按其所含主要成分折算，其折纯量等于实物量与某种化肥有效成分含量的百分比。

（以 1998 年为基期）及 2011～2015 年的分省实际农业增加值（以 2011 年为基期），数据均来源于国家统计局网站。附录表 6 和附录表 7 分别报告了 1998～2015 年及 2011～2015 年的分省实际农业增加值详细数据。

3.2.3　非期望产出变量 I：农业面源污染测度

农业面源污染是指在农业生产活动中，氮素和磷素等营养物质、农药及其他有机或无机污染物质，通过农田的地表径流和农田渗漏形成的环境污染，主要包括化肥污染、农药污染、畜禽粪便污染等（李秀芬等，2010）[1]。近年来，中国主要湖泊和水体的富营养化不断加重，农业面源污染逐渐成为制约农业健康发展的瓶颈因素。本书借鉴赖斯芸（2004）[2]、梁流涛（2009）[3]、葛继红和周曙东（2011）[4] 及潘丹（2012）[5] 的做法，采用单元调查法测算中国农业面源污染，并以此作为非期望产出，主要考虑农田化肥、畜禽养殖、农田固体废弃物、水产养殖和农村生活五个单元，具体调查单元数据来源及说明如图 3－5 所示。

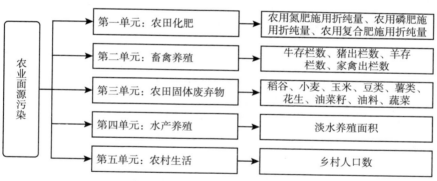

图 3－5　农业面源污染测算单元

资料来源：笔者绘制。

---

① 李秀芬、朱金兆、顾晓君等：《农业面源污染现状与防治进展》，载于《中国人口·资源与环境》2010 年第 4 期，第 81～84 页。

② 赖斯芸：《非点源污染调查评估方法及其应用研究》，清华大学，2004 年。

③ 梁流涛：《农村生态环境时空特征及其演变规律研究》，南京农业大学，2009 年。

④ 葛继红、周曙东：《农业面源污染的经济影响因素分析——基于 1978～2009 年的江苏省数据》，载于《中国农村经济》2011 年第 5 期，第 72～81 页。

⑤ 潘丹：《考虑资源环境因素的中国农业生产率研究》，南京农业大学，2012 年。

1. 第一单元：农田化肥

在第一单元的农业面源污染核算中，我们借鉴赖斯芸（2004）[1] 的做法，假定所有的化肥投入都会对水环境造成潜在污染影响，根据化肥折纯的化学成分可得农田化肥类单元产污系数：氮肥、磷肥和复合肥（氮磷钾养分比例分别为 1∶1∶1）的总氮（TN）产污系数分别为 1、0、0.33；氮肥、磷肥和复合肥的总磷（TP）产污系数分别为 0、0.44、0.15。由于 2015 年氮肥施用量、磷肥施用量和复合肥施用量数据缺失，因此采用 2012 年、2013 年和 2014 年均值代替，数据均来源于国家统计局网站，具体计算公式如下：

$$TN = N 肥施用量 \times 1 \times 流失率 + 复合肥施用量 \times 0.33 \times 流失率$$
$$TP = P 肥施用量 \times 0.44 \times 流失率 + 复合肥施用量$$
$$\times 0.15（即 1/3 \times 0.44）\times 流失率$$

本书附录部分的表 8、表 9、表 10 分别报告了 1998～2015 年分省农用氮肥施用折纯量、农用磷肥施用折纯量以及农用复合肥施用折纯量的原始数据。

2. 第二单元：畜禽养殖

在这一单元的农业面源污染核算中，我们主要考虑牛存栏数[2]、猪出栏数、羊存栏数、家禽出栏数四项指标（相对应的国家统计局指标名称为牛期末数量、猪出栏数量、羊年底只数、家禽出栏量)[3]。原因在于，从畜牧业产值分布来看，中国主要以养猪业、养禽业、养牛业和养羊业为主，这些部门的总产值占整个畜牧业产值的 95% 以上。由于2015 年猪出栏数、家禽出栏数数据缺失，此处取前三年均值代替；西藏家禽 1998～2005 年数据缺失，如 2005 年为用 2006 年、2007 年、2008 年均值代替，依次类推。我们采用国家环保局公布的排泄系数标

---

[1] 赖斯芸：《非点源污染调查评估方法及其应用研究》，清华大学，2004 年。
[2] 期初（末）畜禽存栏头（只）数：指报告期初（末）农村各种合作经济组织和国营农场、农民个人、机关、团体、学校、工矿企业、部队等单位以及城镇居民饲养的大牲畜、猪、羊、家禽等畜禽的数量。数据上报方式及数据调整情况同猪、牛、羊肉产量。
[3] 由于所涉及的数据过多，过于庞大繁杂，附录部分并没呈现原始数据，有需要的读者可随时向笔者索取。

准来计算[①]，流失率系数借鉴赖斯芸（2004）。畜禽污染量的计算公式
分别为：

$$畜禽养殖 COD 产生量 = （牛存栏数 \times 248.20 + 猪出栏数 \times 26.61$$
$$+ 羊存栏数 \times 4.4 + 家禽出栏数 \times 1.165）$$
$$\times 流失率$$

$$畜禽养殖 TN 产生量 = （牛存栏数 \times 61.1 + 猪出栏数 \times 4.51$$
$$+ 羊存栏数 \times 2.28 + 家禽出栏数$$
$$\times 0.275）\times 流失率$$

$$畜禽养殖 TP 产生量 = （牛存栏数 \times 10.07 + 猪出栏数 \times 1.70$$
$$+ 羊存栏数 \times 0.45 + 家禽出栏数$$
$$\times 0.115）\times 流失率$$

3. 第三单元：农田固体废弃物

本书采用农作物秸秆和田间蔬菜废弃物作为农业面源污染第三单元
的衡量指标[②]。其中，农作物秸秆包括稻谷、小麦、玉米、豆类、薯
类、花生、油菜籽及油料的秸秆。根据梁流涛（2009）[③] 将蔬菜固体废
弃物的产量假定为 0.51，农田固体废弃物单元面源污染计算公式如下：

$$COD = 农作物产量（蔬菜产量）\times 秸秆粮食比（蔬菜固废产量）$$
$$\times 秸秆利用结构[④] \times 固体废弃物养分含量[⑤] \times 产污系数$$
$$\times 不同利用方式下秸秆养分流失率$$

依此计算每一种作物的 TN 和 TP 排放量，然后把各种农作物及蔬
菜的 COD、TN 和 TP 相加得到这一单元的农业面源污染。

4. 第四单元：水产养殖

鉴于《全国第一次污染源普查农业源系数手册》所涉及鱼类种类

---

① 国家环境保护总局自然生态保护司编：《全国规模化畜禽养殖业污染情况调查及防治
对策》，中国环境科学出版社 2002 年版。

② 由于所涉及的数据过多，过于庞大繁杂，附录部分并没呈现原始数据，有需要的读者
可随时向作者索取。

③ 梁流涛：《农村生态环境时空特征及其演变规律研究》，南京农业大学，2009 年。

④ 由于部分省份利用结构数据缺失，本书依据地理距离将新疆、内蒙古按照甘肃的利用
结构数据计算；广西按照广东的利用结构数据计算；北京、天津按照河北的利用结构数据计
算；青海、西藏、重庆、云南按照四川的利用结构数据计算。

⑤ 注：此处油菜同豆类，花生同薯类，产污系数也如此。

过多，数据庞大繁杂，因此本书借鉴张大弟等（1997）[1]、潘丹和应瑞瑶（2013）[2] 的做法，仅考虑淡水养殖面积，将内陆养殖面积作为测算指标（水产养殖面积＝内陆养殖面积＋海水养殖面积），数据均来源于国家统计局（同上），由于 2015 年数据缺失，因此本书采用 2012 年、2013 年和 2014 年三年均值代替 2015 年数据[3]。水产养殖单元产污系数如下：COD、TN、TP 分别为 74.5 千克/平方千米、101 千克/平方千米、11 千克/平方千米，数据来源于张大弟等（1997）。第四单元计算公式为：

$$水产养殖单元面源污染＝淡水养殖面积×排污系数$$

5. 第五单元：农村生活

农村生活类面源污染采用人均系数法进行核算，主要包括农村居民的生活污水和粪尿排泄，由此而产生的面源污染主要表现为农田地表径流。由于 2013 年、2014 年和 2015 年数据缺失，本书采用 2010 年、2011 年和 2012 年均值代替 2013 年数据，2014 年、2015 年数据依次类推[4]。农村生活污水流失率为 100%，按 30% 计入水环境（赖斯芸，2004）[5]，人粪尿流失率较低，按 50% 计入水环境（张大弟等，1997）[6]。计算公式如下：

$$COD＝乡村人口数×7.82 \quad TN＝乡村人口数×0.89$$

$$TP＝乡村人口数×0.20$$

图 3－6 至图 3－8 分别给出了中国农业面源污染 COD、TN 和 TP 的排放总量，可以看出，1998~2005 年 COD、TN、TP 排放量均呈不断增加态势，2006 年出现一定幅度的下降，这与梁流涛等（2010）[7] 中给出的 2006 年农业面源污染测算结果呈现的趋势大致相同。2007~2015 年 COD、TN、TP 排放量均呈不断增加态势。COD、TN、TP 排放量的详细

---

   [1][6]   张大弟、张晓红、章家骐、沈根祥：《上海市郊区非点源污染综合调查评价》，载于《上海农业学报》1997 年第 1 期，第 31~36 页。

   [2]   潘丹、应瑞瑶：《资源环境约束下的中国农业全要素生产率增长研究》，载于《资源科学》2013 年第 7 期，第 1329~1338 页。

   [3][4]   由于所涉及的数据过多，过于庞大繁杂，附录部分并没呈现原始数据，有需要的读者可随时向作者索取。

   [5]   赖斯芸：《非点源污染调查评估方法及其应用研究》，清华大学，2004 年。

   [7]   梁流涛、冯淑怡、曲福田：《农业面源污染形成机制：理论与实证》，载于《中国人口·资源与环境》2010 年第 4 期，第 74~80 页。

数据见书后附录表 11 至表 13。

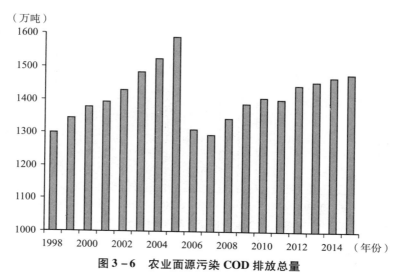

图 3－6　农业面源污染 COD 排放总量

资料来源：笔者绘制。

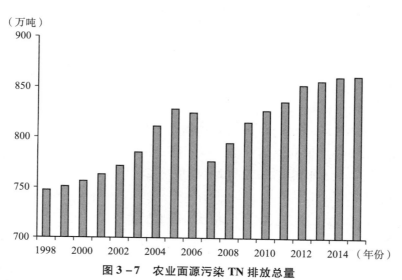

图 3－7　农业面源污染 TN 排放总量

资料来源：笔者绘制。

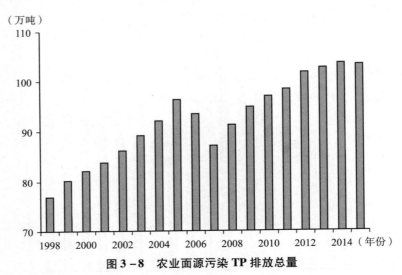

图 3 - 8　农业面源污染 TP 排放总量

资料来源：笔者绘制。

3.2.4　非期望产出变量 Ⅱ：COD、NH

以上农业面源污染数据由课题组测算而得，此外本书还采用农业 COD 排放量和农业 NH 排放量作为非期望产出，数据来源于《中国环境统计年鉴》。因农业 COD 和农业 NH 数据仅有 2011～2015 年的数据，所以在以 COD、NH 为非期望产出的情况下，本书仅测算了 2011～2015 年的农业用水效率。关于非期望产出 COD 和 NH 排放量的数据详见附录表 14。图 3 - 9 和图 3 - 10 直观地描述了 2011～2015 年 COD 排放总量和 NH 排放总量的演变趋势，根据图 3 - 9 和图 3 - 10 可以发现，2011～2015 年 COD 排放总量和 NH 排放总量均呈减少态势。

3.3　描述性统计

3.3.1　描述性统计 Ⅰ（农业面源污染作为非期望产出）

表 3 - 1 和表 3 - 2 对投入产出样本数据进行了描述性统计。表 3 - 1 为以农业面源污染作为非期望产出的变量描述性统计。从表 3 - 1 来看，

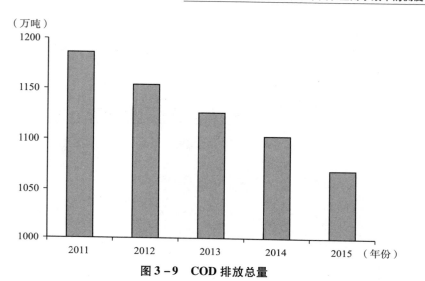

图 3 - 9 COD 排放总量

资料来源：笔者根据《中国环境统计年鉴》数据绘制。

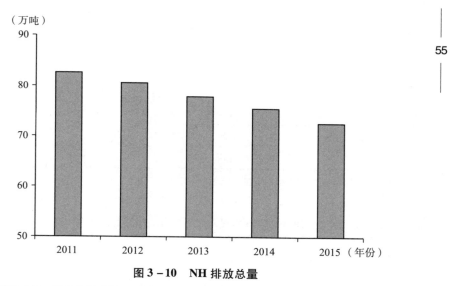

图 3 - 10 NH 排放总量

资料来源：笔者根据《中国环境统计年鉴》数据绘制。

投入变量中农业用水量的均值为 120.38 亿立方米；农林牧渔业从业人员的均值为 955.20 万人；农作物总播种面积的均值为 5095.86 千公顷；农业机械总动力的均值为 2425.52 万千瓦；农用化肥施用量均值为

162.14 万吨。从产出变量的描述性统计来看，期望产出的地区实际农业增加值均值为 7879.98 亿元，非期望产出面源污染包含的三种污染物 COD、TN 和 TP 的均值分别为 45.58 万吨、26.02 万吨、2.97 万吨。

表 3 - 1　　　　　　1998 ~ 2015 年投入产出变量的描述性统计

投入产出类型	变量	符号	单位	平均值	标准差	最小值	最大值
投入	农业用水量	W	亿立方米	120.38	99.08	0.58	561.75
	农林牧渔业从业人员	P	万人	955.20	745.39	33.38	3558.55
	农作物总播种面积	S	千公顷	5095.86	3546.97	173.73	14424.96
	农业机械总动力	M	万千瓦	2425.52	2528.03	84.48	13227.21
	农用化肥施用量	H	万吨	162.14	134.19	2.50	716.09
期望产出	地区实际农业增加值	GDP	亿元	7879.98	8430.63	91.50	52342.00
非期望产出	化学需氧量	COD	万吨	45.58	35.29	2.27	162.32
	总氮	TN	万吨	26.02	20.00	2.63	84.79
	总磷	TP	万吨	2.97	2.65	0.19	12.28

资料来源：笔者测算并整理绘制。

表 3 - 2　　　　　　2011 ~ 2015 年投入产出变量的描述性统计

投入产出类型	变量	符号	单位	平均值	标准差	最小值	最大值
投入	农业用水量	W	亿立方米	124.30	108.85	6.40	561.75
	农林牧渔业从业人员	P	万人	878.79	671.05	33.38	2655.29
	农作物总播种面积	S	千公顷	5304.17	3704.68	173.73	14424.96

投入产出类型	变量	符号	单位	平均值	标准差	最小值	最大值
投入	农业机械总动力	M	万千瓦	3319.43	3066.72	104.87	13227.21
	农用化肥施用量	H	万吨	190.15	150.03	4.79	716.09
期望产出	地区实际农业增加值	GDP	亿元	13897.15	11249.27	411.33	52342
非期望产出	化学需氧量	COD	吨	363653.70	328806.90	3855	1379733
	氨氮	NH	吨	25119.13	20407.81	457	75800

资料来源：笔者测算并整理绘制。

3.3.2 描述性统计Ⅱ（COD、NH 作为非期望产出）

表 3-2 为以农业 COD 和农业 NH 作为非期望产出的描述性统计，投入变量中农业用水量（W）的均值为 124.30 亿立方米；农林牧渔业从业人员（P）的均值为 878.79 万人；农作物总播种面积（S）的均值为 5304.17 千公顷；农业机械总动力（M）的均值为 3319.43 万千瓦；农用化肥施用量（H）的均值为 190.15 万吨。从产出变量的描述性统计来看，作为期望产出的农业实际地区生产总值均值为 13897.15 亿元（1998 年不变价），非期望产出化 COD 和 NH 的均值分别为 363653.70 吨、25119.13 吨。

3.4 农业用水效率的测度结果

根据第 3.1 节中 DEA 测度模型及方法，本书利用 1998～2015 年和 2011～2015 年两套数据分别测算了不考虑非期望产出和考虑非期望产出的农业用水效率。其中，本书将考虑非期望产出的农业用水效率测度结果具体分为是否考虑农业面源污染约束的农业用水效率和是否考虑 COD、NH 排放约束的农业用水效率。

在考虑不同非期望产出及不同模型对农业用水效率进行测度的基础上，本书借鉴托恩（Tone，2002）[①]假定为非径向，同时考虑投入和产出的角度问题。此外，在运用 DEA 模型进行效率评价时，需要假设规模报酬不变（constant returns to scale，CRS）或者规模报酬可变（variable returns to scale，VRS）。规模报酬假设不同，效率测度结果也将发生不同程度的改变。出于稳健性考虑，本书将在研究中同时报告两种规模报酬假设下的研究结果进而从不同层面对测度结果进行比较，具体的比较按照如下顺序：首先对是否考虑资源环境约束的农业用水效率测度结果比较，目的是考察如果不考虑非期望产出是否会高估农业用水效率；其次是规模报酬不变（CRS）和规模报酬可变（VRS）假设下的农业用水效率测度结果比较，目的是考察不同规模报酬假设下农业用水效率的测度结果是否存在显著差异，从而为选择最优的测度模型打下基础。

3.4.1 测度结果 I（农业面源污染作为非期望产出）

在全局基准、投入产出双向的假定条件下，本书测算得到了 1998 ~ 2015 年全国 31 个省份[②]面源污染约束下农业用水效率的测度结果，在以上测度结果基础上，我们进一步测算得到了全国面源污染约束下农业用水效率的均值。其中，全部年份的测度结果详见附录表 15 和表 16，部分年份的测度结果详见表 3 - 3 和表 3 - 4。此外，基于投入角度和不同规模报酬下的农业用水效率测度结果见附录表 17 和表 18。

表3-3　农业用水效率部分年份测度结果（考虑非期望双向 CRS）

省份	1998 年	2005 年	2010 年	2015 年	省份	1998 年	2005 年	2010 年	2015 年
北京	0.0989	0.2969	0.5908	1.0000	山西	0.0324	0.0776	0.1127	0.1391
天津	0.0948	0.1717	0.4479	0.7043	内蒙古	0.0065	0.0169	0.0402	0.0623
河北	0.0174	0.0417	0.0756	0.1206	辽宁	0.0309	0.0644	0.1199	0.1764

[①]　Tone K. A Slacks-based Measure of Super-efficiency in Data Envelopment Analysis [J]. European Journal of Operational Research, 2002, 143 (1): 32 - 41.

[②]　本书测算数据不包括香港地区、台湾地区、澳门地区。

续表

省份	1998 年	2005 年	2010 年	2015 年	省份	1998 年	2005 年	2010 年	2015 年
吉林	0.0146	0.0337	0.0607	0.0776	广西	0.0067	0.0120	0.0265	0.0413
黑龙江	0.0087	0.0201	0.0273	0.0324	海南	0.0083	0.0174	0.0336	0.0519
上海	0.1212	0.3200	0.5955	1.0000	重庆	0.0606	0.1063	0.2295	0.3226
江苏	0.0225	0.0442	0.0723	0.1244	四川	0.0197	0.0405	0.0736	0.0997
浙江	0.0284	0.0772	0.1522	0.2517	贵州	0.0129	0.0236	0.0426	0.0708
安徽	0.0148	0.0316	0.0405	0.0715	云南	0.0123	0.0217	0.0431	0.0664
福建	0.0196	0.0451	0.0889	0.1541	西藏	0.0794	0.0049	0.0083	0.0169
江西	0.0085	0.0187	0.0309	0.0498	陕西	0.0188	0.0427	0.0795	0.1286
山东	0.0272	0.0731	0.1364	0.2308	甘肃	0.0067	0.0135	0.0230	0.0373
河南	0.0185	0.0553	0.0922	0.1457	青海	0.0076	0.0158	0.0263	0.0487
湖北	0.0173	0.0302	0.0589	0.0858	宁夏	0.0020	0.0050	0.0100	0.0169
湖南	0.0098	0.0209	0.0434	0.0678	新疆	0.0019	0.0033	0.0051	0.0076
广东	0.0237	0.0612	0.1108	0.1669	均值	0.0160	0.0351	0.0628	0.0939

资料来源：笔者测算并整理绘制。

59

表 3-4　农业用水效率部分年份测度结果（考虑非期望双向 VRS）

省份	1998 年	2005 年	2010 年	2015 年	省份	1998 年	2005 年	2010 年	2015 年
北京	0.8223	1.0000	1.0000	1.0000	浙江	0.1110	0.0600	0.1608	1.0000
天津	1.0000	1.0000	1.0000	1.0000	安徽	0.1149	0.0249	0.0384	0.0608
河北	0.0360	0.0301	0.0625	0.2402	福建	0.1222	0.1408	0.1471	0.1610
山西	0.3979	0.1958	0.1685	0.1419	江西	0.0977	0.1062	0.0947	0.0928
内蒙古	0.1015	0.0994	0.1063	0.1021	山东	0.0202	0.0629	0.4894	1.0000
辽宁	0.1573	0.0734	0.0982	0.3000	河南	0.0150	0.0399	0.0803	0.4031
吉林	0.1834	0.2154	0.1937	0.0710	四川	0.1117	0.0433	0.0524	0.1677
黑龙江	0.0622	0.0744	0.0573	0.0458	贵州	0.2968	0.2834	0.1279	0.1179
上海	0.6300	0.9081	1.0000	1.0000	云南	0.1324	0.1319	0.0331	0.0475
江苏	0.0617	0.0542	0.2748	1.0000	西藏	1.0000	0.0869	0.1097	0.2037

省份	1998 年	2005 年	2010 年	2015 年	省份	1998 年	2005 年	2010 年	2015 年
湖北	0.1096	0.1006	0.0463	0.0833	陕西	0.2542	0.2738	0.1154	0.1105
湖南	0.0638	0.0227	0.0306	0.0649	甘肃	0.1489	0.1506	0.1517	0.1487
广东	0.0549	0.0612	0.4950	1.0000	青海	0.4107	0.4182	0.5229	0.6842
广西	0.0689	0.0634	0.0735	0.0290	宁夏	1.0000	0.1979	0.2198	0.2306
海南	0.3719	0.4069	0.4221	0.4157	新疆	0.0341	0.0308	0.0295	0.0262
重庆	0.7471	0.2992	0.3226	0.2481	均值	0.1238	0.0951	0.1535	0.2899

资料来源：笔者测算并整理绘制。

在全局基准、规模报酬不变、投入产出双向的假定下，1998～2015年除西藏农业用水效率呈现微小降幅外（平均降低幅度为8.71%），其余30个省份的农业用水效率均呈现出不同程度的增长态势，其中以北京、上海、浙江、宁夏的增长幅度最大，分别为14.58%、13.22%、13.70%和13.37%。从全国农业用水效率来看，1998～2015年全国农业用水效率由0.0160上升至0.0939，年均增长幅度为10.99%。从1998～2015年这31个省份的农业用水效率均值来看，北京的农业用水效率以0.6689位居首位，上海、天津、重庆的农业用水效率分别以0.6535、0.5850、0.5106居第2位、第3位、第4位，其余27个省份的农业用水效率均值稳定在0.42以上，其中新疆、宁夏、黑龙江、甘肃等省份的农业用水效率最低。

在全局基准、规模报酬可变、投入产出双向的假定下，1998～2015年这31个省份面源污染约束下农业用水效率的测度结果如表3-4所示。同时，我们也进一步测算得到了全国面源污染约束下农业用水效率的均值。其中，全部年份的测度结果详见附录表16。从测度结果来看，1998～2015年部分省份的农业用水效率呈现下降态势，如河北、山西、内蒙古、辽宁、吉林、黑龙江、安徽、福建、江西、湖北、广西、海南、重庆、贵州、陕西、甘肃、宁夏、新疆等，其余省份的农业用水效率均呈现一定的上升态势。从1998～2015年全国农业用水效率均值来看，1998～2010年呈下降态势，由1998年的0.7733下降至2005年的0.6625后又继续下降至2010年的0.6205，2015年的农业用水效率均值为0.6576。从农业用水效率平均水平来看，均值在0.6到0.8之间，年

均增长率为 -0.95%。由此可以看出,在考虑非期望产出、基于投入产出双向角度和规模报酬可变的假设下,农业用水效率呈下降态势。

3.4.2 测度结果Ⅱ（COD、NH 作为非期望产出）

在全局基准、投入产出双向的假定下,本书测算得到了在 CRS 和 VRS 假设下 2011～2015 年这 31 个省份以 COD、NH 为非期望产出的农业用水效率测度结果,进一步地,本书也测算得到了全国农业用水效率的均值。其中,全部年份的测度结果详见附录表 19 至表 22,部分年份的测度结果如表 3-5 和表 3-6 所示。

表 3-5　　　　农业用水效率测度结果（考虑非期望双向 CRS）

省份	2011 年	2013 年	2015 年	省份	2011 年	2013 年	2015 年
北京	0.6781	0.8825	1.0000	湖北	0.0652	0.0712	0.0858
天津	0.4952	0.5886	0.7043	湖南	0.0497	0.0571	0.0679
河北	0.0861	0.1042	0.1206	广东	0.1237	0.1455	0.1669
山西	0.1114	0.1345	0.1391	广西	0.0300	0.0340	0.0413
内蒙古	0.0455	0.0567	0.0623	海南	0.0376	0.0472	0.0519
辽宁	0.1346	0.1583	0.1764	重庆	0.2244	0.2753	0.3226
吉林	0.0624	0.0697	0.0776	四川	0.0839	0.0958	0.0997
黑龙江	0.0281	0.0294	0.0324	贵州	0.0493	0.0649	0.0708
上海	0.6556	0.7689	1.0000	云南	0.0486	0.0576	0.0664
江苏	0.0793	0.0975	0.1244	西藏	0.0109	0.0135	0.0169
浙江	0.1705	0.1995	0.2517	陕西	0.0893	0.1084	0.1286
安徽	0.0455	0.0585	0.0715	甘肃	0.0261	0.0307	0.0373
福建	0.0984	0.1254	0.1541	青海	0.0295	0.0378	0.0487
江西	0.0306	0.0365	0.0498	宁夏	0.0111	0.0141	0.0169
山东	0.1572	0.1882	0.2308	新疆	0.0057	0.0062	0.0076
河南	0.1040	0.1098	0.1457	均值	0.0691	0.0797	0.0939

资料来源：笔者测算并整理绘制。

表 3 - 6 　　　农业用水效率测度结果（考虑非期望双向 VRS）

省份	2011 年	2013 年	2015 年	省份	2011 年	2013 年	2015 年
北京	1.0000	1.0000	1.0000	湖北	0.0457	0.0610	0.0833
天津	1.0000	1.0000	1.0000	湖南	0.0349	0.0482	0.0649
河北	0.0775	0.1069	0.2402	广东	0.6037	0.7994	1.0000
山西	0.1475	0.1485	0.1419	广西	0.0740	0.0683	0.0709
内蒙古	0.1052	0.1080	0.1021	海南	0.4226	0.4426	0.4157
辽宁	0.1210	0.1652	0.3000	重庆	0.2710	0.2606	0.2481
吉林	0.1752	0.1611	0.1585	四川	0.0688	0.0920	0.1677
黑龙江	0.0525	0.0464	0.0458	贵州	0.2877	0.2964	0.2634
上海	1.0000	0.9274	1.0000	云南	0.1488	0.1393	0.1367
江苏	0.3427	0.5564	1.0000	西藏	1.0000	0.9786	0.9849
浙江	0.2922	0.5521	1.0000	陕西	0.1138	0.1102	0.1105
安徽	0.0380	0.0422	0.0608	甘肃	0.1524	0.1441	0.1486
福建	0.1450	0.1494	0.1610	青海	1.0000	1.0000	1.0000
江西	0.0833	0.0814	0.0928	宁夏	0.2685	0.2963	0.3161
山东	0.6480	0.9314	1.0000	新疆	0.0293	0.0256	0.0262
河南	0.0981	0.1807	0.4031	均值	0.1895	0.2328	0.3073

资料来源：笔者测算并整理绘制。

在全局基准、规模报酬不变、投入产出双向的假定下，2011～2015年各省份农业用水效率均呈现出不同程度的增长态势，其中以上海、江苏、安徽、福建的增长幅度最大，分别为 11.13%、11.91%、11.95%和 11.86%。从农业用水效率均值来看，2011～2015 年全国农业用水效率由 0.0160 上升至 0.0939，年均增长幅度为 7.96%。从 2011～2015 年全国 31 个省份的农业用水效率均值来看，北京的农业用水效率以 0.8536 位居首位，上海、天津、重庆的农业用水效率分别以 0.7917、0.6084、0.2759 居第 2、第 3、第 4 位，其余 27 个省份的农业用水效率均值稳定在 0.25 以下，其中黑龙江、宁夏、西藏、新疆等的农业用水效率最低。

在全局基准、规模报酬不变、投入产出双向的假定下，2011～2015

年各省份农业用水效率均呈现出不同程度的增长态势，其中河南、浙江、河北、江苏的增长幅度较大，分别为 42.38%、36.01%、32.68% 和 30.70%。从农业用水效率来看，2011～2015 年农业用水效率由 0.1895 上升至 0.3073，平均增长幅度为 12.84%。从 2011～2015 年 31 个省份的农业用水效率均值来看，天津和青海的农业用水效率最高（都为 1），西藏、上海、北京的农业用水效率分别以 0.9865、0.9851、0.9834 居第 3、第 4、第 5 位，其余 26 个省份的农业用水效率均值稳定在 0.9 以下，其中湖南、黑龙江、安徽、新疆等省份的农业用水效率较低。总体来看，基于投入产出双向 VRS 下的效率值要高于基于双向 CRS 下的效率值。

3.5　基于不同模型的测度结果比较

根据上文中的测度模型及结果，本小节对是否考虑非期望产出及基于不同模型下的农业用水效率测度结果进行配对检验，以考察应用不同模型对农业用水效率测度结果产生的差异，并对不同模型下的测度结果进行讨论。

3.5.1　是否考虑资源环境约束对测度结果的影响

本书首先对是否考虑资源环境约束的农业用水效率测度结果进行比较，分别考察有无非期望产出的双向 CRS 和双向 VRS 配对检验结果。

1. 是否考虑非期望产出（农业面源污染）

表 3 - 7 报告了是否考虑以农业面源污染为非期望产出的用水效率配对检验结果。根据表 3 - 7，Kendall's τ 检验结果表明在双向 CRS 假设下，考虑非期望产出和不考虑非期望产出的测度结果除了 2009 年和 2014 年不显著之外，其余年份均存在显著差异。此外，样本考察期内 T 检验和 Wilcoxon 检验为负且均通过了 1% 的显著性水平检验，说明在双向 CRS 假定下，考虑非期望产出和不考虑非期望产出的测度结果存在显著差异。在双向 VRS 假定下，Kendall's τ 检验结果为正且均通过了 1%

表3-7　是否考虑面源污染约束的测度结果配对检验

配对	时期	CRS（双向）			VRS（双向）		
		Kendall	T-test	Wilcoxon	Kendall	T-test	Wilcoxon
1	1998年	0.4301***	-23.2638***	-4.860***	0.8731***	0.7859	-2.510**
2	1999年	0.4817***	-20.2949***	-4.860***	0.7462***	-0.4843	-0.774
3	2000年	0.4602***	-20.1034***	-4.860***	0.8473***	-2.1952**	-2.117**
4	2001年	0.4366***	-21.0114***	-4.860***	0.7871***	-0.0810	-0.382
5	2002年	0.3376**	-21.0361***	-4.860***	0.8043***	-2.2171**	-2.303**
6	2003年	0.2796**	-22.1243***	-4.860***	0.7441***	-2.4564**	-2.372**
7	2004年	0.1828*	-20.9027***	-4.860***	0.7484***	-1.8762*	-3.126***
8	2005年	0.2366**	-20.6749***	-4.860***	0.6925***	-2.6318**	-3.862***
9	2006年	0.1677*	-19.9935***	-4.860***	0.7570***	-2.3220**	-2.757***
10	2007年	0.1634*	-20.2603***	-4.860***	0.7527***	-2.4192**	-2.412**
11	2008年	0.1677*	-19.2893***	-4.860***	0.7742***	-2.5871**	-3.667***
12	2009年	0.1269	-19.1221***	-4.860***	0.7957***	-2.4704**	-3.197***
13	2010年	0.1806*	-18.0963***	-4.860***	0.7699***	-2.8778***	-3.706***

续表

配对	时期	CRS（双向）			VRS（双向）		
		Kendall	T－test	Wilcoxon	Kendall	T－test	Wilcoxon
14	2011年	0.1849*	-17.3113***	-4.860***	0.7914***	-3.1897***	-3.745***
15	2012年	0.2022**	-16.8587***	-4.860***	0.8129***	-3.1869***	-3.695***
16	2013年	0.2022**	-16.1351***	-4.860***	0.8172***	-2.4057**	-2.608***
17	2014年	0.1548	-14.5364***	-4.821***	0.8323***	-2.0910**	-2.157**
18	2015年	0.2559***	-14.9828***	-4.832***	0.8086***	-2.3133**	-2.525**

注：（1）***、**、*分别表示在1%、5%和10%的显著性水平下拒绝原假设；（2）表格中的统计值分别为τ（Kendall检验）、t（T检验）、Z（Wilcoxon检验）；（3）Kendall检验的原假设为配对之间是独立的；（4）T检验的原假设为均差等于零；（5）Wilcoxon检验的原假设为配对之间排序是相同的。

资料来源：笔者测算并整理绘制。

65

的显著性水平检验，T 检验的测度结果在 2000 年、2002～2015 年为负且均通过了显著性水平检验，而 Wilcoxon 检验的检验结果除了 1999 年和 2001 年测度结果没有通过显著性水平检验外，其余年份配对检验结果均为负且通过了显著性水平检验。配对检验结果表明是否考虑资源环境约束对农业用水效率的影响存在显著差异，因此在测度中国农业用水效率时不能忽视资源环境约束，否则会导致结论有偏，误导政策建议。

2. 是否考虑非期望产出（COD、NH）

本书对是否考虑资源环境约束的农业用水效率测度结果进行比较，分别考察有无 COD 和 NH 的双向 CRS 和双向 VRS 配对检验结果，表 3－8 报告了是否考虑以 COD、NH 为非期望产出的农业用水效率配对检验结果。根据表 3－8，Kendall's τ 检验结果表明在双向 CRS 假设下，除 2014 年没有通过显著性水平检验外，其余年份检验结果均显著为正，T 检验在双向 CRS 假设下均为正且通过了 1% 的显著性水平检验，而在双向 VRS 假设下均没有通过显著性水平检验，表明在双向 VRS 假设下考虑非期望产出和不考虑非期望产出之间的差异并不显著。Wilcoxon 检验在双向 CRS 假设下均为正且通过了 1% 的显著性水平检验，而在双向 VRS 假设下除 2011 年和 2013 年的检验结果没有通过显著性水平检验外，其余年份均通过了显著性水平检验。上述检验结果表明是否考虑以 COD 和 NH 为非期望产出对农业用水效率测度结果存在显著影响，因此在测度中国农业用水效率时不能忽视资源环境约束。

3.5.2 不同规模报酬假设下测度结果的比较

在应用 DEA 模型进行效率评价时，需要假设规模报酬不变（CRS）或者规模报酬可变（VRS）。规模报酬假设不同，效率测度结果也将不同程度的发生改变。本书基于双向角度分别对农业面源污染和 COD、NH 两类非期望产出的不同规模报酬假设下的农业用水效率测度结果进行配对检验。

表 3 - 8　是否考虑 COD、NH 约束的测度结果配对检验

配对	时期	CRS（双向）			VRS（双向）		
		Kendall	T - test	Wilcoxon	Kendall	T - test	Wilcoxon
1	2011 年	0.1849 **	-17.3113 ***	-4.860 ***	0.8323 ***	-1.4171	-1.929 **
2	2012 年	0.2022 **	-16.8587 ***	-4.860 ***	0.8538 ***	-0.8841	-1.412
3	2013 年	0.2022 **	-16.1352 ***	-4.860 ***	0.8602 ***	-0.4330	-1.686 **
4	2014 年	0.1591	-14.9777 ***	-4.860 ***	0.8667 ***	-0.6390	-0.618
5	2015 年	0.2559 *	-14.9828 ***	-4.832 ***	0.8194 ***	-0.1266	0.030

注：(1) ***、**、* 分别表示在 1%、5% 的显著性水平下拒绝原假设；(2) 表格中的统计值分别为 τ（Kendall 检验）、t（T 检验）、Z（Wilcoxon 检验）；(3) Kendall 检验的原假设为配对之间是独立的；(4) T 检验的原假设为均值等于零；(5) Wilcoxon 检验的原假设为配对之间排序是相同的。
资料来源：笔者测算并整理绘制。

1. 以农业面源污染为非期望产出

首先，本书对基于双向角度以农业面源污染为非期望产出的 CRS 和 VRS 假设下的测度结果进行配对检验。通过表 3 - 9 可以发现，Kendall's τ 的检验结果在 1998 ~ 2006 年均为正且没有通过显著性水平检验，表明 1998 ~ 2006 年基于不同规模报酬下的测度结果并无显著差异，而 2007 ~ 2015 年的 Kendall's τ 的检验结果均通过了显著性水平检验，表明 2007 ~ 2015 年基于 CRS 假设下的农业用水效率与基于 VRS 假设下的农业用水效率结果存在显著差异。T 检验和 Wilcoxon 检验结果为负且均通过了 1% 的显著性水平检验，表明基于双向角度下的 CRS 和 VRS 测度结果存在显著差异，且两者之间存在较强的负相关关系。这一结论也表明，在以农业面源污染为非期望产出的用水效率测度中，为使研究结论更加稳健应该同时对 CRS 假设下和 VRS 假设下的测度结果进行讨论。

表 3 - 9 　　考虑面源污染的农业用水效率：CRS & VRS 配对检验

配对	时期	CRS（双向）配对 VRS（双向）		
		Kendall	T - test	Wilcoxon
1	1998 年	0.1849	- 4.7851 ***	- 4.801 ***
2	1999 年	0.1785	- 4.7005 ***	- 4.723 ***
3	2000 年	0.1204	- 4.5504 ***	- 4.723 ***
4	2001 年	0.1591	- 4.6418 ***	- 4.723 ***
5	2002 年	0.1720	- 4.3877 ***	- 4.723 ***
6	2003 年	0.0645	- 4.2337 ***	- 4.429 ***
7	2004 年	0.1720	- 4.1512 ***	- 4.409 ***
8	2005 年	0.1419	- 4.0362 ***	- 4.115 ***
9	2006 年	0.1763	- 4.0950 ***	- 4.311 ***
10	2007 年	0.2194 *	- 4.2588 ***	- 4.370 ***
11	2008 年	0.2581 **	- 4.3376 ***	- 4.272 ***
12	2009 年	0.2839 **	- 4.5566 ***	- 4.194 ***

配对	时期	CRS（双向）配对 VRS（双向）		
		Kendall	T – test	Wilcoxon
13	2010 年	0. 3355 ***	– 4. 3903 ***	– 4. 017 ***
14	2011 年	0. 3699 ***	– 4. 2161 ***	– 3. 723 ***
15	2012 年	0. 4430 ***	– 3. 8608 ***	– 3. 312 ***
16	2013 年	0. 4688 ***	– 3. 7861 ***	– 3. 488 **
17	2014 年	0. 5011 ***	– 3. 5372 ***	– 3. 439 **
18	2015 年	0. 4817 ***	– 3. 5572 ***	– 3. 401 **

注：（1）***、**、*分别表示在1%、5%和10%的显著性水平下拒绝原假设；（2）表格中的统计值分别为 τ（Kendall 检验）、t（T 检验）、Z（Wilcoxon 检验）；（3）Kendall 检验的原假设为配对之间是独立的；（4）T 检验的原假设为均差等于零；（5）Wilcoxon 检验的原假设为配对之间排序是相同的。

资料来源：笔者测算并整理绘制。

2. 以 COD、NH 为非期望产出

本书对基于双向角度以 COD、NH 为非期望产出的不同规模报酬假设下的测度结果进行配对检验。通过表 3 – 10 可以发现，样本考察期内 Kendall's τ 的检验结果为正且均通过了显著性水平检验，表明基于不同规模报酬假设下的农业用水效率测度结果存在显著差异。T 检验和 Wilcoxon 检验结果为负且均通过了 1% 的显著性水平检验，表明基于双向角度下的 CRS 和 VRS 测度结果存在显著差异，且两者之间存在较强的负相关关系。这一结论同时也表明，在以 COD、NH 为非期望产出的用水效率测度中，为使研究结论更加稳健，应该同时对 CRS 假设下和 VRS 假设下的测度结果进行讨论。

表 3 – 10　　非期望产出和双向背景下 CRS 和 VRS 的用水效率配对检验

配对	时期	CRS（双向）配对 VRS（双向）		
		Kendall	T – test	Wilcoxon
1	2011 年	0. 2817 **	– 4. 0345 ***	– 4. 311 ***
2	2012 年	0. 3204 **	– 4. 0130 ***	– 4. 272 ***
3	2013 年	0. 3742 ***	– 3. 9295 ***	– 4. 252 ***

续表

配对	时期	CRS（双向）配对 VRS（双向）		
		Kendall	T – test	Wilcoxon
4	2014 年	0. 3978 ***	− 3. 8327 ***	− 4. 017 ***
5	2015 年	0. 4065 ***	− 3. 8985 ***	− 4. 048 ***

注：（1） ***、** 分别表示在 1%、5% 的显著性水平下拒绝原假设；（2）表格中的统计值分别为 τ（Kendall 检验）、t（T 检验）、Z（Wilcoxon 检验）；（3）Kendall 检验的原假设为配对之间是独立的；（4）T 检验的原假设为均差等于零；（5）Wilcoxon 检验的原假设为配对之间排序是相同的。

资料来源：笔者测算并整理绘制。

为准确测度中国农业用水效率，本节测度了不同模型下的农业用水效率，并对基于不同模型的效率测度结果进行配对检验，检验结果发现基于不同测度模型下的农业用水效率存在显著差异，从目前资源环境约束下效率测算这一研究领域研究进展看，选择 VRS 假设的理由主要有以下两种：一是有文献认为 DMU 在 CRS 假设下的规模是理想的规模，但实际上各个 DMU 的规模是不尽相同的，往往处于规模报酬递增或递减阶段，因此 CRS 假设可能会降低资源环境约束下中国农业用水效率的测度结果；二是部分文献采用的郑等（Zheng et al.，1998）[1] 的建议，当 CRS 和 VRS 假设结果不同时应当运用 VRS 假设下得到的结果。

与上述观点相对应，科埃利和拉奥（Coelli & Rao，2003）[2] 指出，VRS 假设只针对微观层面的研究，而在宏观层面，一个国家或地区的自然资源等要素禀赋是给定的，不能够自行轻易更改全部要素投入。本书认为科埃利和拉奥（Coelli & Rao，2003）的观点更为可靠，原因是郑等（Zheng et al.，1998）[3]研究是基于企业层面而非宏观层面。由于本书开展的是关于地区层面农业用水效率增长的研究，因此选择 CRS 可能更为合理。在本书后续的撰写中若没有特别指出，则均采用考虑非期望产出、基于投入产出双向角度、规模报酬不变（CRS）假设下的农业用水效率测度结果。

[1][3] Zheng，J. Liu，X. Bigsten，A. Ownership Structure and Determinants of Technical Efficiency：An Application of Data Envelopment Analysis to Chinese Enterprises（1986 – 1990）［J］. Journal of Comparative Economics，1998，26（3）：465 – 484.

[2] Coelli，T. J，Rao，D，S. Total Factor Productivity Growth in Agriculture：a Malmquist Index Analysis of 93 Countries，1980 – 2000［J］. Agricultural Economics，2005，32（s1）：115 – 134.

3.6　本章小结

　　为了准确测度资源环境约束下的中国农业用水效率，本章运用全局基准技术下的非期望产出 SBM 模型，对资源环境约束下中国农业用水效率进行评价及比较。其中，在以农业面源污染为非期望产出的用水效率测算中，本书采用 1998～2015 年中国分省数据，以农业用水量、劳动、土地、资本、化肥为投入变量，以地区实际农业增加值为期望产出，以农业面源污染为非期望产出；在以 COD、NH 为非期望产出的用水效率测算中，考虑数据的可得性，本书采用 2011～2015 年中国分省数据，以农业用水量、劳动、土地、资本、化肥为投入变量，以地区实际农业增加值为期望产出，以农业 COD 排放量和农业 NH 排放量为非期望产出。同时，为了比较不同测度模型下农业用水效率的测度结果，本章对测度结果进行了配对检验。

　　研究发现，使用不同的 DEA 模型和测度方法对中国农业用水效率的测度均存在一定的影响。从结果的比较也发现，通过非期望产出 G－U－SBM 模型测度得到的结果具有优势，其能够更加合理地处理环境污染等非期望产出，效率评价更为准确。此外，本书还发现不同规模报酬假设下的农业用水效率测度结果也存在显著差异，通过配对检验和比较，本章最后选定考虑非期望产出、基于投入产出双向角度和规模报酬不变假设下的农业用水效率测度结果，以此作为后续章节分析的基石。

第 4 章　中国农业用水效率的时空格局及空间交互影响

中国地域辽阔，水资源禀赋、水权制度和地区经济社会发展等诸多因素决定了不同地区的农业用水效率空间分布的基本规律。本章在考虑非期望产出背景下，使用 DEA 模型测度的省际全要素农业用水效率结果，对中国农业用水效率的空间分布特征进行事实描述。在资源环境约束下，基于以面源污染为非期望产出的农业用水效率测度结果，对农业用水效率在区域之间的交互影响进行实证考察。主要包括以下内容：一是利用地理信息系统（geographic information system，GIS）的可视化方法绘制中国农业用水效率的地理分布图，直观地揭示其空间非均衡性以及空间集聚特征。二是通过向量自回归（vector autoregression，VAR）脉冲响应函数方法，检验中国农业用水效率在区域之间的交互影响，并对这种交互影响的强弱和方向进行识别。

4.1　中国农业用水效率空间分布可视化

从农业用水效率空间分布的相关研究来看，现有研究大多采用描述性方法，少数研究基于 ArcGIS 平台对中国农业用水效率进行空间可视化处理。杨骞等（2017）[①] 通过 ArcGIS 平台直观刻画了中国农业用水效率的空间分布格局，并采用基于 ArcGIS 统计分析的趋势分析法（trend analysis tool）对中国农业用水效率分布进行实证研究，分析得出中国农业用水效率有显著的地区差距，但整体上未表现出明显的空间集

[①] 杨骞、武荣伟、王弘儒：《中国农业用水效率的分布格局与空间交互影响：1998～2013 年》，载于《数量经济技术经济研究》2017 年第 2 期，第 72～88 页。

聚特征，且效率值呈现东高西低、南高北低的总体态势。

　　本书基于以面源污染（1998~2015年）为非期望产出和以 COD、NH（2011~2015年）为非期望产出的农业用水效率研究得出：无论是基于哪种非期望产出背景，资源环境约束下中国农业用水效率在空间分布上呈现出明显的空间非均衡特征。

　　资源环境约束下中国农业用水效率的空间分布呈现出一定的梯度特征，即沿海地区的农业用水效率高于内陆[①]地区，大致表现为从东南沿海到内陆递减的分布态势，具体表现为南部沿海和东部沿海的农业用水效率较高，西北地区和黄河中游地区的农业用水效率较低，其他地区的农业用水效率居中，这与刘渝和王岌（2012）[②]、大西晓生等（2013）[③]、许新宜等（2010）[④] 的研究结论是一致的。此外，由地理分布图可以较为直观地发现，农业用水效率的空间分布并不存在明显的分界线，地区之间存在交叉重叠。换言之，内陆地区的农业用水效率尽管总体上要低于沿海地区，但是部分内陆地区中的部分省份要高于沿海地区某些省份。比如内陆地区重庆，2015年以农业面源污染为非期望产出的农业用水效率，它的农业用水效率为0.323，高于沿海地区的河北（0.121）、江苏（0.124）、福建（0.154）、广东（0.167）、海南（0.052）、辽宁（0.176）和浙江（0.251）。

4.1.1　以农业面源污染为非期望产出的农业用水效率空间可视化

　　在农业面源污染作为非期望产出的背景下，本书利用资源环境约束下农业用水效率值绘制了空间分布图，从中可知：首先，从农业用水效率值来看，以2015年为例，北京、上海的效率值都位于最优效率的前

---

　　① 沿海地区包括北京、天津、河北、辽宁、山东、江苏、浙江、上海、福建、广东、海南11个省份，其他省份为内陆地区。

　　② 刘渝、王岌：《农业水资源利用效率分析——全要素水资源调整目标比率的应用》，载于《华中农业大学学报（社会科学版）》2012年第6期，第26~30页。

　　③ 大西晓生、田山珊、龙振华等：《中国农业用水效率的地区差别及其评价》，载于《农村经济与科技》2013年第7期，第167~171页。

　　④ 许新宜、刘海军、王红瑞等：《去区域气候变异的农业水资源利用效率研究》，载于《中国水利》2010年第21期，第12~15页。

沿上。其他省份的农业用水效率均较低，除了天津的农业用水效率为 0.704 之外，其他省份的农业用水效率值均在 0.250 以下，效率值最低的省份是新疆（0.008），农业用水效率相对较低的省份主要分布在东北、西南和西北地区。在全国 13 个粮食主产区[①]中，山东、河南和辽宁这三个省份的农业用水效率相对较高，其他省份的较低，这和各省的农业用水方式粗放和节水灌溉比例等问题有关。刘渝和王岌（2012）研究表明，北京、辽宁、天津、山东、上海、河南、海南、浙江、福建等地的农业用水效率位于前沿，而甘肃、青海、宁夏和新疆纳入最低效率组。之所以与我们的结论有所不同，主要原因在于本书着重考虑了面源污染排放，而刘渝和王岌（2012）[②] 的研究未考虑。其次，从农业用水效率的时空演变来看，31 个省份的效率值在考察期内均有所提升，北京、天津、上海和重庆这四个省份的用水效率提升较大，其他省份效率值提升较小。

4.1.2 以 COD 和 NH 为非期望产出的农业用水效率空间可视化

在以 COD 和 NH 为非期望产出的背景下，本书利用农业用水效率值绘制了空间分布图，从中可知：首先，从农业用水效率值来看，以 2015 年为例，北京、天津和上海的效率值都位于最有效率的前沿上。河北、山西、辽宁、江苏、浙江、福建、山东、河南、重庆和广东这十个省份的效率值在 0.12 至 0.32 区间其他省份的农业用水效率值均在 0.1 以下，其中效率值最低的省份是新疆（0.008）。其次，从 2011 ~ 2015 年各个省份的农业用水效率的时空演变来看，31 个省份的农业效率在考察期内均有提升，但总体提升幅度不大。例如，北京的农业用水效率从处于中等水平（0.65 至 0.80 之间）的 0.678 变化为处于较高水平（0.80 至 1.00 之间）的 1，天津的农业用水效率从处于低水平

---

① 根据国家粮食局 2011 年统计资料，辽宁、河北、山东、吉林、内蒙古、江西、湖南、四川、河南、湖北、江苏、安徽和黑龙江是我国主要的粮食产区，其粮食产量占全国总产量的 75.4%，约 95% 的全国增产量是来自 13 个粮食主产区。

② 刘渝、王岌：《农业水资源利用效率分析——全要素水资源调整目标比率的应用》，载于《华中农业大学学报（社会科学版）》2012 年第 6 期，第 26 ~ 30 页。

（0. 50 以下）的 0. 495 发展为处于中等水平（0. 65 至 0. 80 之间）的 0. 704，浙江的农业用水效率从 0. 171 提高到 0. 252，山东的农业用水效率从 0. 157 提高到 0. 231。

4. 2　多种空间尺度下中国农业用水效率的空间分布

本节我们利用上一章测度的资源环境约束下中国农业用水效率，从全国、区域、分省三个空间层次对中国农业用水效率的总体特征、增长水平等多个方面进行细致的描述分析，从而揭示资源环境约束下中国农业用水效率的总体特征和变动趋势，并直观地对其地区差距进行刻画。

4. 2. 1　基于全国层面的考察

样本考察期内，以农业面源污染（1998 ~ 2015 年）和以 COD、NH（2011 ~ 2015 年）为非期望产出的中国农业用水效率均呈现逐年上升的态势。基于全国层面，本节分别以农业面源污染和 COD、NH 作为非期望产出对资源环境约束下的中国农业用水效率情况进行具体描述。

1. 以农业面源污染为非期望产出

以农业面源污染为非期望产出的中国农业用水效率总体特征如图 4 - 1 所示。根据图 4 - 1，样本考察期内（1998 ~ 2015 年），资源环境约束下以农业面源污染为非期望产出的中国农业用水效率（年均值，下同）呈不断增长态势，且效率值保持在 0. 01 到 0. 10 之间，年均增长率为 10. 99%。

2. 以 COD 和 NH 为非期望产出

以 COD 和 NH 为非期望产出的中国农业用水效率总体特征如图 4 - 2 所示。根据图 4 - 2，样本考察期内（2011 ~ 2015 年），以 COD、NH 为非期望产出测度的农业用水效率呈现出逐年增长的态势，且效率值保持在 0. 06 到 0. 10 之间，年均增长率为 7. 96%。

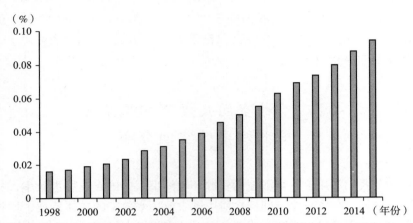

图 4-1 中国农业用水效率的演变趋势（以农业面源污染为非期望产出）
资料来源：笔者绘制。

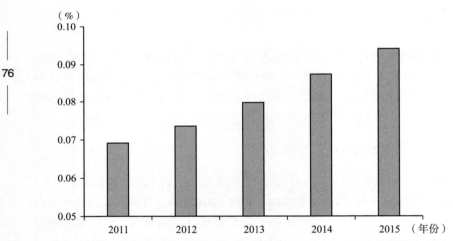

图 4-2 中国农业用水效率的演变趋势（以 COD 和 NH 为非期望产出）
资料来源：笔者绘制。

4.2.2 基于地区层面的考察

本部分按照四种地域单元划分法分别将全国划分为两大地区、三大地区、四大地区和八大地区，以考察资源环境约束下中国农业用水效率增长的整体特征，并直观地对其地区差异进行刻画。具体地域划分如下：

1. 两大地区

两大地区分为沿海地区和内陆地区。其中，沿海地区包括北京、天津、河北、辽宁、山东、江苏、浙江、上海、福建、广东、海南 11 个省份；其他省份为内陆地区，具体包括山西、内蒙古、吉林、黑龙江、安徽、江西、河南、湖北、湖南、广西、重庆、四川、贵州、云南、山西、甘肃、青海、宁夏、新疆、西藏等 20 个省份。

（1）以农业面源污染为非期望产出。图 4 - 3 描述了样本考察期内以农业面源污染为非期望产出的中国两大地区农业用水效率，从图中可以清晰地看出，1998 ~ 2015 年沿海地区和内陆地区的农业用水效率均呈现逐年增长的态势，且均保持在 0.0 ~ 0.2 的农业用水效率水平。其中，沿海地区农业用水效率的年均增长率为 12.01%，内陆地区农业用水效率的年均增长率为 10.56%，由此可以看出沿海地区农业用水效率的年均增长率明显高于内陆地区。此外，我们还可以发现沿海地区的农业用水效率增长幅度在样本考察期内逐年高于内陆地区，沿海地区与内陆地区的农业用水效率存在一定的差距，且在样本考察期内其差距呈逐年不断扩大的态势。

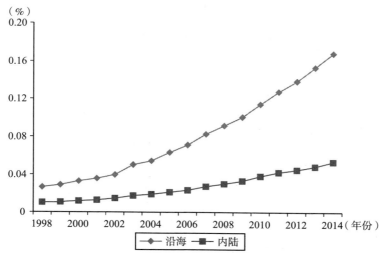

图 4 - 3　两大地区农业用水效率（以农业面源污染为非期望产出）
资料来源：笔者绘制。

（2）以 COD 和 NH 为非期望产出。图 4 - 4 描述了样本考察期内以 COD、NH 为非期望产出的中国两大地区的农业用水效率，从图中可以清晰地看出，2011 ~ 2015 年沿海地区和内陆地区的农业用水效率均呈现逐年增长的态势，且均保持在 0 ~ 0.20 的农业用水效率水平。其中，沿海地区农业用水效率的年均增长率为 9.40%，内陆地区农业用水效率的年均增长率为 7.89%，由此可以看出沿海地区农业用水效率的年均增长率明显高于内陆地区。此外，还可以发现沿海地区的农业用水效率与内陆地区的农业用水效率存在一定的差距，且差距呈逐年扩大的态势。

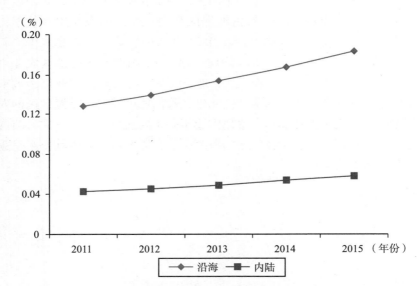

图 4 - 4　两大地区农业用水效率（以 COD 和 NH 为非期望产出）

资料来源：笔者绘制。

2. 三大地区

三大地区分为东部地区、中部地区和西部地区。其中，东部地区包括北京、天津、河北、辽宁、山东、江苏、浙江、上海、福建、广东、海南 11 个省份；中部地区包括山西、吉林、黑龙江、安徽、江西、河南、湖北、湖南 8 个省份；西部地区包括内蒙古、广西、重庆、四川、贵州、云南、陕西、甘肃、青海、宁夏、新疆、西藏 12 个省份。

（1）以农业面源污染为非期望产出。图 4 - 5 描述了样本考察期内以农业面源污染为非期望产出的中国三大地区的农业用水效率。从图中可以看出，三大地区的农业用水效率均呈现逐年增长的态势。其中，东部地区农业用水效率的年均增长率为 12.01%，中部地区农业用水效率的年均增长率为 10.39%，西部地区农业用水效率的年均增长率为 10.83%，东部地区的增长幅度明显高于中部地区和西部地区。此外，我们也可以发现，农业用水效率在三大地区呈现很大的地区差距，且这种差距呈逐年扩大态势，其中东部地区与西部地区农业用水效率的差距最大。

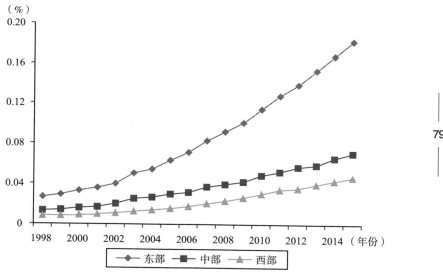

图 4 - 5　三大地区农业用水效率（以农业面源污染为非期望产出）
资料来源：笔者绘制。

（2）以 COD 和 NH 为非期望产出。图 4 - 6 描述了 2011~2015 年以 COD 和 NH 为非期望产出的中国三大地区农业用水效率。从图中可以看出，三大地区的农业用水效率均呈现逐年增长的态势。其中，东部地区农业用水效率最高，年均增长率为 9.40%；中部地区次之，年均增长率为 7.93%；西部地区最低，年均增长率为 8.08%，东部地区的农业用水效率增长幅度明显高于中部地区和西部地区。此外，我们也可以发现，东部地区与西部地区农业用水效率的差距最大，且这种差距呈逐年扩大态势。

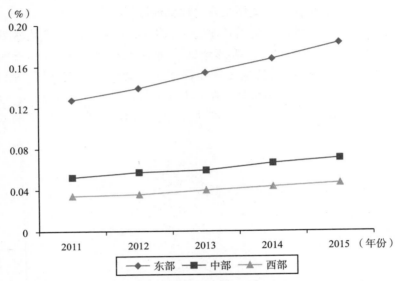

图 4 - 6   三大地区农业用水效率（以 COD 和 NH 为非期望产出）
资料来源：笔者绘制。

3. 四大地区

四大地区分为东部地区、中部地区、西部地区和东北地区。其中，东部地区包括北京、天津、河北、山东、江苏、浙江、上海、福建、广东、海南 10 个省份；中部地区包括山西、安徽、江西、河南、湖北、湖南 6 个省份；西部地区包括内蒙古、广西、重庆、四川、贵州、云南、陕西、甘肃、青海、宁夏、新疆、西藏 12 个省份；东北地区包括辽宁、吉林、黑龙江 3 个省份。

（1）以农业面源污染为非期望产出。图 4 - 7 描述了以农业面源污染为非期望产出的四大地区农业用水效率的测度结果。从图中可以看出，样本考察期内四大地区的农业用水效率均呈现上升态势。其中，东部地区的农业用水效率位居四大地区之首，年均增长率为 12.11%。中部地区和东北地区的农业用水效率居中，且两者差异较小。西部地区的农业用水效率最低，但也呈现出不断上升的态势，其年均增长率为 10.83%。

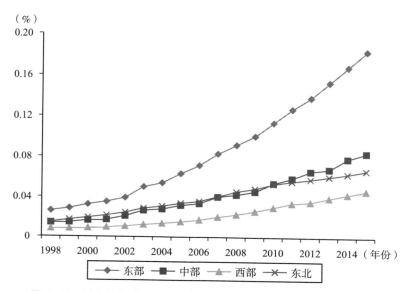

（％）

图4－7　四大地区农业用水效率（以农业面源污染为非期望产出）

资料来源：笔者绘制。

（2）以 COD 和 NH 为非期望产出。图4－8 描述了以 COD、NH 为非期望产出的四大地区农业用水效率测度结果。从图中可以看出，样本考察期内四大地区的农业用水效率均呈现上升态势。其中，东部地区的农业用水效率位居四大地区之首，年均增长率为 9.61%。中部地区和东北地区水平居中，增长差异较小，年均增长率分别为 9.35% 和 8.08%。西部地区最低，但也呈现出不断上升的态势，年均增长率为 4.51%。

4. 八大地区

八大地区[①]具体分为北部沿海地区（包括山东、河北、北京、天津）；东部沿海地区（包括上海、江苏、浙江）；南部沿海地区（包括广东、福建、海南）、长江中游地区（包括湖南、湖北、江西、安徽）；黄河中游地区（山西、河南、陕西、内蒙古）；东北地区（辽宁、吉林、黑龙江）；西北地区（包括甘肃、青海、宁夏、新疆、西藏）；西

---

① 该划分方法最早由国务院发展研究中心发展战略和区域经济研究部提出。

南地区（包括广西、云南、贵州、四川、重庆）。

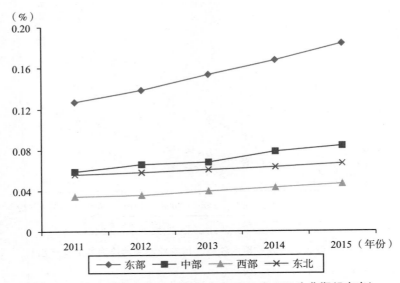

图 4-8　四大地区农业用水效率（以 COD 和 NH 为非期望产出）
资料来源：笔者绘制。

（1）以农业面源污染为非期望产出。图 4-9 描述了以农业面源污染为非期望产出的八大地区的农业用水效率测度结果。从图中可以看出，样本考察期内八大地区农业用水效率均呈现不同程度的上升态势。其中，北部沿海地区农业用水效率最高，年均增长率为 12.86%。东部沿海地区次之，年均增长率为 11.26%。南部沿海地区的农业用水效率年均增长率为 12.33%，长江中游地区的农业用水效率年均增长率为10.80%，黄河中游地区的农业用水效率年均增长率为 12.22%，东北地区的农业用水效率年均增长率为 9.20%，西南地区年均增长率为10.88%，西北地区农业用水效率水平最低，年均增长率为 9.49%。

（2）以 COD 和 NH 为非期望产出。图 4-10 描述了以 COD、NH 为非期望产出的八大地区农业用水效率测度结果。从图中可以看出，2011~2015 年八大地区农业用水效率均呈现不同程度的上升态势。其中，北部沿海地区农业用水效率最高，年均增长率为 8.84%。东部

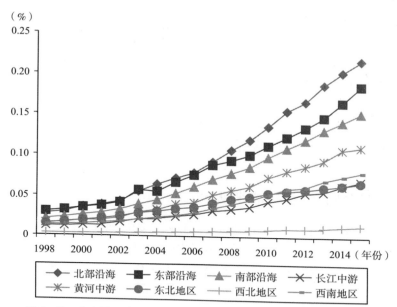

图 4-9 八大地区农业用水效率（以农业面源污染为非期望产出）

资料来源：笔者绘制。

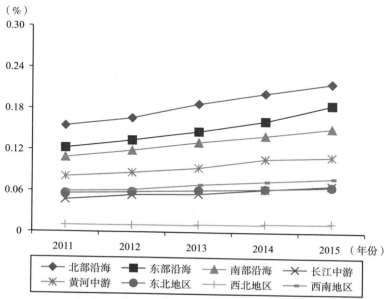

图 4-10 八大地区农业用水效率（以 COD 和 NH 为非期望产出）

资料来源：笔者绘制。

沿海地区次之，年均增长率为 11.06%。南部沿海地区年均增长率为 8.86%，长江中游地区的年均增长率为 10.00%，黄河中游地区的年均增长率为 8.24%，东北地区的年均增长率为 4.51%，西南地区年均增长率为 7.66%，西北地区农业用水效率水平最低，年均增长率为 8.20%。

4.2.3　基于省际层面的考察

1. 以农业面源污染为非期望产出

图 4-11 描述了样本考察期内（1998~2015 年）以农业面源污染为非期望产出的中国各省份平均农业用水效率。从省际层面来看，北京、天津、上海的农业用水效率较高，均在 0.3 以上。而河北、山西、内蒙古、辽宁、吉林、江苏、浙江、山东、新疆、河南和安徽等全国大多数省份的农业用水效率较低。

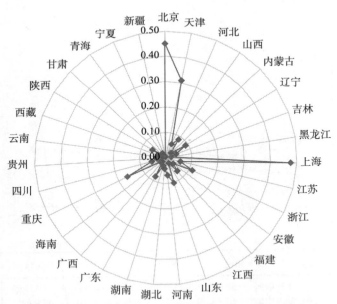

图 4-11　农业用水效率（以农业面源污染为非期望产出）

资料来源：笔者绘制。

2. 以 COD 和 NH 为非期望产出

图 4 - 12 描述了样本考察期内（2011 ~ 2015 年）以 COD 和 NH 为非期望产出的中国各省份平均农业用水效率。从省际层面来看，北京、天津、上海的农业用水效率相对较高，均在 0.6 以上，而河北、山西、内蒙古、辽宁、吉林、江苏、浙江、山西、广西和湖北等全国大多数省份的农业用水效率较低。

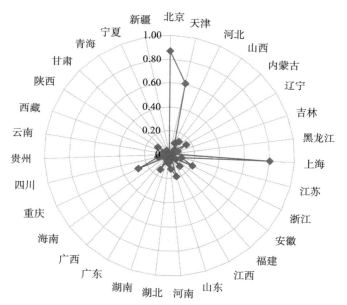

图 4 - 12　农业用水效率（以 COD 和 NH 为非期望产出）

资料来源：笔者绘制。

4.3　中国农业用水效率的空间交互影响

随着区域联系的日趋紧密，农业用水效率可能会通过区域竞争及示范效应，对周边农业用水效率产生溢出影响。与此同时，农业用水效率的诸多影响因素也会在区域之间发生交互影响，从而导致农业用水效率在区域之间产生交互影响（杨骞等，2017）[①]。在传统的经济研究领域，已有学者基于 VAR 框架下的脉冲响应函数研究经济增长的空间交互影响。格罗内沃尔德等（Groenewold et al.，2007）[②] 通过脉冲响应函数模拟了中国东部、中部、西部三大经济地区的相互影响；此后格罗内沃尔德等（Groenewold et al.，2008）[③] 又将中国划分为东南地区、黄河流域、长江流域、东北地区、西南地区和西北地区六大经济区，并通过 VAR 模型和脉冲响应函数实证考察了各经济区域之间的溢出效应。国内学者陈安平（2007）[④] 也采用了类似方法考察了中国区域经济之间的空间溢出效应。而在金融发展领域，陈明华等（2016）[⑤] 利用 VAR 模型和脉冲响应函数考察了中国城市群金融发展之间的空间溢出效应。目前，在农业用水效率的相关研究中，鲜有文献采用 VAR 模型和脉冲响应函数揭示农业用水效率的空间交互影响。本书采用能够揭示空间交互影响的方法即 VAR 框架下的脉冲响应函数，按照两大地区、三大地区、四大地区和八大地区的区域划分标准，检验资源环境约束下中国农业用水效率是否存在空间交互影响，并对这种交互影响效应的强弱和方向进行识别。

86

4.3.1 VAR 脉冲响应函数方法

研究农业用水效率的空间交互影响，可以借助于空间计量方法或向量自回归（vector autoregression，VAR）脉冲响应函数方法。然而，当农业用水效率在空间上关联性较小时，空间计量方法并不适用，而 VAR 脉冲响应函数方法则不受此限制。VAR 方法对数据的使用相对节

---

① 杨骞、武荣伟、王弘儒：《中国农业用水效率的分布格局与空间交互影响：1998～2013 年》，载于《数量经济技术经济研究》2017 年第 2 期，第 72～88 页。

② Groenewold N, Guoping L, Anping C. Regional Output Spillovers in China：Estimates FromA VAR Model［J］. Papers in Regional Science，2007，86（1）：101–122.

③ Groenewold N, Guoping L E E, Anping C. Inter-regional Spillovers in China：The Importance of Common Shocks and the Definition of the Regions［J］. China Economic Review，2008，19（1）：32–52.

④ 陈安平：《我国区域经济的溢出效应研究》，载于《经济科学》2007 年第 2 期，第 40～51 页。

⑤ 陈明华、刘华军、孙亚男等：《中国五大城市群经济发展的空间差异及溢出效应》，载于《城市发展研究》2016 年第 3 期，第 57～60 页。

约（陈安平，2007）[1]，可应用于分析一个内生变量随机扰动项的一个标准差冲击对自身及其他内生变量当前值和未来取值的影响，能够提供冲击方向、反应速度、响应时间等信息。本书利用 VAR 脉冲响应函数刻画任一地区对来源于自身及其他地区农业用水效率信息冲击的动态响应过程，主要基于两变量 VAR 模型展开，具体如下（高铁梅，2009）[2]：

$$\begin{cases} AWE_{1t} = a_1 AWE_{1t-1} + a_2 AWE_{1t-2} + b_1 AWE_{2t-1} + b_2 AWE_{2t-2} + \mu_{1t} \\ AWE_{2t} = c_1 AWE_{1t-1} + c_2 AWE_{1t-2} + d_1 AWE_{2t-1} + d_2 AWE_{2t-2} + \mu_{2t} \end{cases} \quad (4-1)$$

其中，a_i、b_i、c_i、d_i 是参数（$i=1,2$）；$\mu_i(i=1,2)$ 是随机扰动项，为白噪声。假定 VAR 系统从 0 期开始活动，且 $t=0$ 时，$AWE_{1t-1} = AWE_{1t-2} = AWE_{2t-1} = AWE_{2t-2} = 0$；同时假定第 0 期给定 AWE_1 以扰动项脉冲：$\mu_{10}=1$，$\mu_{20}=0$，并且其后取值全为 0，$\mu_{1t} = \mu_{1t}=0(t=1,2,\cdots)$。经过系统的反复迭代，我们可得由 AWE_1 的脉冲引起的 AWE_1 的响应函数：AWE_{10}、AWE_{11}、AWE_{12}、AWE_{13}、$\cdots$，同理也可得到由 AWE_1 的脉冲引起的 AWE_2 的响应函数：AWE_{20}、AWE_{21}、AWE_{22}、AWE_{23}、$\cdots$；如果初始脉冲取为 $\mu_{10}=0$，$\mu_{20}=1$，那么可以分别得到由 AWE_2 的脉冲引起的 AWE_1 的响应函数、由 AWE_2 的脉冲引起的 AWE_2 的响应函数。

4.3.2　VAR 模型设定及平稳性检验

基于两大地区、三大地区、四大地区的农业用水效率，本书分别建立两两之间的 VAR 模型[3]。其中，VAR 模型滞后期依据 HQ 准则按照最小化原理确定（Ivanov & Kilian，2007[4]；Hannan & Quinn，1979[5]）。稳定性检验结果显示，所有 VAR 模型的 AR 多项式根的模都小于 1，根

---

[1]　陈安平：《我国区域经济的溢出效应研究》，载于《经济科学》2007 年第 2 期，第 40 ~ 51 页。

[2]　高铁梅：《计量经济分析方法与建模：EViews 应用及实例（第 2 版）》，清华大学出版社 2009 年版。

[3]　在两大区域划分下，建立两两区域的 VAR 模型共 2 个；在三大区域划分下，建立两两区域的 VAR 模型共 3 个；在四大区域划分下，建立两两区域的 VAR 模型共 6 个。

[4]　Ivanov V, Kilian L. A Practitioner's Guide to Lag Order Selection For VAR Impulse Response Analysis [J]. Studies in Nonlinear Dynamics & Econometrics, 2005, 9 (1): 1219.

[5]　Hannan E J, Quinn B G. The Determination of the Order of an Autoregression [J]. Journal of the Royal Statistical Society, 1979, 41 (2): 190 - 195.

全部位于单位圆之内，表明所有的 VAR 模型都满足稳定性条件。单位根检验及 Johansen 协整检验结果表明，所有农业用水效率序列之间均具有协整关系，即存在长期均衡关系①。在此基础上，本书分别基于两大地区、三大地区、四大地区的每一个 VAR 模型进行脉冲响应分析，结果如图 4 - 5、图 4 - 6 和图 4 - 7 所示。其中，横坐标代表冲击作用的响应期数，纵坐标代表变量的响应速度。但鉴于样本长度的限制，本书基于两大地区、三大地区、四大地区，仅对资源环境约束下以面源污染为非期望产出的农业用水效率进行脉冲响应分析。

4.3.3 空间交互影响效应识别

（1）两大地区的空间交互影响。

图 4 - 13 描述了中国两大地区农业用水效率的脉冲响应，表 4 - 1 对中国两大地区农业用水效率的空间交互影响进行了总结。根据图 4 - 13，对于来自内陆地区农业用水效率序列的一个标准差信息冲击，内陆地区农业用水效率序列的反应速度为正，呈现不断上升的态势；对于来自内陆地区农业用水效率序列的一个标准差信息冲击，沿海地区农业用水效率对数序列的反应速度为正，基本保持平稳。通过比较，内陆地区对沿海地区的反应速度显著高于沿海地区对内陆地区的反应速度，以此得出沿海地区农业用水效率对内陆地区农业用水效率的影响更大，而且是正向影响。因此应充分发挥沿海地区农业用水效率对其他地区的影响效应，创造出更多的溢出渠道，实现农业用水效率的跨区域协同提升。

表 4 - 1　　　　　两大地区农业用水效率的空间交互影响

区域	沿海地区	内陆地区
沿海地区	—	强（正）
内陆地区	弱（正）	—

注：表格中结果表示横向地区农业用水效率对纵向地区农业用水效率的影响强弱及方向。
资料来源：笔者测算并整理绘制。

① 限于篇幅，这里没有列出单位根检验及协整检验结果。

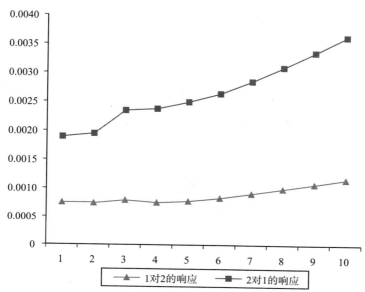

图 4 - 13 两大地区农业用水效率的脉冲响应

注：1、2 分别代表沿海地区和内陆地区。
资料来源：笔者绘制。

（2）三大地区的空间交互影响。

图 4 - 14 描述了中国三大地区农业用水效率的脉冲响应，表 4 - 2 对中国三大地区农业用水效率的空间交互影响进行了总结。根据图 4 - 14 中的（a）、（b）、（c）3 个图形，东部地区农业用水效率对中部地区农业用水效率具有较大的正向影响，且不断上升；东部地区农业用水效率对西部地区具有较大影响，且基本保持平稳；西部地区农业用水效率在滞后 3 期后对中部地区农业用水效率的正向影响超过中部地区对西部地区的影响。东部地区、中部地区和西部地区两两接壤，这三大地区的水资源分配及使用量息息相关，其农业用水效率很可能存在如下的交互影响：东部地区→西部地区→中部地区。因此，提升以上任一地区的农业用水效率，对于其他地区的农业用水效率均有协同提升作用。

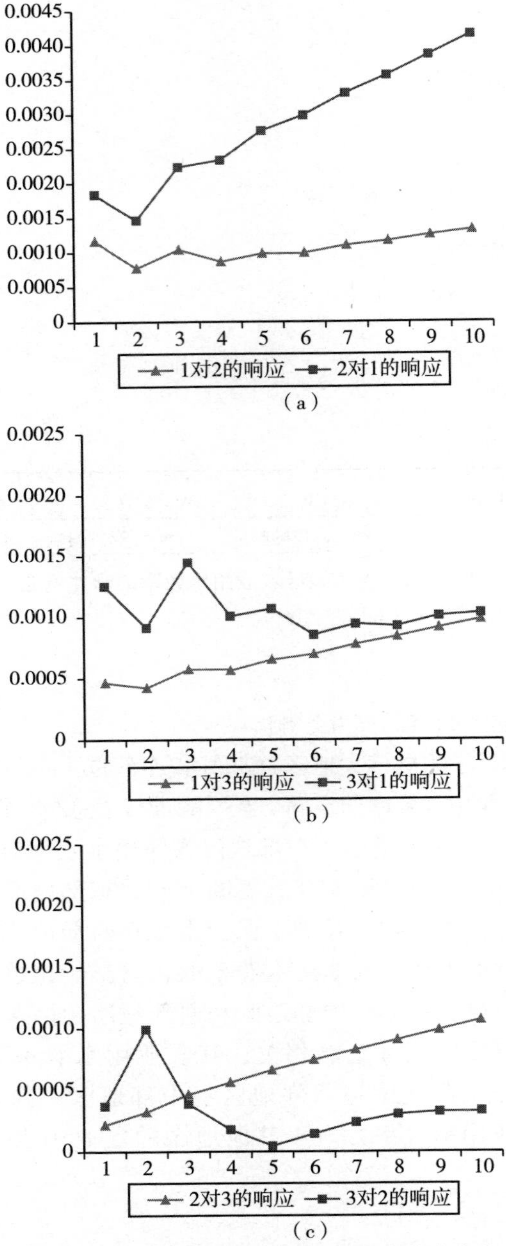

图 4 – 14　三大地区农业用水效率的脉冲响应

注：1、2、3 分别代表东部地区、中部地区和西部地区。

资料来源：笔者绘制。

表4-2　　　　　　　三大地区农业用水效率的空间交互影响

区域	东部地区	中部地区	西部地区
东部地区	—	强（正）	强（正）
中部地区	弱（正）	—	弱（正）
西部地区	弱（正）	强（正）	—

注：表格中结果表示横向地区农业用水效率对纵向地区农业用水效率的影响强弱及方向。
资料来源：笔者测算并整理绘制。

（3）四大地区的空间交互影响

图4-15描述了中国四大地区农业用水效率的脉冲响应，表4-3对中国四大地区农业用水效率的空间交互影响进行了总结。根据图4-15中的（a），东部地区与中部地区之间存在正向的交互影响，且影响的变动大体一致，但东部地区对中部地区的影响更大。同样地，根据图4-15中的（b）和（c）两个图形可以发现，东部地区对西部地区和东北地区用水效率的影响要高于这三个地区对东部地区的影响。其中，对西部地区的影响呈现波动但相对较平稳的趋势，对东北地区的影响呈现波动上升的趋势。脉冲响应结果表明，东部地区农业用水效率的提升，对协同提升其他地区农业用水效率有很大的影响，更多溢出渠道的创造，将会促进东部地区农业用水效率对其他地区的影响效应。

根据图4-15中的（d）、（e）两个图形，西部地区农业用水效率对中部地区农业用水效率的影响在滞后5期后不断扩大，且为正向影响；东北地区农业用水效率对中部地区农业用水效率的影响大于中部地区农业用水效率对东北地区农业用水效率的影响在滞后5期之后开始显现，且为正向影响，但是其影响呈先上升后下降的态势。以上结果表明西部地区和东北地区对中部地区的农业用水效率均有显著影响，两地区均对中部地区的农业用水效率有带动作用。根据图4-15中的（f），东北地区农业用水效率对西部地区农业用水效率的在滞后5期后影响较大。以上结果表明，农业用水效率在中部地区、东部地区和东北地区存在：东北地区→西部地区→中部地区的交互影响。因此，中部地区、西部地区、东北地区农业用水效率的协同提升同样值得关注。

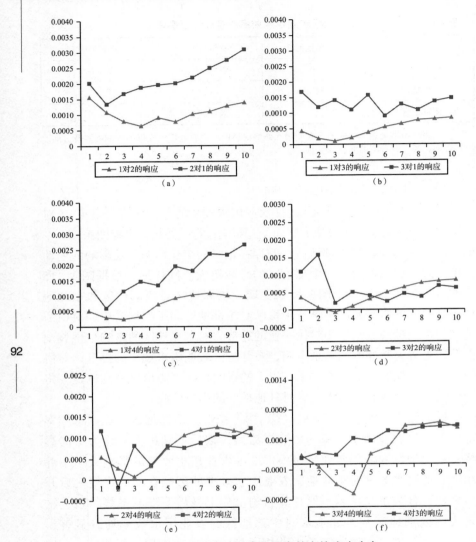

图 4 – 15　四大地区农业用水效率的脉冲响应

注：1、2、3、4分别代表东部地区、中部地区、西部地区和东北地区

资料来源：笔者绘制。

表 4 – 3　　　　　四大地区农业用水效率的空间交互影响

区域	东部地区	中部地区	西部地区	东北地区
东部地区	—	强（正）	强（正）	强（正）
中部地区	弱（正）	—	弱（正）	弱（正）

区域	东部地区	中部地区	西部地区	东北地区
西部地区	弱（正）	强（正）	—	弱（正）
东北地区	弱（正）	强（正）	强（正）	—

注：表格中结果表示横向地区农业用水效率对纵向地区农业用水效率的影响强弱及方向。
资料来源：笔者测算并整理绘制。

4.4　本章小结

本章我们依据多样化的地域单元划分标准，分别采用了地理信息系统（GIS）的可视化方法和 VAR 框架下的脉冲响应函数，对资源环境约束下中国农业用水效率的空间分布特征进行了实证研究，并对其空间交互影响效应进行识别。研究结论具体如下：

第一，基于地理信息系统（GIS）技术的地理分布图表明，资源环境约束下中国农业用水效率分布存在显著的空间非均衡特征，即沿海地区的农业用水效率高于内陆地区，大致表现为从东南沿海到内陆递减的分布态势。另外，由地理分布图可以较为直观地发现，资源环境约束下农业用水效率的地区分布并不存在明显的分界线，地区之间存在交叉重叠。

第二，基于资源环境约束下分省及区域农业用水效率，我们从全国、区域、分省三个层次，对农业用水效率的总体特征、增长速度和增长水平进行了细致的考察。从整体来看，无论是基于以农业面源污染还是以 COD 和 NH 为非期望产出的农业用水效率，其效率值在考察期内均呈现不断上升的趋势。从区域层面来看，对基于面源污染为非期望产出的农业用水效率而言，其在两大地区、三大地区、四大地区和八大地区的地区划分标准下，其效率值呈现不断上升的态势。其中，沿海地区、东部地区、北部地区农业用水效率较高。以农业面源污染为非期望产出和以 COD、NH 为非期望产出的农业用水效率在区域层面上呈现的分布状态相同。从分省层面来看，对以农业面源污染为非期望产出的农业用水效率而言，北京、天津、上海的农业用水效率较高，而河北、内蒙古、辽宁、吉林、江苏、浙江等全国大多数省份的农业用水效率较低。以农业面源污染为非期望产出和以 COD、NH 为非期望产出的农业用水效率在省际层面上呈现的分布状态相同。

第三，基于 VAR 框架下的脉冲响应函数分析结果表明，不同区域的农业用水效率之间确实有较强的空间交互影响存在。从两大地区来看，沿海地区农业用水效率对内陆地区农业用水效率的影响较大，而且是正向影响。应着重发挥沿海地区的效率优势，提高其溢出效应，带动内陆地区农业用水效率的提高。从三大地区来看，东部地区对中部地区和西部地区的农业用水效率有显著的正向影响，西部地区对中部地区的农业用水效率也有显著的正向影响，中部地区对其他区域的农业用水效率不存在显著的影响。因此，东部地区是协同提升区域农业用水效率的重要区域，提升东部的农业用水效率能带动其他区域农业用水效率的提高。从四大地区来看，东部地区对中部地区、西部地区、东北地区的农业用水效率都有正向影响，农业用水效率存在东部地区→东北地区→西部地区→中部地区的交互影响渠道，因此东部地区农业用水效率的提高，对促进东部地区农业用水效率对其他地区的影响效应有重要影响。

第5章 中国农业用水效率的地区差距及其成因

本章我们按照多样化的地域单元划分标准，综合运用多种地区差距研究方法，深入探究资源环境约束下中国农业用水效率的地区差距及其成因。首先，利用泰尔（Theil）指数及其分解方法测度中国农业用水效率的地区差距并对其来源进行分解。其次，通过 Kernel 密度估计和空间 Markov 链方法，全面刻画中国农业用水效率的分布动态及演变规律。再次，通过收敛检验方法揭示中国农业用水效率的收敛趋势。最后，利用关系数据计量建模技术和二次指派程序（QAP）方法考察中国农业用水效率地区差距的成因。

5.1 地域划分与研究方法

对资源环境约束下中国农业用水效率的地区差距而言，地域单元的划分与研究方法对研究结论均会产生重要影响。为此，下面我们简要介绍本书的地域单元划分与相关研究方法。

5.1.1 地域划分

目前，关于农业用水效率地区差距的文献大多采用了三大地区（刘渝和王岌，2012）[①] 和农业生产地区（王学渊和赵连阁，2008）[②] 的划

---

① 刘渝、王岌：《农业水资源利用效率分析——全要素水资源调整目标比率的应用》，载于《华中农业大学学报（社会科学版）》2012 年第 6 期，第 26～30 页。

② 王学渊、赵连阁：《中国农业用水效率及影响因素——基于 1997～2006 年省区面板数据的 SFA 分析》，载于《农业经济问题》2008 年第 3 期，第 10～18 页。

分方法，少量研究采取了以省行政界为基准的主要河流及流域（大西晓生等，2013)① 划分方法。由于区域差距在不同的空间层、空间格局和不同时段的表现不同（Keidel，2009)②，因此，不同的地域单元划分标准下的差距测度结果将会迥异。本书在地域划分上，除了考虑分省和全国层面外，还考虑了两大地区、三大地区、四大地区和八大地区的划分方法，有助于从多个角度探究资源环境约束下农业用水效率的地区差距。地域单元的划分具体如下：

1. 两大地区

两大地区分为沿海地区和内陆地区。其中，沿海地区包括北京、天津、河北、辽宁、山东、江苏、浙江、上海、福建、广东、海南 11 个省份（市、自治区、下同）；其他省份为内陆地区，具体包括山西、内蒙古、吉林、黑龙江、安徽、江西、河南、湖北、湖南、广西、重庆、四川、贵州、云南、山西、甘肃、青海、宁夏、新疆、西藏 20 个省份。

2. 三大地区

三大地区分为东部地区、中部地区和西部地区。其中，东部地区包括北京、天津、河北、辽宁、山东、江苏、浙江、上海、福建、广东、海南 11 个省份；中部地区包括山西、吉林、黑龙江、安徽、江西、河南、湖北、湖南 8 个省份；西部地区包括内蒙古、广西、重庆、四川、贵州、云南、陕西、甘肃、青海、宁夏、新疆、西藏 12 个省份。

3. 四大地区

四大地区分为东部地区、中部地区、西部地区和东北地区。其中，东部地区包括北京、天津、河北、山东、江苏、浙江、上海、福建、广东、海南 10 个省份；中部地区包括山西、安徽、江西、河南、湖北、湖南 6 个省份；西部地区包括内蒙古、广西、重庆、四川、贵州、云

---

① 大西晓生、田山珊、龙振华等：《中国农业用水效率的地区差别及其评价》，载于《农村经济与科技》2013 年第 7 期，第 167～171 页。

② Keidel A. Chinese RegionalInequalitlesin Incomeand Well – Being ［J］. Review of Income and Wealth，2009，55（Supplement）：538–561.

南、陕西、甘肃、青海、宁夏、新疆、西藏 12 个省份；东北地区包括
辽宁、吉林、黑龙江 3 个省份。

4. 八大地区

八大地区①分为北部沿海地区（包括山东、河北、北京、天津）；
东部沿海地区（包括上海、江苏、浙江）；南部沿海地区（包括广东、
福建、海南）；长江中游地区（包括湖南、湖北、江西、安徽）；黄河
中游地区（山西、河南、陕西、内蒙古）；东北地区（辽宁、吉林、黑
龙江）；西北地区（包括甘肃、青海、宁夏、新疆、西藏）；西南地区
（包括广西、云南、贵州、四川、重庆）。

5.1.2　研究方法

与传统的地区差距文献相比，关于中国水资源效率的文献所采用的
地区差距研究方法相对单一。现有研究中，多数文献采用了描述性方法
（钱文婧和贺灿飞，2011；买亚宗等，2014；姜楠，2009）②，少量采用
了变异系数（李世祥等，2008）③。邓益斌和尹庆民（2015）④ 采用泰尔
指数测算了中国水资源效率的地区差距并进行了来源分解。此外，部分
文献采用 Moran's I 空间自相关指数（操信春等，2016；陈午等，2015；
孙才志和刘玉玉，2009）⑤ 对水资源效率的空间相关性进行了检验。在

97

---

①　该划分方法最早由国务院发展研究中心发展战略和区域经济研究部提出。
②　钱文婧、贺灿飞：《中国水资源利用效率区域差距及影响因素研究》，载于《中国人
口·资源与环境》2011 年第 2 期，第 54~60 页；买亚宗、孙福丽、黄枭枭等：《中国水资源
利用效率评估及区域差距研究》，载于《环境保护科学》2014 年第 5 期，第 1~7 页；姜楠：
《我国水资源利用相对效率的时空分异与影响因素研究》，辽宁师范大学，2009 年。
③　李世祥、成金华、吴巧生：《中国水资源利用效率区域差距分析》，载于《中国人
口·资源与环境》2008 年第 3 期，第 215~220 页。
④　邓益斌、尹庆民：《中国水资源利用效率区域差距的时空特性和动力因素分析》，载
于《水利经济》2015 年第 3 期，第 19~23 页。
⑤　操信春、杨陈玉、何鑫等：《中国灌溉水资源利用效率的空间差距分析》，载于《中
国农村水利水电》2016 年第 8 期，第 128~132 页；陈午、许新宜、王红瑞等：《梯度发展模
式下我国水资源利用效率评价》，载于《水力发电学报》2015 年第 9 期，第 29~38 页；孙才
志、刘玉玉：《基于 DEA—ESDA 的中国水资源利用相对效率的时空格局分析》，载于《资源
科学》2009 年第 10 期，第 1696~1703 页。

现有的针对水资源利用效率收敛性的研究中，臧正等（2016）[①] 对水资源强度进行收敛性分析，研究发现中国东部省份的生态用水强度具有俱乐部收敛趋势，西部省份在生活用水强度方面呈现出明显的俱乐部收敛。沈满洪和程永毅（2015）[②] 专门对我国工业用水效率进行测量，发现虽然国内工业用水效率在不同地区存在俱乐部收敛，但这种收敛趋势并不如资本和劳动效率一样明显。在已有的农业用水效率地区差距研究中，多数文献停留在描述层面，缺少对农业用水效率地区差距的定量测度、演变趋势的刻画。

为了深入探究资源环境约束下中国农业用水效率的地区差距及其成因，本书采用多样化的地区差距研究方法，包括泰尔指数、Kernel 密度估计、空间 Markov 链、收敛检验方法、关系数据计量建模技术和二次指派程序（QAP）等。具体方法在下面的章节中展开，在此不做赘述。

5.2   中国农业用水效率的地区差距测度及其来源分解

5.2.1   泰尔指数测算及分解方法

用于测度和衡量地区差距的方法有很多种，比如基尼系数、泰尔指数、标准差、变异系数等。本书采用泰尔指数测度资源环境约束下中国农业用水效率的地区差距并对其来源进行分解。泰尔指数是广义熵（general entropy，GE）指标体系的一种特殊形式，最初由泰尔（Theil，1967）[③] 用来测度国家间的收入差距，之后被广泛应用于研究不同层次区域的收入差距。泰尔指数最大的优点是可将地区差距分解为组内差距（within-group inequality，与本书的"地区内差距"相对应）和组间差距

---

①   臧正、邹欣庆：《中国大陆水资源强度的收敛特征检验：基于省际面板数据的实证》，载于《自然资源学报》2016 年第 6 期，第 920~935 页。

②   沈满洪、程永毅：《中国工业水资源利用及污染绩效研究——基于 2003~2012 年地区面板数据》，载于《中国地质大学学报（社会科学版）》2015 年第 1 期，第 31~40 页。

③   Theil H.. Economics and Information Theory [M]. Amsterdam: North Holland Publishing Company, 1967.

（between-group inequality，与本书的"地区间差距"相对应），从而能够精确地揭示地区差距的来源[①]。

本书借鉴泰尔（Theil，1967）、考埃尔（Cowell，1980）[②] 和夏洛克斯（Shorrocks，1980）[③] 对泰尔指数及其结构分解的方法论述，将资源环境约束下农业用水效率（AWE）的泰尔指数及其结构分解的测算公式调整如下：

$$T = \frac{1}{K} \sum_{K=1}^{K} \frac{AWE_K}{\mu} \log \frac{AWE_K}{\mu} \tag{5-1}$$

$$T = T_w + T_b = \frac{1}{K} \sum_g \frac{K_g \mu_g}{\mu} T_g + \frac{1}{K} \sum_g \frac{K_g \mu_g}{\mu} \log \frac{\mu_g}{\mu} \tag{5-2}$$

其中，K 为样本个数（k = 1，2，…，K），AWE_K 为第 k 个样本的农业用水效率，$\mu = \sum AWE/K$。泰尔指数具有可分解性，将泰尔指数分解为地区内差距（T_w）和地区间差距（T_b）。所有样本被分为 g 个子群（g = 1，2，…，G），每个子群包含 K_g 个样本（$K_g \geq 1$）。泰尔指数分解如式（5-2）所示，其中，μ_g 为第 g 个子群 AWE 的算术平均数；T_g 为第 g 个子群的泰尔指数。

---

① Gini 系数按照达古姆（Dagum，1997）的方法也可以进行地区分解，但是我们发现，尽管 Gini 系数较 Theil 指数可以测度超变密度（地区间的重叠交叉），然而其分解方法过于复杂，同时在多空间尺度的应用中其分解步骤过于烦琐。不过采用 Dagum 基尼系数及其分解方法来揭示资源环境约束下农业用水效率的空间差距倒是可以作为一种未来研究的方向。具体的 Dagum 的基尼系数及其地区分解方法可以参见下列文献：Dagum C. A New Approach to the Decomposition of the Gini Income Inequality Ratio [J]. Empirical Economics，1997，22（4）：515–531；刘华军、何礼伟、杨骞：《中国人口老龄化的空间非均衡及分布动态演进：1989～2011》，载于《人口研究》2014 年第 2 期，第 71～82 页；刘华军、鲍振、杨骞：《中国农业碳排放的地区差距及其分布动态演进——基于 Dagum 基尼系数分解与非参数估计方法的实证研究》，载于《农业技术经济》2013 年第 3 期，第 72～81 页；夏明、魏英琪、李国平：《收敛还是发散？——中国区域经济发展争论的文献综述》，载于《经济研究》2004 年第 7 期，第 70～81 页；刘华军、赵浩、杨骞：《中国品牌经济发展的地区差距与影响因素——基于 Dagum 基尼系数分解方法与中国品牌 500 强数据的实证研究》，载于《经济评论》2012 年第 3 期，第 57～65 页；刘华军、赵浩：《中国二氧化碳排放强度的地区差距分析》，载于《统计研究》2012 年第 6 期，第 46～50 页。

② Cowell F A. On the Structure of Additive Inequality Measures [J]. Review of Economic Studies，1980，47（3）：521–531.

③ Shorrocks A F. The Class of Additively Decomposable Inequality Measures [J]. Econometrica，1980，48（3）：613–625.

5.2.2 以农业面源污染为非期望产出的地区差距测度及分解

1. 测度结果 I：总体地区差距

本书根据泰尔指数的测算方法，按照两大地区、三大地区、四大地区和八大地区四种地域划分标准，测算了以农业面源污染为非期望产出的农业用水效率的泰尔指数。表5-1、表5-2、表5-3和表5-4分别报告了四种地域划分标准下农业用水效率总体地区差距的测度及其分解结果。

表5-1   两大地区泰尔指数（以农业面源污染为非期望产出）

年份	总体	沿海地区	内陆地区	地区内	地区间
1998	0.1972	0.1363	0.1746	0.1525	0.0448
1999	0.2269	0.1555	0.1366	0.1489	0.0780
2000	0.2495	0.1720	0.1432	0.1624	0.0871
2001	0.2719	0.1901	0.1316	0.1719	0.1000
2002	0.2922	0.2115	0.1284	0.1864	0.1058
2003	0.2423	0.1640	0.1234	0.1508	0.0915
2004	0.2376	0.1572	0.1313	0.1486	0.0889
2005	0.2354	0.1538	0.1295	0.1458	0.0896
2006	0.2458	0.1573	0.1433	0.1528	0.0930
2007	0.2544	0.1685	0.1402	0.1594	0.0950
2008	0.2554	0.1646	0.1440	0.1581	0.0973
2009	0.2542	0.1623	0.1420	0.1559	0.0983
2010	0.2589	0.1642	0.1394	0.1566	0.1024
2011	0.2607	0.1641	0.1249	0.1524	0.1083
2012	0.2632	0.1667	0.1200	0.1529	0.1103

年份	总体	沿海地区	内陆地区	地区内	地区间
2013	0.2676	0.1674	0.1268	0.1556	0.1120
2014	0.2851	0.1826	0.1324	0.1683	0.1168
2015	0.2726	0.1694	0.1238	0.1564	0.1163

资料来源：笔者测算并整理绘制。

表5－2　三大地区泰尔指数（以农业面源污染为非期望产出）

年份	总体	东部	中部	西部	地区内	地区间
1998	0.1972	0.1363	0.0428	0.2405	0.1514	0.0459
1999	0.2269	0.1555	0.0439	0.2069	0.1484	0.0785
2000	0.2495	0.1720	0.0467	0.2176	0.1617	0.0878
2001	0.2719	0.1901	0.0423	0.1997	0.1714	0.1005
2002	0.2922	0.2115	0.0407	0.1971	0.1855	0.1067
2003	0.2423	0.1640	0.0419	0.1876	0.1485	0.0938
2004	0.2376	0.1572	0.0499	0.1955	0.1470	0.0906
2005	0.2354	0.1538	0.0546	0.1875	0.1437	0.0917
2006	0.2458	0.1573	0.0510	0.2153	0.1520	0.0938
2007	0.2544	0.1685	0.0556	0.2067	0.1583	0.0961
2008	0.2554	0.1646	0.0577	0.2107	0.1574	0.0980
2009	0.2542	0.1623	0.0530	0.2085	0.1556	0.0986
2010	0.2589	0.1642	0.0480	0.2078	0.1563	0.1027
2011	0.2607	0.1641	0.0464	0.1830	0.1521	0.1085
2012	0.2632	0.1667	0.0430	0.1774	0.1526	0.1106
2013	0.2676	0.1674	0.0460	0.1840	0.1555	0.1121
2014	0.2851	0.1826	0.0517	0.1912	0.1682	0.1170
2015	0.2726	0.1694	0.0424	0.1824	0.1562	0.1164

资料来源：笔者测算并整理绘制。

表 5 – 3　　　四大地区泰尔指数（以农业面源污染为非期望产出）

年份	总体	东部	中部	西部	东北	地区内	地区间
1998	0.1972	0.1430	0.0436	0.2405	0.0567	0.1525	0.0447
1999	0.2269	0.1621	0.0496	0.2069	0.0477	0.1491	0.0778
2000	0.2495	0.1786	0.0514	0.2176	0.0535	0.1621	0.0874
2001	0.2719	0.1968	0.0487	0.1997	0.0530	0.1716	0.1003
2002	0.2922	0.2179	0.0447	0.1971	0.0537	0.1849	0.1073
2003	0.2423	0.1685	0.0439	0.1876	0.0441	0.1474	0.0949
2004	0.2376	0.1617	0.0538	0.1955	0.0466	0.1463	0.0913
2005	0.2354	0.1578	0.0579	0.1875	0.0472	0.1427	0.0927
2006	0.2458	0.1603	0.0539	0.2153	0.0499	0.1505	0.0953
2007	0.2544	0.1711	0.0566	0.2067	0.0516	0.1562	0.0983
2008	0.2554	0.1675	0.0606	0.2107	0.0543	0.1558	0.0996
2009	0.2542	0.1654	0.0543	0.2085	0.0608	0.1545	0.0997
2010	0.2589	0.1671	0.0459	0.2078	0.0675	0.1551	0.1038
2011	0.2607	0.1670	0.0425	0.1830	0.0764	0.1514	0.1093
2012	0.2632	0.1692	0.0362	0.1774	0.0797	0.1515	0.1117
2013	0.2676	0.1698	0.0394	0.1840	0.0860	0.1545	0.1131
2014	0.2851	0.1837	0.0418	0.1912	0.0893	0.1657	0.1194
2015	0.2726	0.1700	0.0321	0.1824	0.0867	0.1539	0.1187

资料来源：笔者测算并整理绘制。

表 5－4　八大地区泰尔指数（以农业面源污染为非期望产出）

年份	总体	北部沿海	东部沿海	南部沿海	长江中游	黄河中游	东北地区	西北地区	西南地区	地区内	地区间
1998	0.1972	0.0938	0.1253	0.0344	0.0177	0.0539	0.0567	0.3921	0.1359	0.1258	0.0714
1999	0.2269	0.0836	0.1667	0.0331	0.0096	0.0559	0.0477	0.0744	0.1353	0.0999	0.1271
2000	0.2495	0.0879	0.1864	0.0326	0.0132	0.0560	0.0535	0.0704	0.1495	0.1100	0.1395
2001	0.2719	0.0948	0.2049	0.0324	0.0114	0.0550	0.0530	0.0738	0.1337	0.1172	0.1546
2002	0.2922	0.1017	0.2246	0.0365	0.0117	0.0564	0.0537	0.0757	0.1320	0.1276	0.1646
2003	0.2423	0.1019	0.1559	0.0406	0.0129	0.0543	0.0441	0.0570	0.1305	0.1001	0.1422
2004	0.2376	0.0994	0.1501	0.0465	0.0103	0.0542	0.0466	0.0661	0.1346	0.0982	0.1394
2005	0.2354	0.1015	0.1434	0.0464	0.0108	0.0496	0.0472	0.0782	0.1280	0.0962	0.1391
2006	0.2458	0.1097	0.1390	0.0509	0.0070	0.0457	0.0499	0.0776	0.1552	0.1022	0.1435
2007	0.2544	0.1104	0.1559	0.0496	0.0143	0.0433	0.0516	0.0805	0.1443	0.1062	0.1482
2008	0.2554	0.1075	0.1526	0.0484	0.0093	0.0394	0.0543	0.0777	0.1468	0.1041	0.1513
2009	0.2542	0.1060	0.1510	0.0444	0.0095	0.0321	0.0608	0.0720	0.1489	0.1029	0.1513
2010	0.2589	0.1099	0.1475	0.0427	0.0115	0.0253	0.0675	0.0735	0.1436	0.1022	0.1567
2011	0.2607	0.1094	0.1464	0.0424	0.0148	0.0208	0.0764	0.0694	0.1196	0.0992	0.1614
2012	0.2632	0.1185	0.1355	0.0436	0.0103	0.0196	0.0797	0.0746	0.1200	0.0998	0.1634
2013	0.2676	0.1162	0.1436	0.0394	0.0113	0.0182	0.0860	0.0736	0.1234	0.1018	0.1658
2014	0.2851	0.1195	0.1654	0.0411	0.0115	0.0223	0.0893	0.0781	0.1348	0.1115	0.1737
2015	0.2726	0.1115	0.1470	0.0431	0.0078	0.0193	0.0867	0.0774	0.1294	0.1026	0.1700

资料来源：笔者测算并整理绘制。

103

　　根据表5-1的结果我们绘制了图5-1，对中国农业用水效率的地区差距及其变化趋势进行直观描述。根据表5-1以及图5-1，可以发现，1998～2015年中国农业用水效率的泰尔指数变动幅度较小，但整体呈现出稳中有升的态势。具体而言，1998～2002年处于上升阶段，2002～2005年处于下降阶段，2005～2014年又呈现缓慢上升的态势，在2014～2015年又呈现下降的态势。在样本考察期内，泰尔指数最高值为0.2922（2002年），最低值为0.1972（1998年），平均值为0.2539。以上分析结果表明，在样本考察期内，资源环境约束下中国农业用水效率的整体地区差距呈现缓慢扩大态势。

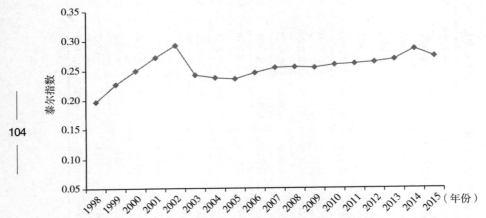

图5-1　农业用水效率的总体地区差距（以农业面源污染为非期望产出）

资料来源：笔者绘制。

2. 测度结果Ⅱ：地区差距的来源分解

　　根据泰尔指数的分解方法，我们对资源环境下中国农业用水效率的地区差距进行了来源分解。表5-5报告了中国农业用水效率在两大地区、三大地区、四大地区和八大地区泰尔指数贡献率的分解结果，图5-2刻画了农业用水效率在四种地域划分标准下泰尔指数贡献率分解结果的变化趋势。

表 5 - 5　地区差距来源贡献率（以农业面源污染为非期望产出）

年份	两大地区		三大地区		四大地区		八大地区	
	地区内	地区间	地区内	地区间	地区内	地区间	地区内	地区间
1998	77.31	22.69	76.75	23.25	77.35	22.65	63.80	36.20
1999	65.62	34.38	65.40	34.60	65.71	34.29	44.01	55.99
2000	65.08	34.92	64.81	35.19	64.99	35.01	44.08	55.92
2001	63.23	36.77	63.04	36.96	63.12	36.88	43.12	56.88
2002	63.80	36.20	63.47	36.53	63.26	36.74	43.68	56.32
2003	62.22	37.78	61.28	38.72	60.84	39.16	41.30	58.70
2004	62.57	37.43	61.86	38.14	61.57	38.43	41.33	58.67
2005	61.94	38.06	61.05	38.95	60.61	39.39	40.89	59.11
2006	62.16	37.84	61.82	38.18	61.24	38.76	41.60	58.40
2007	62.67	37.33	62.22	37.78	61.38	38.62	41.75	58.25
2008	61.91	38.09	61.62	38.38	60.99	39.01	40.76	59.24
2009	61.34	38.66	61.21	38.79	60.77	39.23	40.48	59.52
2010	60.47	39.53	60.35	39.65	59.91	40.09	39.47	60.53
2011	58.46	41.54	58.36	41.64	58.07	41.93	38.07	61.93
2012	58.10	41.90	57.98	42.02	57.55	42.45	37.91	62.09
2013	58.14	41.86	58.11	41.89	57.74	42.26	38.05	61.95
2014	59.03	40.97	58.98	41.02	58.12	41.88	39.09	60.91
2015	57.35	42.65	57.31	42.69	56.45	43.55	37.63	62.37

注：贡献率的单位为%。
资料来源：笔者测算并整理绘制。

由表 5 - 5 和图 5 - 2 可知，在考察期内，中国农业用水效率的泰尔指数在不同地域划分标准下，其分解结果的贡献率呈现不同的状态。对两大地区、三大地区和四大地区而言，地区内差距的贡献率远高于地区间差距，且地区内差距的贡献率呈现缓慢下降的态势，地区间差距的贡献率呈现缓慢上升的态势。对八大地区而言，其地区内差距的贡献率也呈现缓慢下降的态势，地区间差距的贡献率呈现缓慢上升的态势，除了在 1998 年地区内差距的贡献率高于地区间差距外，1999～2015 年，地区间差距的贡献率均高于地区内差距的贡献率。

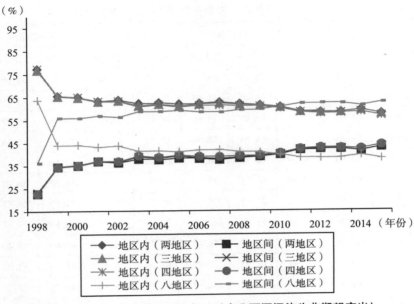

图 5 - 2　地区差距来源贡献率（以农业面源污染为非期望产出）
资料来源：笔者绘制。

5. 2. 3　以 COD 和 NH 为非期望产出的地区差距测度及分解

1. 测度结果 I：总体地区差距

本书根据泰尔指数的测算方法，按照两大地区、三大地区、四大地区和八大地区四种地域划分标准，测算了以 COD 和 NH 为非期望产出的农业用水效率的泰尔指数。表 5 - 6、表 5 - 7、表 5 - 8 和表 5 - 9 分别报告了两大地区、三大地区、四大地区和八大地区农业用水效率总体地区差距的测度及其分解结果。

表 5 - 6　两大地区泰尔指数（以 COD 和 NH 为非期望产出）

年份	总体	沿海地区	内陆地区	地区内	地区间
2011	0. 2607	0. 1641	0. 1249	0. 1524	0. 1083
2012	0. 2632	0. 1667	0. 1200	0. 1529	0. 1103

续表

年份	总体	沿海地区	内陆地区	地区内	地区间
2013	0.2676	0.1674	0.1268	0.1556	0.1120
2014	0.2780	0.1769	0.1324	0.1641	0.1139
2015	0.2726	0.1694	0.1238	0.1564	0.1163

资料来源：笔者测算并整理绘制。

表 5 - 7　　三大地区泰尔指数（以 COD 和 NH 为非期望产出）

年份	总体	东部	中部	西部	地区内	地区间
2011	0.2607	0.1641	0.0464	0.1830	0.1521	0.1085
2012	0.2632	0.1667	0.0430	0.1774	0.1526	0.1106
2013	0.2676	0.1674	0.0460	0.1840	0.1555	0.1121
2014	0.2780	0.1769	0.0517	0.1912	0.1639	0.1141
2015	0.2726	0.1694	0.0424	0.1824	0.1562	0.1164

资料来源：笔者测算并整理绘制。

表 5 - 8　　四大地区泰尔指数（以 COD 和 NH 为非期望产出）

年份	总体	东部	中部	西部	东北	地区内	地区间
2011	0.2607	0.1670	0.0425	0.1830	0.0764	0.1514	0.1093
2012	0.2632	0.1692	0.0362	0.1774	0.0797	0.1515	0.1117
2013	0.2676	0.1698	0.0394	0.1840	0.0860	0.1545	0.1131
2014	0.2780	0.1783	0.0418	0.1912	0.0893	0.1618	0.1162
2015	0.2726	0.1700	0.0321	0.1824	0.0867	0.1539	0.1187

资料来源：笔者测算并整理绘制。

表 5 - 9 八大地区泰尔指数（以 COD 和 NH 为非期望产出）

年份	总体	北部沿海	东部沿海	南部沿海	长江中游	黄河中游	东北地区	西北地区	西南地区	地区内	地区间
2011	0.2607	0.1094	0.1464	0.0424	0.0148	0.0208	0.0764	0.0694	0.1196	0.0993	0.1614
2012	0.2632	0.1185	0.1355	0.0436	0.0103	0.0196	0.0797	0.0746	0.1200	0.0998	0.1634
2013	0.2676	0.1162	0.1436	0.0394	0.0113	0.0182	0.0860	0.0736	0.1234	0.1018	0.1658
2014	0.2780	0.1195	0.1534	0.0411	0.0115	0.0223	0.0893	0.0781	0.1348	0.1078	0.1702
2015	0.2726	0.1115	0.1470	0.0431	0.0078	0.0193	0.0867	0.0774	0.1294	0.1026	0.1700

资料来源：笔者测算并整理绘制。

　　根据表5-6的结果我们绘制了图5-3，对中国农业用水效率的地区差距及其变化趋势进行直观描述。可以发现，2011~2015年中国农业用水效率的泰尔指数呈前期稳步上升后期又下降的态势。如2011~2014年处于上升阶段，2014~2015年处于下降阶段。在考察期内，泰尔指数最高值为0.2780（2014年），最低值为0.2607（2011年），平均值为0.2684。以上分析结果表明，在考察期内，资源环境约束下农业用水效率整体地区差距呈不断上升后又下降的趋势。

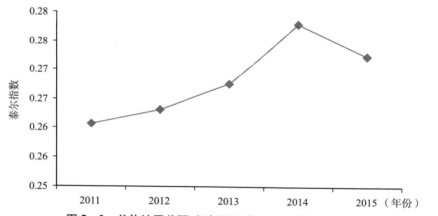

图5-3　总体地区差距（以COD和NH为非期望产出）

资料来源：笔者绘制。

2. 测度结果Ⅱ：地区差距的来源分解

　　根据泰尔指数的分解方法，我们对资源环境约束下中国农业用水效率的地区差距进行了来源分解。表5-10报告了中国农业用水效率在两大地区、三大地区、四大地区和八大地区泰尔指数贡献率的分解结果，图5-4刻画了各大地区泰尔指数贡献率分解结果的变化趋势。

表5-10　地区差距来源贡献率（以COD和NH为非期望产出）

年份	两大地区		三大地区		四大地区		八大地区	
	地区内	地区间	地区内	地区间	地区内	地区间	地区内	地区间
2011	58.46	41.54	58.36	41.64	58.07	41.93	38.07	61.93

年份	两大地区		三大地区		四大地区		八大地区	
	地区内	地区间	地区内	地区间	地区内	地区间	地区内	地区间
2012	58.10	41.90	57.98	42.02	57.55	42.45	37.91	62.09
2013	58.14	41.86	58.11	41.89	57.74	42.26	38.05	61.95
2014	59.02	40.98	58.96	41.04	58.19	41.81	38.77	61.23
2015	57.35	42.65	57.31	42.69	56.45	43.55	37.63	62.37

注：贡献率的单位为%。
资料来源：笔者测算并整理绘制。

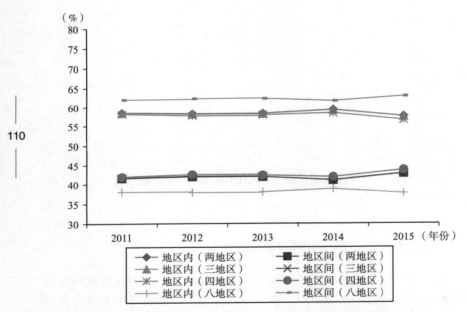

图 5-4　地区差距来源贡献率（以 COD 和 NH 为非期望产出）

资料来源：笔者绘制。

　　由表 5-10 和图 5-4 可知，在考察期内，资源环境约束下中国农业用水效率的泰尔指数在不同地域划分标准下，其分解结果的贡献率呈现不同的状态。对两大地区、三大地区和四大地区而言，地区内差距的贡献率远高于地区间差距的贡献率，且地区内差距的贡献率呈现缓慢下降的态势，地区间差距的贡献率呈现缓慢上升的态势。对八大地区而言，地区间差距的贡献率远高于地区内差距的贡献率，且地区内差距的贡献率与地区间差距的贡献率的变化趋势相对一致，地区间差距成为地区差距的主要来源。

5.3　中国农业用水效率的分布动态：基于 Kernel 密度估计

5.3.1　Kernel 密度估计方法

本书采用 Kernel 密度估计方法揭示资源环境约束下农业用水效率的分布动态演进趋势。Kernel 密度估计是一种重要的非参数方法，已经成为研究不均衡分布的一种流行方法（Silverman，1986[①]；Wand & Jones，1994[②]）。Kernel 密度分布动态的主要思路是把考察对象的分布格局视为某种概率分布，然后考察其特征及随时间变化的趋势。Kernel 密度估计主要用于对随机变量的概率密度进行估计，通过平滑连续的密度曲线描述随机变量的分布形态。

假设随机变量 X 的密度函数为 f(x)，在点 x 的概率密度可以由式（5-3）估计。式（5-3）中，N 是样本观测值的个数，h 为带宽，K(·) 是名为核函数的平滑转换函数，X_i 为独立同分布的观测值，x 为均值。

$$f(x) = \frac{1}{Nh} \sum_{i=1}^{N} K\left(\frac{X_i - x}{h}\right) \qquad (5-3)$$

另外，在 Kernel 密度估计中，选取适当的带宽对获得最优拟合结果至关重要，带宽决定了密度曲线的形态。h 是 N 的函数，样本数量越多，要求的带宽也应相对越小，且满足式（5-4）：

$$\lim_{N\to\infty} h(N) = 0, \lim_{N\to\infty} Nh(N) = N \to \infty \qquad (5-4)$$

根据 Kernel 密度函数的表达形式的不同，可以分为高斯核（Gaussian）、Epanechnikov 核、三角核（Triangular）和四次核（Quartic）等类

①　Silverman B W. Density Estimation for Statistics and Data Analysis [M]. CRC Press, 1986.
②　Wand M P, Jones M C. Kernel Smoothing [J]. Biometrics, 1994 (54).

型（刘华军等，2013）[①]。本书选择比较常用的高斯核函数来刻画资源环境约束下中国农业用水效率的分布动态演进。其表达式如式（5-5）所示：

$$K(x) = \frac{1}{\sqrt{2\pi}} \exp\left(-\frac{x^2}{2}\right) \qquad (5-5)$$

由于密度估计没有确定的函数表达式，因此需要通过图形对比来直观地考察样本分布的变化。通过观察 Kernel 密度估计的图形，可以得到的位置、形态和延展性等信息，以此说明样本分布差距大小等情况。中国农业用水效率的高低可以通过样本分布整体位置的变化来体现，农业用水效率地区差距的大小和"极化"现象可通过样本分布总体形态来刻画。此外，样本分布总体形态中波峰高度和宽度可用来说明样本分布差距的大小，波峰数量可解释"极化"现象。样布分布差距的大小，可通过样本的延展性（左拖尾和右拖尾）进一步说明。

5.3.2 以农业面源污染为非期望产出的 Kernel 密度估计

我们选择了四个时期，分别是 1998 年、2004 年、2010 年和 2015 年，通过比较中国 31 个省份在四个时期 Kernel 密度分布来实证考察以面源污染为非期望产出条件下中国农业用水效率的动态演变。

由图 5-5 可以直观地发现，资源环境约束下中国农业用水效率分布由多峰状演变为双峰状，说明农业用水效率曾出现过"极化"现象，而这种极化现象随时间的推进得到了显著缓解。虽然仍旧存在"双峰"现象，但其左拖尾和右拖尾随着时间的推移而减少，说明部分农业用水效率较高的地区放慢了其增长速度，另外有一部分农业用水效率较低的地区也形成了增长趋势。与 1998 年相比，2004 年、2010 年和 2015 年的农业用水效率密度函数中心呈现出明显右移的趋势，且峰值变小，宽度变大，其右拖尾呈现出不明显的"双峰"状态，这不仅表明了样本考察期内资源环境约束下中国农业用水效率得到提升，同时也说明中国农业用水效率的省际差距在新的阶段有明显扩大的趋势。

---

① 刘华军、鲍振、杨骞：《中国二氧化碳排放的分布动态与演进趋势》，载于《资源科学》2013 年第 10 期，第 1925~1932 页。

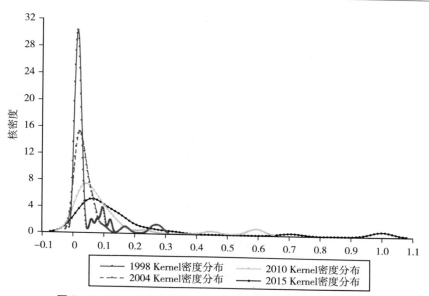

图 5 - 5 **Kernel 密度估计（以农业面源污染为非期望产出）**

资料来源：笔者绘制。

5.3.3 以 COD 和 NH 为非期望产出的 Kernel 密度估计

我们选择了五个时期，分别是 2011 年、2012 年、2013 年、2014 年和 2015 年，通过比较中国 31 个省份在五个时期 Kernel 密度分布来实证考察以 COD 和 NH 为非期望产出条件下农业用水效率的动态演变。

由图 5 - 6 可以直观地发现，样本考察期内，资源环境约束下农业用水效率的密度函数中心值发生向右移动的趋势，农业用水效率在 2011 年的分布主要集中在 0.4 和 0.8 附近，在 2015 年主要集中在 0.5 和 1.0 附近，表明中国各省的农业用水效率是不断趋于上升的，换言之，农业用水效率是在不断进步的。与 2011 年相比，2012 年、2013 年、2014 年和 2015 年的峰值变小，宽度拉大，由"五峰"现象转变为"四峰"现象，表明中国农业用水效率的省际差距不断扩大，出现了"高中低"不同级别的农业用水效率，且呈现两极分化现象。

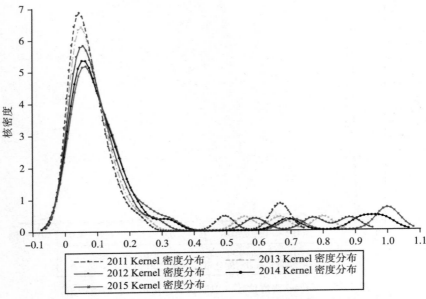

图 5 – 6   Kernel 密度估计（以 COD 和 NH 为非期望产出）

资料来源：笔者绘制。

5.4   中国农业用水效率的分布动态：
基于空间 Markov 链

5.4.1   空间 Markov 链分析方法

Markov 链分析方法是通过构造马尔科夫转移矩阵，描述各区域农业用水效率水平分布的动态演进特征。Markov 链是一个随机过程 $\{X(t), t \in T\}$，该随机过程的指数集合 T 对应于各个时期，有限状态对应于随机变量的状态数，那么对所有时期 t 和所有可能的状态 j、i 和 $i_k(k=0, 1, 2, \cdots, t-2)$，满足式（5 – 6）。式（5 – 6）表明了一阶马尔科夫链的性质，即随机变量 X 在时期 t 处于状态 j 的概率仅取决于 X 在时期 t – 1 的状态。

$$P\{X(t) = j \mid X(t-1) = i, X(t-2) = i_{t-2}, \cdots, X(0)$$
$$= i_0\} = \{X(t) = j \mid X(t-1) = i\} \qquad (5-6)$$

随机变量从一种状态转变为另一种状态就是状态转移。如果把农业用水效率划分为 N 种类型，则可得到一个 N×N 的转移矩阵，状态转移概率 P_{ij} 则是指由状态 i 转移到状态 j 的概率，所有的 P_{ij} 所组成的 N×N 维矩阵就是状态转移概率矩阵 P。通过转移矩阵，可以判断各地区农业用水效率的分布动态演变趋势。

设马尔科夫过程 $\{X(t)，t \in T\}$ 的状态空间为 I，记：

$$p_{ij} = p\{X_{t+1} = j \mid X_t = i，i，j \in I\}$$

表示过程由状态 i 转变为状态 j 的转移概率矩阵，则所有的转移概率 P_{ij} 组成的 I×I 维矩阵称为状态转移概率矩阵，记为式（5-7）：

$$P = (p_{ij}) = \begin{bmatrix} p_{11} & p_{12} & p_{13} & \cdots \\ p_{21} & p_{22} & p_{23} & \cdots \\ p_{31} & p_{32} & p_{33} & \cdots \\ \cdots & \cdots & \cdots & \cdots \end{bmatrix} \qquad (5-7)$$

设 F_t 为 1×L 的行向量，代表 t 时期考察变量的分布状况，即每一个状态出现的频率。那么，t+1 时期的分布可以表示为 $F_{t+1} = F_t P$；如果转移概率不随时间变化，那么 Markov 链就具有时间平稳性或时间同质性，t+s 时期的分布 F_{t+s} 可以表示为 $F_{t+s} = F_t P^s$。如果转移概率矩阵 P 是正规概率矩阵，随 s 趋于无穷大，P^s 收敛于一个秩为 1 的极限矩阵，同时得到 F_t 的稳态分布或长期分布 F。

一个时间平稳的 Markov 链的性质完全由转移概率矩阵 P 和初始分布 F_0 决定，因此 Markov 链分析的主要任务就是估计转移概率矩阵和计算初始概率分布。假设 P_{ij} 表示某一区域农业用水效率在 t 时期属于 i 类型，而在 t+1 时期转移到 j 类型的转移概率，那么转移概率可采用极大似然估计（maximum likelihood estimate，MLE）。P_{ij} 的最大似然估计为 $P_{ij} = n_{ij}/n_i$，其中 n_{ij} 是考察期内，第 i 种状态转变为第 j 种状态出现的次数，n_i 是第 i 种状态出现的总次数。初始概率分布主要取决于状态划分，在中国农业用水效率分布的演进分析中，需要通过恰当的状态划分使得每种状态的初始概率都相同。

空间 Markov 链分析是将"空间滞后"这一概念引入传统 Markov 链分析中所得的产物（Rey & Montouri，1999）[1]。通过对比不同空间滞后

115

---

① Sergio J. Rey，Brett D. Montouri. US Regional Income Convergence：A Spatial Econometric Perspective［J］. Regional Studies，1999，33（2）：143-156.

类型下的 Markov 转移矩阵，可以判断周边地区的农业用水效率水平是否会对农业用水效率水平的转移产生影响。由于空间 Markov 链等非参数估计方法克服了参数模型设定误差等缺陷，能够有效刻画各地区农业用水效率的动态演进。近年来，空间 Markov 链逐渐在地区经济动态演变特征研究中得到应用（Herrerias & Ordoñez, 2012①；周晓艳等, 2016②）。本书首次将空间 Markov 链引入农业用水领域，通过其分析方法，识别空间因素对中国农业用水效率动态演变的影响。

5.4.2　以农业面源污染为非期望产出的农业用水效率分布动态

1. 中国农业用水效率动态演变的 Markov 链分析

表 5-11 给出了以面源污染为非期望产出的农业用水效率转移概率的最大似然估计，提供了样本考察期内转移概率。我们以滞后一期为例，具体分析资源环境约束下中国农业用水效率的转移概率。表 5-11 第二行数据含义是，75.74% 的省份的农业用水效率在当年年末保持不变，24.26% 的省份上升为中低水平。第三行数据含义为，76.47% 的省份的农业用水效率在当年年末保持不变，23.53% 的省份的农业用水效率由中低水平上升为中高水平。第四行数据含义为，77.94% 的省份的农业用水效率在当年年末保持不变，22.06% 的省份的农业用水效率由中高水平上升了一个等级。第五行数据含义为，99.16% 的省份的农业用水效率在当年年末保持不变，0.84% 的省份下降了三个等级。从整体来看，如果某一省份的农业用水效率处于低水平，经过一步转移后（T=1），该省份继续保持农业用水效率低水平的概率为 75.74%（即平稳转移），仅有 24.26% 的概率上升为中低水平（即向上转移）。而当滞后期为 3 年时平稳转移概率降至 45.83%，滞后期为

---

① Herrerias M J, Ordoñez J. New Evidence on the Role of Regional Clusters and Convergence in China (1952–2008) [J]. China Economic Review, 2012, 23 (4): 1120–1133.

② 周晓艳、安月平、李秋丽等：《基于空间 Markov 模型的湖北省区域经济差距时空演变分析（1994 年~2012 年）》，载于《华中师范大学学报（自科版）》2016 年第 1 期，第 105~111 页。

5 年时降至 36.54%，这一时期内农业用水效率处于低水平的省份向更高水平转移的可能性较小。从中低水平及中高水平来看，滞后期为 5 年时维持原状态的概率分别为 17.13% 和 1.92%。以上分析结果表明，即使是农业用水效率处于相对较高水平的省份在这一时期也很难向更高水平转移。

表 5 - 11　　Markov 链转移概率（以农业面源污染为非期望产出）

类型		低	中低	中高	高
T = 1	低	0.7574	0.2426	0	0
	中低	0	0.7647	0.2353	0
	中高	0	0	0.7794	0.2206
	高	0.0084	0	0	0.9916
T = 2	低	0.5938	0.4063	0	0
	中低	0	0.6953	0.3047	0
	中高	0	0	0.6484	0.3516
	高	0.0089	0	0	0.9911
T = 3	低	0.4583	0.5333	0.0083	0
	中低	0	0.5500	0.4500	0
	中高	0	0	0.4833	0.5167
	高	0.0095	0	0	0.9905
T = 4	低	0.3750	0.5982	0.0268	0
	中低	0	0.2321	0.7589	0.0089
	中高	0	0	0.1161	0.8839
	高	0.0102	0	0	0.9898
T = 5	低	0.3654	0.5385	0.0962	0
	中低	0	0.1731	0.7788	0.0481
	中高	0	0	0.0192	0.9808
	高	0.0110	0	0	0.9890

资料来源：笔者测算并整理绘制。

2. 中国农业用水效率的动态演变的空间 Markov 链分析

本书根据空间滞后项对农业用水效率进行分类，并计算达到不同空间滞后水平下中国农业用水效率的空间 Markov 转移概率矩阵。从表 5 - 12 至表 5 - 16 中可以看出，当某一低水平地区的空间滞后类型同样为低水平时，1 期后这一地区仍处于低水平的概率为 85.54%，而且即使通过 5 期后这一地区仍旧有 38.10% 的概率处于低水平。如果某一低水平地区的空间滞后类型为中高水平，那么这一地区 1 期后平稳转移的概率是 23.53%，经过 5 期后这一概率降低为 0。如果低水平地区的空间滞后类型为高水平，则滞后 1 期后平稳转移的概率为 94.44%，经过 5 期后这一概率降低为 92.86%。

表 5 – 12　空间 Markov 链转移概率 （T = 1）（以农业面源污染为非期望产出）

T \ T + 1		低	中低	中高	高
低	低	0.8554	0.1446	0	0
	中低	0	1	0	0
	中高	0	0	0.2353	0.7647
	高	0.0556	0	0	0.9444
中低	低	0.6923	0.3077	0	0
	中低	0	0.8103	0.1897	0
	中高	0	0	1	0
	高	0	0	0	1
中高	低	0.4444	0.5556	0	0
	中低	0	0.6078	0.3922	0
	中高	0	0	0.8889	0.1111
	高	0	0	0	1
高	低	0.6667	0.3333	0	0
	中低	0	0.8889	0.1111	0
	中高	0	0	0.7174	0.2826
	高	0	0	0	1

资料来源：笔者测算并整理绘制。

表 5 - 13　空间 **Markov** 链转移概率 （ **T** = 2 ） （以农业面源污染为非期望产出）

T＼T+2		低	中低	中高	高
低	低	0.6667	0.3333	0	0
	中低	0	1	0	0
	中高	0	0	0	1
	高	0.0588	0	0	0.9412
中低	低	0.6400	0.3600	0	0
	中低	0	0.7407	0.2593	0
	中高	0	0	0.9429	0.0571
	高	0	0	0	1
中高	低	0.3125	0.6875	0	0
	中低	0	0.5102	0.4898	0
	中高	0	0	0.6061	0.3939
	高	0	0	0	1
高	低	0.3333	0.6667	0	0
	中低	0	0.8750	0.1250	0
	中高	0	0	0.6818	0.3182
	高	0	0	0	1

资料来源：笔者测算并整理绘制。

表 5 - 14　空间 **Markov** 链转移概率 （ **T** = 3 ） （以农业面源污染为非期望产出）

T＼T+3		低	中低	中高	高
低	低	0.4658	0.5342	0	0
	中低	0	0.9375	0.0625	0
	中高	0	0	0	1
	高	0.0625	0	0	0.9375
中低	低	0.6250	0.3750	0	0
	中低	0	0.4800	0.5200	0
	中高	0	0	0.8750	0.1250
	高	0	0	0	1

T \ T + 3		低	中低	中高	高
中高	低	0.2857	0.6429	0.0714	0
	中低	0	0.4468	0.5532	0
	中高	0	0	0.1613	0.8387
	高	0	0	0	1
高	低	0.2222	0.7778	0	0
	中低	0	0.8571	0.1429	0
	中高	0	0	0.5952	0.4048
	高	0	0	0	1

资料来源：笔者测算并整理绘制。

表 5 – 15　空间 Markov 链转移概率（T = 4）（以农业面源污染为非期望产出）

T \ T + 4		低	中低	中高	高
低	低	0.3824	0.6176	0	0
	中低	0	0.3333	0.6667	0
	中高	0	0	0	1
	高	0.0667	0	0	0.9333
中低	低	0.6087	0.3913	0	0
	中低	0	0.1304	0.8696	0
	中高	0	0	0.172414	0.827586
	高	0	0	0	1
中高	低	0.1667	0.7500	0.0833	0
	中低	0	0.2889	0.6889	0.0222
	中高	0	0	0	1
	高	0	0	0	1
高	低	0	0.7778	0.2222	0
	中低	0	0.3333	0.6667	0
	中高	0	0	0.2000	0.8000
	高	0	0	0	1

资料来源：笔者测算并整理绘制。

表 5 - 16　空间 Markov 链转移概率 （T = 5）（以农业面源污染为非期望产出）

T \ T + 5		低	中低	中高	高
低	低	0.3810	0.6190	0	0
	中低	0	0.2143	0.7857	0
	中高	0	0	0	1
	高	0.0714	0	0	0.9286
中低	低	0.5909	0.3182	0.0909	0
	中低	0	0.0714	0.9048	0.0238
	中高	0	0	0.0741	0.9259
	高	0	0	0	1
中高	低	0.1000	0.6000	0.3000	0
	中低	0	0.2791	0.6512	0.0698
	中高	0	0	0	1
	高	0	0	0	1
高	低	0	0.4444	0.5556	0
	中低	0	0	0.8000	0.2000
	中高	0	0	0	1
	高	0	0	0	1

资料来源：笔者测算并整理绘制。

　　根据空间 Markov 测度结果，我们对不同水平、不同滞后类型和不同时长下的中国农业用水效率进行整体分析，研究发现，空间因素在中国农业用水效率的演变过程中发挥了重要作用，与高水平"邻居"为邻，能够提高资源环境约束下中国农业用水效率向更高水平转移的概率，而低水平的空间滞后类型则抑制了农业用水效率向更高水平转移的概率。

5.4.3　以 COD 和 NH 为非期望产出的农业用水效率分布动态

1. 中国农业用水效率动态演变的 Markov 链分析

　　表 5 - 17 给出了以 COD 和 NH 为非期望产出的农业用水效率转移

概率的最大似然估计，提供了样本考察期内转移概率。由于样本数据量的限制，本部分的空间滞后最多只能做到滞后四期。我们以滞后二期为例，具体分析资源环境约束下中国农业用水效率的转移概率。表5－7第二行的数据含义是：62.50%的省份的农业用水效率在当年年末保持不变，37.50%的省份上升为中低水平。第三行数据的含义为，66.67%的省份的农业用水效率在当年年末保持不变，33.33%的省份的农业用水效率由中低水平上升为中高水平。第四行数据的含义为，58.33%的省份的农业用水效率在当年年末保持不变，41.67%的省份的农业用水效率由中高水平上升了一个等级。第五行数据的含义为，100%的省份的农业用水效率在当年年末保持不变。从整体来看，处于低水平的省份经过一步转移后上升为更高水平的概率为78.13%，经过4年滞后这一概率降低为37.50%。在同一时期，中低和中高水平经过一步转移后上升为更高水平的概率均为78.13%，经过5年滞后概率均下降为25.00%。另外，根据表5－17可以发现，在滞后1期到5期的所有转移概率中，主对角线上转移概率相对较高，非对角线上的转移概率较低，说明不同农业用水效率水平状态的组间流动性较低，各省在总体农业用水效率水平分布中相对位置比较稳定，即资源环境约束下农业用水效率处于高水平的省份仍保持高水平，且处于低水平的省份保持低水平的概率较大。

表5－17　**Markov 链转移概率（以 COD 和 NH 为非期望产出）**

类型		低	中低	中高	高
T＝1	低	0.7813	0.2188	0	0
	中低	0	0.7813	0.2188	0
	中高	0	0	0.7813	0.2188
	高	0	0	0	1
T＝2	低	0.6250	0.3750	0	0
	中低	0	0.6667	0.3333	0
	中高	0	0	0.5833	0.4167
	高	0	0	0	1

	类型	低	中低	中高	高
T = 3	低	0.5625	0.4375	0	0
	中低	0	0.5000	0.5000	0
	中高	0	0	0.5000	0.5000
	高	0	0	0	1
T = 4	低	0.3750	0.6250	0	0
	中低	0	0.2500	0.7500	0
	中高	0	0	0.2500	0.7500
	高	0	0	0	1

资料来源：笔者测算并整理绘制。

2. 中国农业用水效率动态演变的空间 Markov 链分析

本书根据空间滞后项对资源环境约束下中国农业用水效率进行分类，并计算达到不同空间滞后水平的资源环境约束下中国农业用水效率的空间 Markov 转移概率矩阵。由于样本数据量的限制，本部分的空间滞后最多只能做到滞后四期。从表 5-18 至表 5-21 中可以看出，当某一低水平地区的空间滞后类型同样为低水平时，1 期后这一地区仍处于低水平的概率为 80.00%，而且即使通过 4 期后这一地区仍旧有40.00%的概率处于低水平。如果某一低水平地区的空间滞后类型为中低水平，那么这一地区 1 期后平稳转移的概率是 1，经过 4 期后这一概率降低为 0。如果低水平地区的空间滞后类型为高水平，经过 1 期后平稳转移的概率为 1，经过 4 期后这一概率仍为 1。根据空间 Markov 测度结果，我们对不同水平、不同滞后类型和不同时长下的资源环境约束下中国农业用水效率进行整体分析，我们发现低水平地区农业用水效率的动态演变受周围邻居空间溢出效应的影响较大，而高水平地区的农业用水效率具有较强的稳定性，在不同滞后类型和不同时长下，倾向于维持现有效率水平，向下转移的概率较低。

表 5－18　空间 Markov 链转移概率（T＝1）（以 COD 和 NH 为非期望产出）

T＼T＋1		低	中低	中高	高
低	低	0.8000	0.2000	0	0
	中低	0	1	0	0
	中高	0	0	0	1
	高	0	0	0	1
中低	低	1	0	0	0
	中低	0	0.7500	0.2500	0
	中高	0	0	1	0
	高	0	0	0	1
中高	低	0.6250	0.3750	0	0
	中低	0	0.6250	0.3750	0
	中高	0	0	0.7000	0.3000
	高	0	0	0	1
高	低	0	0	0	0
	中低	0	1	0	0
	中高	0	0	1	0
	高	0	0	0	1

资料来源：笔者测算并整理绘制。

表 5－19　空间 Markov 链转移概率（T＝2）（以 COD 和 NH 为非期望产出）

T＼T＋2		低	中低	中高	高
低	低	0.6000	0.4000	0	0
	中低	0	1	0	0
	中高	0	0	0	1
	高	0	0	0	1
中低	低	1	0	0	0
	中低	0	0.7500	0.2500	0
	中高	0	0	0.7500	0.2500
	高	0	0	0	1

T \ T+2		低	中低	中高	高
中高	低	0.5000	0.5000	0	0
	中低	0	0.1667	0.8333	0
	中高	0	0	0.2857	0.7143
	高	0	0	0	1
高	低	0	0	0	0
	中低	0	1	0	0
	中高	0	0	1	0
	高	0	0	0	1

资料来源：笔者测算并整理绘制。

表 5 – 20　空间 Markov 链转移概率（T = 3）（以 COD 和 NH 为非期望产出）

T \ T+3		低	中低	中高	高
低	低	0.5000	0.5000	0	0
	中低	0	1	0	0
	中高	0	0	0	1
	高	0	0	0	1
中低	低	1	0	0	0
	中低	0	0.5000	0.5000	0
	中高	0	0	0.8000	0.2000
	高	0	0	0	1
中高	低	0.5000	0.5000	0	0
	中低	0	0	1	0
	中高	0	0	0	1
	高	0	0	0	1
高	低	0	0	0	0
	中低	0	1	0	0
	中高	0	0	1	0
	高	0	0	0	1

资料来源：笔者测算并整理绘制。

表 5 – 21　空间 **Markov** 链转移概率（**T = 4**）（以 **COD** 和 **NH** 为非期望产出）

T \ T + 4		低	中低	中高	高
低	低	0.4000	0.6000	0	0
	中低	0	0	1	0
	中高	0	0	0	1
	高	0	0	0	1
中低	低	1	0	0	0
	中低	0	0.2500	0.7500	0
	中高	0	0	0.5000	0.5000
	高	0	0	0	1
中高	低	0	1	0	0
	中低	0	0	1	0
	中高	0	0	0	1
	高	0	0	0	1
高	低	0	0	0	0
	中低	0	1	0	0
	中高	0	0	0.5000	0.5000
	高	0	0	0	1

资料来源：笔者测算并整理绘制。

5.5　中国农业用水效率的收敛检验

本书运用 σ – 收敛（σ – Convergence）以及 β – 收敛（β – Convergence）的检验方法，对中国农业用水效率的收敛性进行全面实证考察，以探寻中国农业用水效率地区差距的演变趋势及其敛散特征。

5.5.1　收敛检验方法

1. σ – 收敛检验方法

根据 σ – 收敛的标准定义（Sala-i – Martin，1990）[①]，如果各省份

① Sala-i – Martin X. Lecture Notes on Economic Growth（Ⅱ）: Five Prototype Models of Endogenous Growth [R]. National Bureau of Economic Research, 1990.

农业用水效率的离差随时间的推移而趋于下降，则认为中国农业用水效率存在 σ - 收敛。具体地，若用 $Y_i(t)$ 表示第 i 个省在 t 年农业用水效率的对数，σ_t 表示 t 年 N 个省份截面标准差，如式（5-8）所示（Barro & Sala-i-Martin，1992）[①]。如果 σ_t 小于等于 σ_{t+1}，则 N 个省份的农业用水效率趋于收敛。

$$\sigma_t = \left(N^{-1} \sum_{i=1}^{N} \left[Y_i(t) - \left(N^{-1} \sum_{k=1}^{N} Y_k(t) \right) \right]^2 \right)^{1/2} \qquad (5-8)$$

2. β-收敛检验方法

根据 β - 收敛的定义（Baumol，1986[②]；Barro & Sala-i-Martin，2003[③]），如果农业用水效率与初始的农业用水效率存在负相关关系，即农业用水效率较低的地区其增长速度要快于农业用水效率较高的地区，则认为农业用水效率存在 β - 收敛。β - 收敛又包括绝对收敛（absolute convergence）和条件收敛（conditional convergence）两种类型。β - 绝对收敛是指每个省份的农业用水效率具有完全相同的稳态水平。β - 条件收敛是在考虑不同区域各自不同的条件后，每个省份的农业用水效率都朝各自的稳态水平趋近，这个稳态水平依赖于区域自身的特征。β - 绝对收敛和 β - 条件收敛尽管都是向稳态水平趋近，然而 β - 绝对收敛中所有省份农业用水效率的稳态水平都是相同的，而 β - 条件收敛中不同省份的农业用水效率具有不同的稳态水平。因此，β - 绝对收敛表明所有省份的农业用水效率最终都会相同，而条件收敛则表明省份间农业用水效率的地区差距会持久存在。

β - 收敛的检验通常采用回归方法，回归类型分为截面数据回归和面板数据回归两类。标准的 β - 收敛截面数据回归如式（5-9）。

$$\frac{1}{T} \times \ln\left(\frac{y_{it}}{y_{i,t-T}} \right) = a - \left(\frac{1 - e^{-\beta T}}{T} \right) \times \ln(y_{i,t-T}) + u_{i,t,t-T} \qquad (5-9)$$

$$\frac{1}{T} \times \ln\left(\frac{y_{it}}{y_{i,t-T}} \right) = a + \lambda \ln(y_{i,t-T}) + u_{i,t,t-T} \qquad (5-10)$$

① Barro R J. Convergence [J]. Journal of Political Economy，1992，100（2）：223-251.
② Baumol W J. Productivity Growth, Convergence, and Welfare: What the Long-Run Data Show [J]. American Economic Review，1986，76（5）：1072-1085.
③ Barro R J，Sala-I-Martin X. Economic Growth，2nd Edition [J]. Mit Press Books，2003，1（5）：288-291.

$$\ln(y_{it}) = a + \gamma \ln(y_{i,t-1}) + u_{it} \qquad (5-11)$$

式（5-9）中，y_{it} 表示地区 i 在 t 时期的农业用水效率；$y_{i,t-T}$ 表示地区 i 在 t-T 时期的农业用水效率；β 为收敛系数，表达是实际农业用水效率朝稳态农业用水效率逼近的速度即收敛速度。为了方便回归，通常将式（5-9）转换为式（5-10）。其中解释变量 $\ln(y_{i,t-T})$ 的系数对应关系满足 $\lambda = (1-e^{-\beta T})/T$。根据回归结果，如果 $\lambda < 0$，则存在 β-收敛；反之，若 $\lambda > 0$，则发散。

式（5-9）、式（5-10）为 β-绝对收敛的检验方程。若在式（5-10）回归方程右边加入一些控制变量，且 $\lambda < 1$，则可以认为农业用水效率存在 β-条件收敛。然而，若加入控制变量，则会出现两个关键问题：一是选择哪些变量作为控制变量；二是选择了控制变量也难以避免遗漏解释变量。米勒和奥巴迪（Miller & Upadhyay, 2002）[1] 提出了检验 β-条件收敛的一个简洁方法—Panel Data 固定效应估计方法，该方法能够设定截面和时间固定效应，因此不仅考虑了不同个体有不同的稳态值，也考虑了个体自身稳态值能随时间的变化而变化（彭国华，2005）[2]。米勒和奥巴迪（Miller & Upadhyay, 2002）[3] 认为，Panel Data 固定效应估计方法无须加入额外控制变量，能用最少的数据进行条件收敛检验。考虑到 Panel Data 固定效应估计方法的优点，本书选择该方法对资源环境约束下中国农业用水效率的 β-条件收敛进行实证检验。由于该方法采用的是面板数据，因此需要将回归方法进行调整，具体回归方程如式（5-11）所示。对于式（5-11）而言，如果 $0 < \beta < 1$，且在统计上显著，则认为农业用水效率存在 β-条件收敛；反之，若 $\gamma > 1$ 则认为农业用水效率发散。此外，γ 越小，则农业用水效率趋于均衡的速度即收敛速度就越快，反之，则越慢。

5.5.2 σ-收敛的实证检验

我们以农业用水效率作为考察对象，以泰尔指数衡量其地区差距，

---

①③ Miller S M, Upadhyay M P. Total Factor Productivity and the Convergence Hypothesis [J]. Journal of Macroeconomics, 2002, 24 (2): 267-286.

② 彭国华：《中国地区收入差距、全要素生产率及其收敛分析》，载于《经济研究》2005 年第 9 期，第 19~29 页。

则 σ - 收敛的检验可以将泰尔指数构成的时间序列对时间 t 进行普通最小二乘法（ordinary least square，OLS）估计，通过判断时间趋势项 t 的回归系数来对中国农业用水效率是否收敛进行检验。并得到不同非期望产出下农业用水效率的泰尔指数构成的时间序列对时间 t 的 OLS 回归结果。具体结论如下：

1. 以面源污染为非期望产出

根据表 5 - 22 的结果，可以发现：第一，全国层面的农业用水效率不存在 σ - 收敛，反而呈现出显著的发散趋势。第二，在两大地区的空间尺度下，内陆地区的农业用水效率呈现显著的收敛趋势，而沿海地区的农业用水效率没有呈现显著的收敛或发散趋势。在三大地区的空间尺度下，西部地区的农业用水效率呈现显著的收敛趋势，东部地区和中部地区的农业用水效率未呈现显著的收敛或发散趋势。在四大地区的空间尺度下，东北地区的农业用水效率呈现显著的发散趋势，中部地区的农业用水效率呈现一定的俱乐部收敛趋势（尽管 t 回归系数的显著性只有10%），西部地区的农业用水效率呈现显著的俱乐部收敛趋势，东部地区的农业用水效率未呈现显著的收敛或发散趋势。在八大地区的空间尺度下，北部沿海和东部地区的农业用水效率呈现显著的发散趋势，南部沿海地区的农业用水效率呈现一定的发散趋势，黄河中游地区的农业用水效率呈现显著的收敛趋势，且形成了俱乐部收敛，东部沿海、长江中游、西北地区和西南地区的农业用水效率未呈现显著的收敛或发散趋势。

表 5 - 22　　　　泰尔指数时间序列的 OLS 回归估计结果
（以农业面源污染为非期望产出）

区域		常数项估计系数	t 回归系数	R^2
全国		- 4. 4675 **	0. 0024 **	0. 3258
二	沿海地区	- 0. 4434	0. 0003	0. 0105
	内陆地区	2. 3948 **	- 0. 0011 **	0. 2327
三	东部地区	- 0. 4434	0. 0003	0. 0105
	中部地区	- 0. 4303	0. 0002	0. 0576
	西部地区	3. 8561 ***	- 0. 0018 ***	0. 3738

区域		常数项估计系数	t 回归系数	R^2
四	东部地区	0.2609	−0.0001	0.0002
	中部地区	1.2821 *	−0.0006 *	0.1775
	西部地区	3.8561 ***	−0.0018 ***	0.3738
	东北地区	−4.7285 ***	0.0024 ***	0.6865
八	北部沿海	−3.3039 ***	0.0017 ***	0.8201
	东部沿海	3.6466	−0.0017	0.1402
	南部沿海	−1.0744 **	0.0006 **	0.2587
	长江中游	0.3404	−0.0002	0.1168
	黄河中游	5.5063 ***	−0.0027 ***	0.8950
	东部地区	−4.7285 ***	0.0024 ***	0.6865
	西北地区	10.7639	−0.0053	0.1423
	西南地区	1.1932	−0.0005	0.0743

注：***、**、* 分别表示 1%、5% 和 10% 的显著性水平。
资料来源：笔者测算并整理绘制。

2. 以 COD 和 NH 为非期望产出

根据表 5-23 的结果，可以发现：第一，同以面源污染为非期望产出的农业用水效率一样，以 COD 和 NH 为非期望产出的农业用水效率在全国层面上同样不存在 σ-收敛，相反呈现出一定的发散趋势。第二，在两大地区的空间尺度下，沿海地区和内陆地区的农业用水效率未呈现出显著的收敛或发散趋势。在三大地区的空间尺度下，东部地区、中部地区和西部地区未呈现显著的收敛或发散趋势。在四大地区的空间尺度下，东部地区、中部地区、西部地区和西北地区均未呈现显著的收敛或发散趋势。在八大地区的空间尺度下，东部地区、西北地区和西南地区的农业用水效率均呈现一定的发散趋势，北部沿海、东部沿海、南部沿海、长江中游和黄河中游的农业用水效率均未呈现显著收敛或发散趋势。

表 5 - 23　　泰尔指数时间序列的 OLS 回归估计结果

（以 COD 和 NH 为非期望产出）

区域		常数项估计系数	t 回归系数	R^2
全国		- 7.5117 *	0.0039 *	0.7591
二	沿海地区	- 4.0274	0.0021	0.4580
	内陆地区	- 1.9175	0.0010	0.1240
三	东部地区	- 4.0274	0.0021	0.4580
	中部地区	- 0.1001	0.0001	0.0010
	西部地区	- 2.3491	0.0013	0.1609
四	东部地区	- 1.9175	0.0010	0.1240
	中部地区	- 2.8471	0.0015	0.3004
	西部地区	3.0987	- 0.0015	0.3148
	东北地区	- 2.3491	0.0013	0.1609
八	北部沿海	- 0.9332	0.0005	0.0355
	东部沿海	- 3.7081	0.0019	0.2181
	南部沿海	0.3044	0.0001	0.0145
	长江中游	2.5902 *	- 0.0013	0.6457
	黄河中游	0.0671	- 0.0001	0.0006
	东部地区	- 6.0289 **	0.0030 **	0.7961
	西北地区	- 3.8677 *	0.0020 *	0.7870
	西南地区	- 6.7949 *	0.0034 *	0.6885

注：**、* 分别表示 5% 和 10% 的显著性水平。
资料来源：笔者测算并整理绘制。

5.5.3　β - 收敛的实证检验

1. β - 绝对收敛检验结果：基于 OLS 截面回归

（1）以面源污染为非期望产出。

本书对以面源污染为非期望产出的农业用水效率的 β - 绝对收敛进

行了检验，表 5 – 24 报告了基于截面数据的 OLS 估计结果。

表 5 – 24　　β – 绝对收敛的 OLS 估计结果（以面源污染为非期望产出）

截面数据类型		常数项	λ	R^2	结论
全国分省		0.0766 **	− 0.0062	0.0255	—
二	沿海地区	0.1416 ***	0.0069 *	0.2778	—
	内陆地区	− 0.0183	− 0.0252 **	0.2596	收敛
三	东部地区	0.1416 ***	0.0070 *	0.2778	—
	中部地区	0.0869	− 0.0027	0.0071	—
	西部地区	− 0.0416	− 0.0289 *	0.3188	收敛
四	东部地区	0.1427 ***	0.0069 *	0.3389	—
	中部地区	0.0453	− 0.0136	0.2281	—
	西部地区	− 0.0416	− 0.0289 *	0.3188	收敛
	东北地区	0.1716	0.0191	0.7967	—
八	北部沿海	0.1415 **	0.0059	0.2824	—
	东部沿海	0.1429	0.0080	0.2375	—
	南部沿海	0.1548	0.0097	0.6082	—
	长江中游	− 0.0020	− 0.0234	0.6307	—
	黄河中游	0.0038	− 0.0267	0.7913	—
	东部地区	0.1716	0.0191	0.7967	—
	西北地区	− 0.1925	− 0.0518	0.7773	—
	西南地区	0.0859 ***	− 0.0035	0.4288	—

注：***、**、* 分别表示 1%、5% 和 10% 的显著性水平。
资料来源：笔者测算并整理绘制。

表 5 – 24 的估计结果表明：

第一，从全国层面看，λ 的回归系数为负值（− 0.0062），这表明资源环境约束下的全国分省农业用水效率呈现出一定的收敛趋势，以此表明资源环境约束下的省际农业用水效率之间的差距呈现缩小而不是扩大的趋势。

第二，在两大地区的空间尺度下，沿海地区的农业用水效率呈现一定的发散趋势，内陆地区的 λ 回归系数为 −0.0252，且通过了 5% 的显著性水平检验，表明内陆地区各省农业用水效率的差距呈现缩小趋势，形成一个收敛俱乐部。

第三，在三大地区的空间尺度下，东部地区的 λ 回归系数为正值，且通过了 10% 的显著性水平检验，表明东部地区各省农业用水效率不存在收敛，反而呈现出一定的发散趋势。中部地区的 λ 回归系数虽然为负值（−0.0027），但未通过显著性水平检验，说明中部地区农业用水效率不存在 β − 绝对收敛。西部地区 λ 回归系数为负值（−0.0289），且通过 10% 的显著性水平检验，说明西部地区的农业用水效率呈现一定的收敛趋势，换言之，西部地区形成了一个收敛俱乐部。

第四，在四大地区的空间尺度下，东部地区的 λ 回归系数为正值（0.0069），且通过了 10% 的显著性水平检验，说明东部地区的农业用水效率呈现一定的发散趋势。中部地区的 λ 回归系数为负值（−0.0136），但未通过显著性检验，说明中部地区各省的农业用水效率不存在 β − 绝对收敛。西部地区的 λ 回归系数为负值（−0.0289），且通过了 10% 的显著性水平检验，换言之，西部地区形成了一个俱乐部收敛。东北地区的回归系数为正值，但未通过显著性水平检验，说明东北地区各省的农业用水效率不存在 β − 绝对收敛。

第五，在八大地区的空间尺度下，北部沿海、东部沿海、南部沿海和东部地区的 λ 回归系数为正值，但均未通过显著性水平检验，以此说明这些地区内部各省的农业用水效率不存在 β − 绝对收敛；长江中游、黄河中游、西北地区和西南地区的 λ 回归系数尽管为负值，但是未通过显著性水平检验，表明这四个地区内部各省的农业用水效率也没有呈现收敛趋势。

（2）以 COD 和 NH 为非期望产出。

本书对以 COD 和 NH 为非期望产出的农业用水效率的 β − 绝对收敛进行了检验，表 5 − 25 报告了基于截面数据的 OLS 估计结果。

表 5 − 25　　β − 绝对收敛的 OLS 估计结果（以 COD 和 NH 为非期望产出）

截面数据类型		常数项	λ	R^2	结论
全国分省		0.0874 ***	0.0004	0.0003	—
二	沿海地区	0.098 ***	0.0033	0.0424	—
	内陆地区	0.0604 ***	− 0.0072	0.0649	

截面数据类型		常数项	λ	R^2	结论
三	东部地区	0.0982 ***	0.0033	0.0424	—
	中部地区	0.0430	0.0116	0.0395	—
	西部地区	0.0712 ***	− 0.0049	0.0591	—
四	东部地区	0.0995 ***	0.0026	0.0398	—
	中部地区	− 0.0280	− 0.0411 *	0.6404	收敛
	西部地区	0.0712 ***	− 0.0049	0.0591	—
	东北地区	0.1088 **	0.0201 **	0.9938	
八	北部沿海	0.0957 ***	0.0032	0.2449	—
	东部沿海	0.1016 *	− 0.0022	0.0989	—
	南部沿海	0.1057	0.0065	0.0414	—
	长江中游	− 0.1314	− 0.0737	0.7887	—
	黄河中游	0.0545	− 0.0092	0.0585	—
	东部地区	0.1088 **	0.0201 **	0.9938	—
	西北地区	0.1800 *	0.0187	0.3816	—
	西南地区	0.0788	0.0009	0.0011	—

注：*** 、** 、* 分别表示 1%、5% 和 10% 的显著性水平。
资料来源：笔者测算并整理绘制。

表 5 - 25 的估计结果表明：

第一，从全国层面看，λ 的回归系数为正值（0.0004），且未通过显著性水平检验，这表明资源环境约束下全国分省农业用水效率并未呈现出收敛或发散趋势，即资源环境约束下省际的农业用水效率不存在 β - 绝对收敛。

第二，在两大地区的空间尺度下，沿海地区 λ 回归系数为正值，内陆地区的 λ 回归系数为负值，但两者均未通过显著性水平检验，说明在两大地区空间尺度划分标准下，农业用水效率均不存在 β - 绝对收敛。

第三，在三大地区的空间尺度下，东部地区、中部地区 λ 回归系数为正值，西部地区的 λ 回归系数为负值，但三者均未通过显著性水平检验，说明在三大地区空间尺度划分标准下，农业用水效率均不存在 β - 绝对收敛。

第四，在四大地区的空间尺度下，东部地区的 λ 回归系数为正值，但未通过显著性水平检验，说明东部地区的农业用水效率不存在 β - 绝对收敛。中部地区的 λ 回归系数为负值（ - 0.0411），且通过了10%的显著性水平检验，说明中部地区的农业用水效率呈现收敛趋势，且构成了俱乐部收敛。西部地区的 λ 回归系数为负值（ - 0.0049），但未通过显著性水平检验，说明西部地区各省的农业用水效率不存在 β - 绝对收敛。东北地区的 λ 回归系数为正值（0.0201），且通过了5%的显著性水平检验，说明东部地区各省的农业用水效率呈现发散的趋势。

第五，在八大地区的空间尺度下，只有东部地区农业用水效率的 λ 回归系数显著为正值（值为0.0201，且通过了5%的显著性水平检验），说明东部地区各省的农业用水效率呈现收敛的趋势。此外，北部沿海、南部沿海、西北地区和西南地区的 λ 回归系数为正值，但没有通过显著性水平检验，说明这些地区内部各省的农业用水效率不存在 β - 绝对收敛；东部地区、长江中游和黄河中游的 λ 回归系数尽管为负值，但是未通过显著性水平检验，表明这三个地区内部各省的农业用水效率也没有呈现收敛趋势。

2. β - 条件收敛检验结果：基于 Panel Data 固定效应回归

本书采用 Panle Data 固定效应回归方法对资源环境约束下农业用水效率的 β - 条件收敛进行了实证检验，并得到不同非期望产出下农业用水效率的回归结果。具体结论如下：

（1）以面源污染为非期望产出。

本书对以面源污染为非期望产出的农业用水效率的 β - 条件收敛进行了检验，表5 - 26 报告了相应结果。

表 5 - 26　　β - 条件收敛结果检验（以面源污染为非期望产出）

面板数据类型		常数项	λ	R^2	结论
全国分省		0.0038 ***	1.0646 ***	0.9740	发散
二	沿海地区	0.0082 ***	1.0672 ***	0.9755	发散
	内陆地区	0.0025 ***	1.0304 ***	0.9543	发散

面板数据类型		常数项	λ	R²	结论
三	东部地区	0.0082 ***	1.0672 ***	0.9755	发散
	中部地区	0.0027 ***	1.0317 ***	0.9646	发散
	西部地区	0.0023 ***	1.0299 ***	0.9500	发散
四	东部地区	0.0088 ***	1.0673 ***	0.9753	发散
	中部地区	0.0030 ***	1.0332 ***	0.9616	发散
	西部地区	0.0023 ***	1.0299 ***	0.9500	发散
	东北地区	0.0020 ***	1.0517 ***	0.9944	发散
八	北部沿海	0.0115 ***	1.0713 ***	0.9877	发散
	东部沿海	0.0119	1.0582 ***	0.9490	发散
	南部沿海	0.0020 ***	1.0795 ***	0.9961	发散
	长江中游	0.0010	1.0717 ***	0.9680	发散
	黄河中游	0.0036 **	1.0393 ***	0.9714	发散
	东部地区	0.0020 ***	1.0517 ***	0.9944	发散
	西北地区	0.0069 ***	0.4480 ***	0.3674	收敛
	西南地区	0.0023 **	1.0596 ***	0.9815	发散

注：***、**分别表示1%、5%的显著性水平。
资料来源：笔者测算并整理绘制。

表 5-26 的估计结果表明：

第一，从全国层面看，农业用水效率的 λ 回归系数大于 1，且通过了 1% 的显著性水平检验，表明资源环境约束下农业用水效率呈现出显著的发散趋势。

第二，在两大地区的空间尺度下，沿海地区和内陆地区的 λ 回归系数均大于 1，且通过了 1% 的显著性水平检验，表明沿海地区和内陆地区的农业用水效率呈显著发散趋势，即这两个地区内部各省的农业用水效率的差距将逐步扩大。

第三，在三大地区的空间尺度下，东部地区、中部地区和西部地区的 λ 回归系数均大于 1，且通过了 1% 的显著性水平检验，表明这三个地区的农业用水效率呈显著发散趋势。

第四，在四大地区的空间尺度下，东部地区、中部地区、西部地区

和东北地区的 λ 回归系数均大于 1，且通过了 1% 的显著性水平检验，表明这四个地区的农业用水效率呈显著发散趋势，换言之，随着时间的推移，这四个地区内部各省农业用水效率之间的差距将不断拉大。

第五，在八大地区的空间尺度下，西北地区的 λ 为 0.4480，回归系数均小于 1，且通过了 1% 的显著性水平检验，表明该地区的农业用水效率呈现显著收敛趋势，换言之，西北地区成为一个收敛俱乐部。北部沿海、南部沿海、长江中游、黄河中游、东部地区、西北地区和西南地区的 λ 回归系数均大于 1，且通过了 1% 的显著性水平检验，表明这七个地区的农业用水效率呈显著发散趋势，即这七个地区内部各省的农业用水效率的差距呈逐步扩大的趋势。

（2）以 COD 和 NH 为非期望产出。

本书对以 COD 和 NH 为非期望产出的农业用水效率的 β - 条件收敛进行了检验，表 5 - 27 报告了相应结果。

表 5 - 27　β - 条件收敛结果检验（以 COD 和 NH 为非期望产出）

面板数据类型		常数项	λ	R^2	结论
全国分省		0.0296 ***	0.8909 ***	0.8218	收敛
二	沿海地区	0.0592 ***	0.8950 ***	0.8267	收敛
	内陆地区	0.0163 ***	0.8354 ***	0.7539	收敛
三	东部地区	0.0592 ***	0.8950 ***	0.8267	收敛
	中部地区	0.0247 **	0.7261 ***	0.5437	收敛
	西部地区	0.0133 ***	0.8771 ***	0.8461	收敛
四	东部地区	0.0625 **	0.8950 ***	0.8206	收敛
	中部地区	0.0282 **	0.7189 ***	0.5342	收敛
	西部地区	0.0133 ***	0.8771 ***	0.8461	收敛
	东北地区	0.0133 **	0.9010 ***	0.9644	收敛
八	北部沿海	0.1530 ***	0.7337 ***	0.8642	收敛
	东部沿海	- 0.0110	1.1448 ***	0.8671	发散
	南部沿海	0.0122	0.9730 ***	0.9468	收敛
	长江中游	0.0141	0.8400 ***	0.6901	收敛
	黄河中游	0.0322	0.7570 ***	0.5973	收敛

面板数据类型		常数项	λ	R^2	结论
八	东部地区	0.0133 **	0.9010 ***	0.9644	收敛
	西北地区	0.0024	0.9927 ***	0.9394	收敛
	西南地区	0.0221 *	0.8615 ***	0.8287	收敛

注：*** 、** 、* 分别表示1%、5%和10%的显著性水平。
资料来源：笔者测算并整理绘制。

表5－27的估计结果表明：

第一，从全国层面看，农业用水效率的 λ 回归系数显著小于 1（0.8909），表明资源环境约束下全国农业用水效率呈现出显著的收敛趋势，换言之，资源环境约束下的省际农业用水效率存在 β－条件收敛。

第二，在两大地区的空间尺度下，沿海地区和内陆地区的 λ 回归系数小于 1，且通过了 1% 的显著性水平检验，说明沿海地区和内陆地区内部各省的农业用水效率之间差距将不断缩小，且两地区分别形成了一个收敛俱乐部。

第三，在三大地区的空间尺度下，东部地区、中部地区和西部地区的 λ 回归系数显著小于 1，表明这三个地区内部各省的农业用水效率呈收敛趋势，且形成了三个收敛俱乐部。另外，随着时间的推移，东部地区、中部地区和西部地区内部各省的农业用水效率之间的差距将不断缩小。

第四，在四大地区的空间尺度下，东部地区、中部地区、西部地区和东北地区的 λ 回归系数小于 1，且通过了 1% 的显著性水平检验，表明这四个地区的农业用水效率存在显著的 β－条件收敛。即随着时间的推移，东部地区、中部地区、西部地区和东北地区内部各省的农业用水效率之间的差距将不断缩小。

第五，在八大地区的空间尺度下，东部沿海地区的 λ 回归系数显著大于 1，表明东部沿海地区的农业用水效率呈发散趋势，换言之，随着时间的推移，东部沿海地区内部各省的农业用水效率之间的差距将不断扩大。北部沿海、南部沿海、长江中游、黄河中游、东部地区、西北地区和西南地区这七个地区的 λ 回归系数显著大于 1，表明这七个地区内部各省的农业用水效率呈收敛趋势，即存在显著的 β－条件收敛，并分别形成了俱乐部收敛。

5.6 中国农业用水效率地区差距的成因分析

5.6.1 关系数据分析范式

本书尝试构建一种新的分析范式即关系数据分析范式,利用关系数据计量建模技术和二次指派程序(quadratic assignment procedure,QAP)方法考察资源环境约束下中国农业用水效率地区差距的成因。

5.6.2 数据形式与计量建模

1. 数据形式

在研究地区农业用水效率差距的文献中,基尼系数、变异系数是常用的衡量指标(邓益斌和尹庆民,2015)[①],数值越大表明地区差距越大。上述指标虽然能够从总体上衡量农业用水效率的地区差距,但掩盖了两两地区之间农业用水效率的差距。在本质上,地区农业用水效率差距可以细化为两两地区之间的差距,体现了两两地区间农业用水效率水平的高低关系。为此,本书采用一种新的数据形式衡量农业用水效率的地区差距。假定有 n 个地区,每个地区的农业用水效率水平用 $y_i(i=1, 2, \cdots, n)$ 表示,其中 i 表示第 i 个地区,不同地区之间的农业用水效率差距可以表示成如下形式,如表 5-28 所示。同样地,将某个影响地区农业用水效率差距的因素表示为 $x_i(i=1, 2, \cdots, n)$,从而两两地区之间某个因素的地区差距可以表示成如下形式,如表 5-29 所示。

139

---

① 邓益斌、尹庆民:《中国水资源利用效率区域差距的时空特性和动力因素分析》,载于《水利经济》2015 年第 3 期,第 19~23 页。

表 5 - 28   地区农业用水效率差距的数据形式

地区	地区 1	地区 2	…	地区 n
地区 1	$y_1 - y_1$	$y_1 - y_2$	…	$y_1 - y_n$
地区 2	$y_2 - y_1$	$y_2 - y_2$	…	$y_2 - y_n$
…	…	…	⋱	…
地区 n	$y_n - y_1$	$y_n - y_2$	…	$y_n - y_n$

表 5 - 29   某个因素地区差距的数据形式

地区	地区 1	地区 2	…	地区 n
地区 1	$x_1 - x_1$	$x_1 - x_2$	…	$x_1 - x_n$
地区 2	$x_2 - x_1$	$x_2 - x_2$	…	$x_2 - x_n$
…	…	…	⋱	…
地区 n	$x_n - x_1$	$x_n - x_2$	…	$x_n - x_n$

2. 计量建模

基于上述数据形式得到某个影响因素的地区差距与两两地区农业用水效率差距后，本书进一步探究两者之间的关系。对上述关系的研究，传统的计量模型如式（5 - 12）：

$$Y = \alpha_0 + \alpha_1 X + \mu \qquad (5 - 12)$$

其中，Y 为被解释变量，即地区农业用水效率差距；X 为解释变量，代表某一影响因素在不同地区的差距；μ 为随机扰动项，表示那些对 Y 有影响而未被纳入模型的其他因素的综合影响。在传统模型中，Y 和 X 所代表的农业用水效率差距与某个影响因素的差距是总体上的，掩盖了两两地区之间的差距。而由前面分析可知，无论是地区农业用水效率差距，还是某个影响因素的差距，均可以表示为两两地区间的差距。因此，为了具体探究两两地区之间农业用水效率的差距，本书将上述计量模型修改成如下形式：

$$Y_{ij} = \alpha_0 + \alpha_1 X_{ij} + \mu_{ij}, \quad (i \neq j) \qquad (5 - 13)$$

其中，Y_{ij} 表示第 i 地区和第 j 地区的农业用水效率差距，X_{ij} 代表某个影响因素在第 i 地区和第 j 地区的差距。采用关系数据分析范式，将两两地区间农业用水效率差距和某个影响因素差距的绝对差距组建矩阵，结果如式（5-14）、式（5-15）所示。其中，Y_{ij}，X_{ij} 的矩阵元素 $y_{i,j}$、$x_{i,j}$ 分别按照 $y_{i,j} = y_i - y_j$、$x_{i,j} = x_i - x_j$ 方法构造，i，$j = 1$，2，…，n。由于是 31 个省份指标两两相减，因此，矩阵为方阵，当 $i = j$ 时，$y_{i,j} = x_{i,j} = 0$，即矩阵对角线元素均为 0。

$$
Y_{ij} = \begin{pmatrix} y_{1,1} & y_{1,2} & \cdots & y_{1,n} \\ y_{2,1} & y_{2,2} & \cdots & y_{2,n} \\ \vdots & \vdots & \ddots & \vdots \\ y_{n,1} & y_{n,2} & \cdots & y_{n,n} \end{pmatrix} = \begin{pmatrix} y_1 - y_1 & y_1 - y_2 & \cdots & y_1 - y_n \\ y_2 - y_1 & y_2 - y_2 & \cdots & y_2 - y_n \\ \vdots & \vdots & \ddots & \vdots \\ y_n - y_1 & y_n - y_2 & \cdots & y_n - y_n \end{pmatrix}
$$

$$
= \begin{pmatrix} 0 & y_1 - y_2 & \cdots & y_1 - y_n \\ y_2 - y_1 & 0 & \cdots & y_2 - y_n \\ \vdots & \vdots & \ddots & \vdots \\ y_n - y_1 & y_n - y_2 & \cdots & 0 \end{pmatrix} \quad (5-14)
$$

$$
X_{ij} = \begin{pmatrix} x_{1,1} & x_{1,2} & \cdots & x_{1,n} \\ x_{2,1} & x_{2,2} & \cdots & x_{2,n} \\ \vdots & \vdots & \ddots & \vdots \\ x_{n,1} & x_{n,2} & \cdots & x_{n,n} \end{pmatrix} = \begin{pmatrix} x_1 - x_1 & x_1 - x_2 & \cdots & x_1 - x_n \\ x_2 - x_1 & x_2 - x_2 & \cdots & x_2 - x_n \\ \vdots & \vdots & \ddots & \vdots \\ x_n - x_1 & x_n - x_2 & \cdots & x_n - x_n \end{pmatrix}
$$

$$
= \begin{pmatrix} 0 & x_1 - x_2 & \cdots & x_1 - x_n \\ x_2 - x_1 & 0 & \cdots & x_2 - x_n \\ \vdots & \vdots & \ddots & \vdots \\ x_n - x_1 & x_n - x_2 & \cdots & 0 \end{pmatrix} \quad (5-15)
$$

5.6.3　实证方法

基于模型式（5-13），本书采用关系数据分析范式探究农业用水效率地区差距的成因。在估计方法的选择上，根据休伯特等（Hubert et al.，1976）[①] 研究，作为自变量的这些关系数据之间存在高度的相关性，如果采用常规统计分析方法（如 OLS 等），则不可避免地存在"多

[①]　Hubert L, Schultz J. Quadratic Assignmentas A General Data Analysis Strategy [J]. British Journal of Mathematical and Statistical Psychology，1976，29（2）：190-241.

重共线性"问题，使估计结果出现偏误。同时，当变量是以矩阵表示的关系数据时，存在结构性自相关问题，无法满足常规统计检验方法中高斯—马尔科夫假定。常规解决变量非独立性和自相关问题方法是将其纳入计量经济学的分析框架（Lincoln，1984；Kraemer & Jacklin，1979）[①]，使用传统的计量分析方法（如 GLS 等）对自相关序列进行估计。然而，关系数据的自相关问题则较为复杂，根据克拉克哈特（Krackhardt，1988）[②]，在研究关系数据问题时，QAP 方法要优于 OLS 方法。具体来看，模型式（5 - 12）中，根据高斯—马尔科夫基本假定，$VAR(\mu) = E(\mu\mu') = \sigma^2\Omega_n$。若 $\Omega_n = I_n$（Ω_n 是 n 阶矩阵，I_n 是 n 阶单位阵），则模型中的误差项是独立同分布的，那么常规的做法是运用 OLS 方法进行回归分析。当 $\Omega_n \neq I_n$ 时，存在自相关时，误差项的自相关矩阵公式为：

$$\Omega_n = \sigma^2 \begin{array}{c} \mu_1 \\ \mu_2 \\ \vdots \\ \mu_n \end{array} \begin{pmatrix} \mu_1 & \mu_2 & \cdots & \mu_n \\ 1 & \rho_{1,2} & \cdots & \rho_{1,n} \\ \rho_{2,1} & 1 & \cdots & \rho_{2,n} \\ \vdots & \vdots & \ddots & \vdots \\ \rho_{n,1} & \rho_{n,2} & \cdots & 1 \end{pmatrix} \qquad (5-16)$$

式（5 - 16）中，ρ_{ij} 为自相关系数。由于本书研究的是关系数据，根据模型式（5 - 16），$VAR(\mu_{ij}) = E(\mu_{ij}\mu_{kl}) = \sigma^2\Omega_{ij,kl}$，随机误差项的自相关矩阵调整公式为：

$$\Omega_{ij,kl} = \sigma^2 \begin{array}{c} \mu_{12} \\ \mu_{13} \\ \vdots \\ \mu_{n(n-1)} \end{array} \begin{pmatrix} \mu_{12} & \mu_{13} & \cdots & \mu_{n(n-1)} \\ 1 & \rho_{12,13} & \cdots & \rho_{12,n(n-1)} \\ \rho_{13,12} & 1 & \cdots & \rho_{13,n(n-1)} \\ \vdots & \vdots & \ddots & \vdots \\ \rho_{n(n-1),12} & \rho_{n(n-1),13} & \cdots & 1 \end{pmatrix} \qquad (5-17)$$

---

① Lincoln J R. Analyzing Relations In Dyads [J]. Sociological Methods & Research，1984，13 (1)：45 - 76；Kraemer H C，Jacklin C N. Statistical Analysis of Dyadic Social Behavior. [J]. Psychological Bulletin，1979，86（86）：217 - 224.

② Krackhardt D. Predicting WithNetworks：Nonparametric Multiple Regression Analysis of Dyadic Data [J]. Social Networks，1988，10（4）：359 - 381.

$$其中：\quad \rho_{ij,kl} = \begin{cases} 1，若 i = k 且 j = l （对角线） \\ \rho_{i,jl}，若 i = k 且 j \neq l （行自相关系数） \\ \rho_{j,il}，若 i \neq k 且 j = l （列自相关系数） \\ 0，其他 \end{cases}$$

可以发现，由于关系数据矩阵存在行和列自相关系数，导致变量之间的非独立，对这种形式的的数据使用错误的估计方法会使回归结果产生严重偏误（Engle，1974）[1]。因此，本书转向 QAP 方法对关系数据之间的关系进行假设检验。QAP 方法以对矩阵的置换为基础，通过对两个方阵格值的相似性比较，给出两个方阵的相关系数，然后对相关系数进行非参数检验。QAP 方法不需要自变量之间相互独立的假设条件，检验结果更加稳健（Barnett，2011；李敬等，2014；刘华军等，2015a、2015b）[2]。

QAP 分析方法包括相关分析和回归分析。QAP 相关分析研究的是两两矩阵间的相关关系，主要通过如下两步完成（Everett，2002）[3]：首先，将每个"关系"数据所构成的 n 阶方阵转换为 n(n－1) 维列向量，然后比计算这两个长向量之间的相关系数。其次，只对某个矩阵的行列同时进行随机置换，计算置换后的矩阵与另一个矩阵之间的相关系数，重复此步骤多次，将得到一个相关系数的分布。最后，计算出显著性以及相关系数大于或者等于实际系数的概率。QAP 回归分析研究的是多个矩阵和一个矩阵之间的回归关系，并且对拟合优度 R^2 的显著性进行判定。其系数的估计和检验方法与 QAP 相关分析基本相同，同样是在计算转换为长向量的自变量和因变量矩的回归系数与拟合优度 R^2 的基础上，采用重排法对因变量矩阵的各行和各列同时随机置换，再进行回归

---

[1]　Engle R F. Specification of the Disturbance for Efficient Estimation ［J］. Econometrica, 1974, 42（1）：135 – 146.

[2]　Barnett G A. Encyclopedia of Social Networks ［M］. Sage, 2011；李敬、陈澍、万广华等：《中国区域经济增长的空间关联及其解释——基于网络分析方法》，载于《经济研究》2014 年第 11 期，第 4～16 页；刘华军、刘传明、杨骞：《环境污染的空间溢出及其来源——基于网络分析视角的实证研究》，载于《经济学家》2015 年第 10 期，第 28～35 页；刘华军、张耀、孙亚男：《中国区域发展的空间网络结构及其影响因素——基于 2000～2013 年省际地区发展与民生指数》，载于《经济评论》2015 年第 5 期，第 59～69 页。

[3]　Everett M. Social Network Analysis ［J］. Textbook at Essex Summer School in SSDA, 2002, 102.

检验，保存所有回归系数与拟合优度 R^2，重复多次以估计统计量的标准误。

5.6.4 变量选择

基于以农业面源污染为非期望产出的农业用水效率，我们以农业用水效率的地区差距作为被解释变量，选择农业经济发展水平（El1）、水资源禀赋（WE1）、节水农业发展水平（SW1）、政府影响力（GI1）、环境规制 COD［ER（cod1）］、环境规制 TN［ER（tn）］、环境规制 TP（ER（tp））的地区差距作为解释变量①，并用各地区对应分类指标的绝对差距构造差距矩阵，以揭示上述因素对农业用水效率对地区差距的影响。其中，所有矩阵均采用极差标准化的方法以消除不同量纲的影响。

基于以 COD 和 NH 为非期望产出的农业用水效率，我们以农业用水效率的地区差距作为被解释变量，选择农业经济发展水平（El2）、水资源禀赋（WE2）、节水农业发展水平（SW2）、政府影响力（GI2）、环境规制 COD［ER（cod2）］、环境规制 NH［ER（nh）］的地区差距作为解释变量②，并用各地区对应分类指标的绝对差距构造差距矩阵，以揭示上述因素对农业用水效率对地区差距的影响。同样的，所有矩阵也均采用极差标准化的方法以消除不同量纲的影响。

5.6.5 QAP 相关分析

QAP 相关分析通过重复抽样的方式对方阵的每一个格值进行两两间的相似性比较，进而计算出矩阵间的相关性系数并对其进行检验（Everett，2002）③。基于以面源污染为非期望产出的中国农业用水效率和以 COD、NH 为非期望产出的中国农业用水效率，选择 5000 次随机抽样的 QAP 相关性检验结果见表 5-30 和表 5-31。表 5-30 和表 5-31 中相关系数描述的是自变量（农业发展水平、水资源禀赋和政府影响力等指

---

① 同第 6 章面源污染部分变量选取，第 6 章将对各变量进行具体解析。
② 同第 6 章 COD 和 NH 部分变量选取，第 6 章将对各变量进行具体解析。
③ Everett M. Social Network Analysis［J］. Textbook at Essex Summer School in SSDA，2002，102.

标）与因变量（农业用水效率）的关系矩阵间实际观测到的最终相关系数，体现了两者的相关关系，相关系数数值越大反映了对应变量对农业用水效率地区差距的影响越大。相关系数均值是根据 5000 次随机抽样算出的相关系数的平均值。最大值与最小值分别为 5000 次抽样中相关系数出现的最大值与最小值。P≥0、P≤0 分别代表 5000 次随机抽样中观察到的相关系数大于等于、小于等于最终相关系数的概率。

表 5-30　农业用水效率地区差距及其影响因素的 QAP 相关分析

（以农业面源污染为非期望产出）

变量	相关系数	显著性水平	相关系数均值	标注差	最小值	最大值	P≥0	P≤0
El1	0.484	0.002	−0.003	0.183	−0.538	0.507	0.002	0.999
WE1	−0.349	0.017	0.001	0.181	−0.496	0.747	0.983	0.017
SW1	0.625	0.004	0.001	0.184	−0.376	0.793	0.004	0.996
GI1	−0.388	0.000	0.002	0.182	−0.367	0.804	1.000	0.000
ER（cod1）	−0.092	0.321	0.002	0.183	−0.466	0.841	0.679	0.321
ER（tn）	0.068	0.297	−0.002	0.182	−0.554	0.693	0.297	0.703
ER（tp）	0.011	0.387	−0.000	0.181	−0.425	0.834	0.387	0.614

资料来源：笔者测算并整理绘制。

表 5-31　影响因素的 QAP 相关分析（以农业面源污染为非期望产出）

变量	El1	WE1	SW1	GI1	ER（cod）	ER（tn）	ER（tp）
El1	1.000***	0.164	0.464***	−0.226	−0.451***	0.243	−0.289*
WE1	0.164	1.000***	0.039	0.364	0.189	0.178	0.193
SW1	0.464***	0.039	1.000***	−0.200*	−0.059	0.098	0.029
GI1	−0.226	0.364	−0.200*	1.000***	0.049**	0.302*	0.335*
ER（cod1）	−0.451***	0.189	−0.059	0.049**	1.000***	0.756***	0.920***
ER（tn）	−0.243	0.178	0.098	0.302*	0.756***	1.000***	0.779***
ER（tp）	−0.289*	0.193	0.029	0.335*	0.920***	0.779***	1.000***

注：***、**、* 分别表示 1%、5% 和 10% 的显著性水平。

资料来源：笔者测算并整理绘制。

1. 以农业面源污染为非期望产出

对以面源污染为非期望产出的农业用水效率进行 QAP 相关分析，结果如表 5 - 30 所示。结果表明，农业经济发展水平、节水农业发展水平与农业用水效率地区差距的相关系数都大于零，且均通过了 1% 的显著性水平检验，这说明农业经济发展水平和节水农业发展水平与中国农业用水效率地区差距存在正向相关关系。其中，节水农业发展水平的相关系数为 0.625，明显高于其他变量，说明节水农业发展水平与农业用水效率地区差距的正向相关性较大。水资源禀赋和政府影响力的相关系数小于零，前者通过了 5% 的显著性水平检验，后者通过了 1% 的显著性水平检验，这说明水资源禀赋和政府影响力与农业用水效率的地区差距存在负向相关关系。其中，政府影响力的相关系数（-0.388）小于水资源禀赋的相关系数（-0.349），说明政府影响力与农业用水效率地区差距的负向相关关系较强。环境规制的相关系数未通过显著性检验，说明环境规制与农业用水效率的地区差距之间不存在显著的相关关系。

表 5 - 31 报告了各变量间的相关分析结果。结果显示，这七个变量之间存在高度的相关性。各变量间的相关系数较大，且大多通过了 10% 的显著性水平检验。表明各变量对农业用水效率差距的影响可能存在重叠性，这也是关系数据的特点，因此本书运用 QAP 方法，避免关系数据存在的"多重共线性"问题。

2. 以 COD 和 NH 为非期望产出

对以 COD 和 NH 为非期望产出的农业用水效率进行 QAP 相关分析，结果如表 5 - 32 所示。结果表明，农业经济发展水平、节水农业发展水平、环境规制与农业用水效率地区差距的相关系数都大于零，且均通过了 1% 的显著性水平检验，说明这三个指标与农业用水效率的地区差距有显著正向相关关系。其中，以 NH 排放量与实际农业增加值比值的对数表征环境规制的相关系数（0.660）大于其他指标，表明环境规制与农业用水效率的地区差距存在较强的正向相关关系。另外，水资源禀赋的相关系数为 - 0.462，且通过了 1% 的显著性水平检验，表明水资源禀赋与农业用水效率地区差距存在负向相关关系。政府影响力的相关系

数为 -0.807，且通过了 1% 的显著性水平检验，表明政府影响力与农业用水效率地区差距存在显著的负向相关关系。

表 5-32 　　　　农业用水效率地区差距及其影响因素的 QAP 相关分析
（以 COD 和 NH 为非期望产出）

变量	相关系数	显著性水平	相关系数均值	标注差	最小值	最大值	P≥0	P≤0
El2	0.450	0.003	-0.001	0.181	-0.585	0.513	0.003	0.997
WE2	-0.462	0.001	-0.002	0.184	-0.517	0.679	0.999	0.001
SW2	0.639	0.002	0.002	0.183	-0.382	0.732	0.002	0.998
GI2	-0.807	0.000	0.002	0.181	-0.710	0.509	1.000	0.000
ER（cod2）	0.389	0.014	0.002	0.182	-0.603	0.567	0.014	0.986
ER（nh）	0.660	0.000	-0.001	0.183	-0.681	0.577	0.000	1.000

资料来源：笔者测算并整理绘制。

表 5-33 报告了变量之间的相关分析结果。结果显示，这六个变量之间也存在高度的相关性。各变量之间的相关系数较大，且大多都通过了 10% 的显著性水平检验。表明各变量对农业用水效率差距的影响可能存在重叠性，而运用 QAP 分析方法，可避免关系数据存在的"多重共线性"等问题。

表 5-33 　　　影响因素的 QAP 相关分析（以 COD 和 NH 为非期望产出）

变量	El2	WE2	SW2	GI2	ER（cod）	ER（tnh）
El2	1.000 ***	0.132	0.467 ***	-0.461 ***	0.614 ***	0.531 ***
WE2	0.132	1.000 ***	-0.024	0.520 ***	-0.052	-0.412 **
SW2	0.467 ***	-0.024	1.000 ***	-0.292 *	0.441 ***	0.286 *
GI2	-0.461 ***	0.520 ***	-0.292 *	1.000 ***	-0.284 *	-0.753 ***
ER（cod2）	0.614 ***	-0.052	0.441 ***	-0.284 *	1.000 ***	0.510 ***
ER（nh）	0.531 ***	-0.412 **	0.286 *	-0.753 ***	0.510 ***	1.000 ***

注：***、**、* 分别表示 1%、5% 和 10% 的显著性水平。
资料来源：笔者测算并整理绘制。

5.6.6 QAP 回归分析

QAP 回归分析用于研究特定因变量矩阵与多个自变量矩阵间的回归关系,其运算过程有以下两步:首先,对自变量矩阵及因变量矩阵的对应元素(长向量)进行一般的多元回归分析;其次,同时随机置换因变量矩阵的各行、列,置换完成后对新矩阵再次进行回归,记录所有系数数值及判定系数 R^2 的数值。重复上述步骤数百次,以估计统计量的标准误,再进行类似 QAP 相关性分析的系数估计及检验。表 5-34 和表 5-35 报告了相应回归分析结果。其中概率 1 表示随机置换时产生的回归系数大于等于最终得到的回归系数的概率,概率 2 表示随机置换时产生的回归系数小于等于最终得到的回归系数的概率。

表 5-34　　QAP 回归分析结果 (以农业面源污染为非期望产出)

变量	非标准化回归系数	标准化回归系数	显著性概率	概率 1	概率 2
El1	0.100	0.488	0.004	0.004	0.996
WE1	-0.085	-0.432	0.002	0.998	0.002
SW1	0.249	0.386	0.010	0.010	0.991
GI1	-0.359	-0.210	0.055	0.946	0.055
ER (cod1)	0.025	0.115	0.257	0.257	0.743
ER (tn)	-0.007	-0.034	0.402	0.599	0.402
ER (tp)	-0.030	-0.153	0.316	0.685	0.316

资料来源:笔者测算并整理绘制。

表 5-35　　农业用水效率地区差距的 QAP 回归结果
(以 COD 和 NH 为非期望产出)

变量	非标准化回归系数	标准化回归系数	显著性概率	概率 1	概率 2
El2	-0.035	-0.081	0.266	0.734	0.266
WE2	-0.037	-0.102	0.169	0.831	0.169
SW2	0.505	0.471	0.000	0.000	1.000
GI2	-4.560	-0.601	0.001	0.999	0.001

变量	非标准化回归系数	标准化回归系数	显著性概率	概率1	概率2
ER（cod2）	0.008	0.024	0.409	0.409	0.591
ER（tnh）	0.029	0.061	0.321	0.321	0.679

资料来源：笔者测算并整理绘制。

1. 以面源污染为非期望产出

表 5-34 报告了以面源污染为非期望产出的农业用水效率 QAP 回归分析结果。经过 5000 次随机置换计算出调整后的 R^2 为 0.677，且通过了 1% 的显著性水平检验，说明这七个自变量矩阵可以解释中国农业用水效率地区差距成因的 67.7%。根据 QAP 回归结果，可以发现，农业经济发展水平、节水农业发展水平的回归系数通过了 1% 的显著性水平检验，表明不同地区间农业经济发展水平和节水农业发展水平的差异是影响农业用水效率地区差距的重要因素，缩小它们的地区差距可以有效缩小用水效率的地区差距。政府影响力的回归系数通过 10% 的显著性水平检验，说明政府影响力对中国农业用水效率的地区差距有一定的作用。其他变量的回归系数未通过显著性检验，说明它们对中国农业用水效率地区差距的作用并不大。

2. 以 COD 和 NH 为非期望产出

表 5-35 报告了以 COD 和 NH 为非期望产出的农业用水效率 QAP 回归分析结果。经过 5000 次随机置换计算出调整后的 R^2 为 0.846，并通过了 1% 的显著性水平检验，说明这六个自变量矩阵可以解释中国农业用水效率地区差距成因的 84.6%。节水农业发展水平的回归系数通过了 1% 的显著性水平检验，说明表明不同地区间节水农业发展水平的差异是影响农业用水效率地区差距的一个重要因素，缩小它们的地区差距可以有效缩小用水效率的地区差距。其他变量的回归系数未通过显著性检验，表明它们对农业用水效率地区差距的作用并不大。

5.7 本 章 小 结

本章按照多样的地域单元划分标准，综合运用多种研究方法，包括泰尔指数方法、Kernel 密度估计方法、Markov 链分析方法、σ - 收敛检验方法、β - 收敛检验方法和二次指派程序（QAP）等，对资源环境约束下中国农业用水效率的地区差距及其成因进行全面考察，具体研究结论如下：

（1）基于泰尔指数及其分解方法的实证研究表明：第一，以农业面源污染为非期望产出和以 COD、NH 为非期望产出的农业用水效率的各自整体地区差距表现出相似的演变态势，其地区差距在考察期内均呈现逐渐上升后又下降的趋势。第二，从地区差距的来源来看，以农业面源污染为非期望产出和以 COD、NH 为非期望产出的农业用水效率的地区差距来源一致，尽管地区内差距和地区间差距的贡献率在样本考察期内呈波动上升的趋势，但是整体上，在两大地区、三大地区和四大地区的地域尺度划分下，地区内差距要高于地区间差距对总体地区差距的贡献率；而在八大地区的空间尺度划分下，地区间差距的贡献率均高于地区内差距的贡献率。

（2）基于 Kernel 密度估计方法的实证研究表明，在两种非期望产出下测度的农业用水效率，两者在考察期内效率均有所提升，但整体均呈现地区差距不断扩大的趋势，说明省际农业用水效率之间的差距在新的阶段有扩大趋势。

（3）基于 Markov 链分析方法的实证研究表明，两种非期望产出下测度的农业用水效率的效率变化一致，即不同农业用水效率的状态的组间流动性较低，各省在总体农业用水效率水平分布中相对位置比较稳定，整体来看，农业用水效率处于高水平的省份仍保持高水平，且农业用水效率处于低水平的省份保持低水平的概率较大。通过采用空间 Markov 链分析方法，研究发现空间因素在中国农业用水效率的演变过程中发挥了重要作用，低水平地区农业用水效率的动态演变受周围邻居空间溢出效应的影响较大，而高水平地区的农业用水效率具有较强的稳定性，即与高水平"邻居"为邻，能够提高农业用水效率向更高水平转移的概率，而低水平的空间滞后类型抑制了向更高水平的转移。

（4）基于收敛检验方法对资源环境约束下农业用水效率的 σ - 收敛和 β - 收敛的实证研究表明：第一，从 σ - 收敛的结果来分析收敛情况。两种非期望产出下的农业用水效率在全国层面上均不存在 σ - 收敛。一是对以农业面源污染为非期望产出的农业用水效率而言，在两大地区的空间尺度下，内陆地区呈现显著的收敛趋势，而沿海地区没有呈现显著的收敛或发散趋势。在三大地区的空间尺度下，西部地区呈现显著的收敛趋势，东部地区和中部地区未呈现显著的收敛或发散趋势。在四大地区的空间尺度下，东北地区呈现显著的发散趋势，中部地区呈现俱乐部收敛趋势，西部地区呈现显著的俱乐部收敛趋势，东部地区未呈现显著的收敛或发散趋势。在八大地区的空间尺度下，北部沿海和东部地区呈现显著的发散趋势，南部沿海地区呈现一定的发散趋势，黄河中游地区呈现显著的俱乐部收敛趋势，东部沿海、长江中游、西北地区和西南地区未呈现显著的收敛或发散趋势。二是对以 COD 和 NH 为非期望产出的农业用水效率而言，在两大地区的空间尺度下，沿海地区和内陆地区未呈现显著的收敛或发散趋势。在三大地区的空间尺度下，东部地区、中部地区和西部地区未呈现显著的收敛或发散趋势。在四大地区的空间尺度下，东部地区、中部地区、西部地区和西北地区均未呈现显著的收敛或发散趋势。在八大地区的空间尺度下，东部地区、西北地区和西南地区均呈现一定的发散趋势，北部沿海、东部沿海、南部沿海、长江中游和黄河中游均未呈现显著的收敛或发散趋势。第二，从 β - 绝对收敛检验结果分析收敛情况。一是对以农业面源污染为非期望产出的农业用水效率而言，在全国层面上存在 β - 绝对收敛。在两大区域的空间尺度下，沿海地区呈现一定的发散趋势，而内陆地区形成一个收敛俱乐部。在三大地区的空间尺度下，东部地区不存在 β - 绝对收敛，中部地区不存在 β - 绝对收敛，西部地区形成了一个收敛俱乐部。在四大地区的空间尺度下，东部地区呈现一定的发散趋势，中部地区不存在 β - 绝对收敛，西部地区形成了一个俱乐部收敛，东北地区不存在 β - 绝对收敛。在八大地区的空间尺度下，八大地区均不存在 β - 绝对收敛。二是对以 COD 和 NH 为非期望产出的农业用水效率而言，其在全国层面上不存在 β - 绝对收敛。在两大的空间尺度下，这两个地区的农业用水效率均不存在 β - 绝对收敛。在三大地区的空间尺度下，这三个地区的

151

农业用水效率均不存在 β - 绝对收敛。在四大地区的空间尺度下，东部地区不存在 β - 绝对收敛，中部地区构成了俱乐部收敛，西部地区不存在 β - 绝对收敛，东北地区呈现发散趋势。在八大地区的空间尺度下，只有东部地区各省的农业用水效率呈现 β - 绝对收敛，其他地区没有呈现收敛趋势。第三，从 β - 条件收敛检验结果分析收敛情况。一是对以农业面源污染为非期望产出的农业用水效率而言，其在全国层面上不存在 β - 条件收敛。在两大地区的空间尺度下，沿海地区和内陆地区不存在 β - 条件收敛。在三大地区的空间尺度下，东部地区、中部地区和西部地区呈显著发散趋势。在四大地区的空间尺度下，东部地区、中部地区、西部地区和东北地区均不存在 β - 条件收敛。在八大地区的空间尺度下，西北地区形成收敛俱乐部，其他地区均不存在 β - 条件收敛。二是对以 COD 和 NH 为非期望产出的农业用水效率而言，其在全国层面上存在 β - 条件收敛。在两大地区的空间尺度下，沿海地区和内陆地区两地区分别形成了一个收敛俱乐部。在三大地区的空间尺度下，东部地区、中部地区和西部地区形成了三个收敛俱乐部。在四大地区的空间尺度下，东部地区、中部地区、西部地区和东北地区存在显著的 β - 条件收敛。在八大地区的空间尺度下，东部沿海地区呈发散趋势，北部沿海、南部沿海、长江中游、黄河中游、东部地区、西北地区和西南地区这七个地区形成了俱乐部收敛。

（5）基于 QAP 方法对资源环境约束下农业用水效率的地区差距成因进行实证研究表明：第一，从 QAP 的相关分析结果来研究农业用水效率地区差距的成因。一是对以面源污染为非期望产出的农业用水效率而言，农业经济发展水平和节水农业发展水平与农业用水效率地区差距存在正向相关关系。水资源禀赋和政府影响力与农业用水效率的地区差距存在负向相关关系。另外，环境规制与农业用水效率的地区差距不存在显著相关关系。二是对以 COD 和 NH 为非期望产出的农业用水效率而言，农业经济发展水平、节水农业发展水平、环境规制与农业用水效率的地区差距有存在正向相关关系。另外，政府影响力和水资源禀赋与农业用水效率地区差距存在显著的负向相关关系。第二，从 QAP 的回归分析结果来研究农业用水效率地区差距的成因。一是对以面源污染为非期望产出的农业用水效率而言，根据 QAP 回归结果，七个自变量矩阵可以解释中国农业用水地区差距成因的 67.7%。农业经济发展水平、节水农业发展水平的回归系数通过了 1% 的显著性水平检验，表明不同地区间农业经济发展水平和节水农业发展水平的差异是影响农业用水效率地区差距的重要因素，缩小它们的地区差距可以有效缩小用水效率的地区差距。政府影响力的回归系数通过 10% 的显著性水平检验，说明政府影响力对中国农业用水效率的地区差距有一定的作用。其他变量的回归系数未通过显著性检验，说明它们对中国农业用水效率地区差距的作用并不大。二是对以 COD 和 NH 为非期望产出的农业用水效率而言，根据 QAP 回归结果，六个自变量矩阵可以解释中国农业用水地区差距成因的 84.6%。节水农业发展水平的回归系数通过了 1% 的显著性水平检验，说明表明不同地区间节水农业发展水平的差异是影响农业用水效率地区差距的一个重要因素，缩小它们的地区差距可以有效缩小用水效率的地区差距。其他变量的回归系数未通过显著性检验，表明它们对农业用水效率地区差距的作用并不大。

第6章 中国农业用水效率影响因素的实证研究

本章以邻接空间权重、地理距离权重和经济空间权重以及两种非对称权重表征空间关联模式，采用空间计量建模及估计技术，构建多样化的空间面板数据计量模型，揭示资源环境约束下中国农业用水效率的影响因素。在此基础上，充分考虑面源污染和 COD、NH 约束下农业用水效率影响因素的空间溢出效应，采用勒萨热和佩斯（LeSage & Pace，2009）[①] 提出的空间回归模型偏微分方法（spational regression model partial derivatives），对资源环境约束下中国农业用水效率影响因素的空间溢出效应进行实证研究，从而为提升中国农业用水效率提供实证支持。本章具体结构安排如下：一是空间权重矩阵的构建；二是影响因素的选择及理论假说；三是中国农业用水效率的探索性空间数据分析；四是模型、方法与数据；五是实证分析；六是本章小结。

6.1 空间权重矩阵的构建

在空间统计和空间计量经济学中，通常用空间权重矩阵（spatial weight matrix）来表征空间单元之间的相互依赖与关联程度。空间权重矩阵的设置对于空间计量分析至关重要（Anselin et al. ，2008）[②]，不同的空间关联模式可能对空间相关性的检验结果产生重要影响。出于稳健性考虑，本书分别采用对称空间权重矩阵和非对称空间权重矩阵两种矩

---

① Lesage J P, Pace R K. Introduction to Spatial Econometrics [M]. CRC Press, 2009.

② Anselin L, Le Gallo J, Jayet H. Spatial Panel Econometrics [M]. The Econometrics of Panel Data. Springer Berlin Heidelberg, 2008.

阵形式以更加全面准确地表征资源环境约束下中国农业用水效率的空间关联模式。

6.1.1　对称空间权重矩阵的构建

以往研究大多采用对称空间权重矩阵表征空间相关关系。例如，赵良仕等（2014）[①] 通过建立基于经济距离函数的权重矩阵来探讨水资源利用效率的空间自相关关系。孙才志等（2014）[②] 采用邻接空间权重检验用水效率的空间相关性。盖美等（2016）[③] 采用基于地理距离标准的空间权重矩阵检验了辽宁省水资源利用效率存在的空间相关性。这类文献大都基于对称的空间权重矩阵对空间相关性进行检验。下面我们对三种对称空间权重矩阵进行详细介绍。

1. 邻接空间权重矩阵（W_1）

所谓邻接空间权重矩阵，指的是如果两个空间单元之间相邻，则认为二者存在空间相关；反之，不相邻则不相关。二进制的空间邻接权重矩阵（用 W_1）的矩阵元素满足式（6-1），其中，i、j 分别代表 i 单元和 j 单元。邻接空间权重矩阵完全是基于地理位置上的是否相邻来设计空间单元之间的空间相关性，换言之，只要不同空间单元相邻，则认为它们之间具有相同的影响程度（即都为 1）。邻接空间权重矩阵不仅设置方式简单，而且计算也相对简便，因此在空间计量的研究文献中使用最为广泛。附录表 25 报告了中国 31 个省份的标准化邻接空间权重矩阵。

$$w_{ij} = \begin{cases} 1, & \text{空间单元 i 和 j 相邻} \\ 0, & \text{空间单元 i 和 j 不相邻}, i=j \end{cases} \quad (6-1)$$

① 赵良仕、孙才志、郑德凤：《中国省际水资源利用效率与空间溢出效应测度》，载于《地理学报》2014 年第 1 期，第 121~133 页。
② 孙才志、赵良仕、邹玮：《中国省际水资源全局环境技术效率测度及其空间效应研究》，载于《自然资源学报》2014 年第 4 期，第 553~563 页。
③ 盖美、吴慧歌、曲本亮：《新一轮东北振兴背景下的辽宁省水资源利用效率及其空间关联格局研究》，载于《资源科学》2016 年第 7 期，第 1336~1349 页。

2. 地理距离空间权重矩阵（W_2）

邻接空间权重矩阵的设置尽管简单，但多数情况下并不符合客观事实（李婧等，2010）[①]。为了弥补邻接空间权重矩阵的缺陷，我们通过地理距离标准构造了地理距离空间权重矩阵。按照地理距离构造空间权重矩阵符合地理学第一定律（Tobler，1970）[②]，即任何事物与其他周围事物之间均存在联系，而距离较近的事物总比距离较远的事物联系更为紧密。我们利用地理距离平方的倒数来构造地理距离空间权重矩阵。地理距离空间权重矩阵（W_2）可以表示为式（6-2），其中，i、j 分别代表 i 单元和 j 单元，d 为两省的省会城市之间的球面距离[③]。本书附录表 26 报告了中国 31 个省份的标准化地理距离权重矩阵。

$$w_{ij} = \begin{cases} 1/d^2, & i \neq j \\ 0, & i = j \end{cases} \qquad (6-2)$$

3. 经济空间权重矩阵（W_3）

为了考察各地区经济发展之间相互影响即"经济距离"对资源环境约束下农业用水效率的影响，我们借鉴林光平等（2005）[④] 的方法，建立经济空间权重矩阵（W_3），$W_3 = W_2 \times E$。其中，i、j 分别代表 i 单元和 j 单元，E 是描述地区间差异性的一个矩阵，y_{it} 为第 t 年第 i 个省的实际地区农业增加值，具体计算如式（6-3）、式（6-4）所示。附录表 27 报告了中国 31 个省份的标准化的对称经济空间权重矩阵。

---

① 例如，李婧等（2010）认为，用空间邻接标准衡量的区域的地理位置，与北京邻接的只有天津、河北两省市，但我们不能认为北京只与天津和河北地区发生联系而与其他省区均没有联系，也不能认为北京在地理区位上与之相近的山东省之间的相互影响和北京与新疆、西藏等相对较远的省份之间的相互影响是等同的（而在邻接权重矩阵中北京、山东和北京、新疆之间的权重都为0）。详细参见：李婧、谭清美、白俊红：《中国区域创新生产的空间计量分析——基于静态与动态空间面板模型的实证研究》，载于《管理世界》2010年第7期，第43~55、65页。

② Tobler W R. A Computer Movie Simulating Urban Growth in the Detroit Region [J]. Economic Geography, 1970, 46 (sup1): 234-240.

③ Yu Y. CHINA_SPATDWM: Stata Module to Provide Spatial Distance Matrices for Chinese Provinces and Cities [J]. Statistical Software Components, 2009.

④ 林光平、龙志和、吴梅：《我国地区经济收敛的空间计量实证分析：1978~2002年》，载于《经济学（季刊）》2005年第S1期，第67~82页。

$$E_{ij} = \frac{1}{|\bar{y}_i - \bar{y}_j|}, \quad E_{ij} = 0 \qquad (6-3)$$

其中，
$$\bar{y}_i = \frac{1}{t_1 - t_0 + 1} \sum_{t=t_0}^{t_1} y_{it} \qquad (6-4)$$

此外，需要强调的是，在实际测算过程中，对于三种类型的空间权重矩阵，都需要将其进行行标准化（row-standardize），即使权重矩阵中每行的和为1。

6.1.2 非对称空间权重矩阵的构建

已有研究大都基于对称的空间权重矩阵对空间相关性进行检验。然而，区域之间的空间关联关系并非对称的，采用非对称空间权重可能更加符合真实世界的情形。为此，出于稳健性的考虑，本书在构建三种对称空间权重矩阵之外，分别借鉴李婧等（2010）[①] 和臧正等（2017）[②] 的权重构建思路，基于实际农业增加值数据构建非对称空间权重矩阵[③]，进一步体现农业经济发展水平、地理距离对农业用水效率的影响，以表征资源环境约束下中国农业用水效率的空间关联，从而更加全面客观地揭示中国农业用水效率的空间影响因素。

1. 非对称空间权重矩阵 I （W₄）

许多学者通过建立经济距离空间权重矩阵来对不同地区农业经济水平的空间相关性进行描述，然而，这种矩阵形式存在明显不足，该矩阵中各元素所表征的两个空间单元之间的相互影响强度是相同的（$w_{ij} = w_{ji}$），而现实情况是农业经济发展水平较高的地区对农业经济发展水平较低地区产生更强的空间影响与辐射作用。为此，我们借鉴李婧等（2010）的做法建立非对称的经济空间权重矩阵，具体测算如式（6-5）至式（6-7）所示。附录表28至表29报告了中国31个省

157

[①] 李婧、谭清美、白俊红：《中国区域创新生产的空间计量分析——基于静态与动态空间面板模型的实证研究》，载于《管理世界》2010年第7期，第43~55、65页。

[②] 臧正、邹欣庆、宋翘楚：《空间权重对分析地理要素时空关联格局的影响——基于中国大陆省域水资源消耗强度的实证》，载于《地理研究》2017年第5期，第872~886页。

[③] 由于臧正等（2017）中基于GDP－距离倒数构建的非对称权重矩阵公式将GDP位置写反，本书在借鉴臧正等（2017）的基础上将此处进行更正。

份的标准化经济空间权重矩阵（W_4）。

$$w_4 = w_d \mathrm{diag}(\overline{Y}_1/\overline{Y}, \ \overline{Y}_2/\overline{Y}, \ \cdots, \ \overline{Y}_n/\overline{Y}) \qquad (6-5)$$

$$\overline{Y}_i = 1/(t_1 - t_0 + 1) \sum_{t_0}^{t_1} Y_{it} \qquad (6-6)$$

$$\overline{Y} = \frac{1}{n(t_1 - t_0 + 1)} \sum_{i=1}^{n} \sum_{t_0}^{t_1} Y_{it} \qquad (6-7)$$

其中，w_d 为地理距离空间权重矩阵，$\overline{Y}_i$ 为样本考察期内分省实际农业增加值平均值，$\overline{Y}$ 为样本考察期内全部省份实际农业增加值的平均值，t 为不同时期。通过上述矩阵可以发现，当一个地区的实际农业增加值占总量比重较大（即 $\overline{Y}_i/\overline{Y} > \overline{Y}_j/\overline{Y}$ 时），其对周边地区的影响也越大（即 $w_{ij} > w_{ji}$）。

2. 非对称空间权重矩阵 II （W_5）

上述邻接空间权重、地理距离空间权重、经济空间权重均具有对称性，但事实上，这种对称的空间权重并不能完全体现不同评价单元内地理要素间的相互影响，因此应将评价单元之间的空间权重设置为非对称性权重以体现地理要素的空间异质性。为进一步体现经济发展水平、地理空间距离对农业用水效率的影响，我们借鉴臧正等（2017）[①] 的思路，引入基于实际农业增加值 - 地理距离倒数的组合空间权重方案，具体测算如式（6-8）所示，其中，i、j 分别代表 i 单元和 j 单元。附录表 30 和表 31 报告了中国 31 个省份的标准化经济空间权重矩阵（W_5）。

$$w_{ij} = \begin{cases} \left(\dfrac{AGDP_j}{AGDP_i}\right)^{1/2} \times \dfrac{1}{d_{ij}} & (i \neq j) \\ 0 & (i = j) \end{cases} \qquad (6-8)$$

[①] 臧正、邹欣庆、宋翘楚：《空间权重对分析地理要素时空关联格局的影响——基于中国大陆省域水资源消耗强度的实证》，载于《地理研究》2017 年第 5 期，第 872～886 页。

6.2 影响因素的选择及理论假说

根据现有文献（李静和马潇璨，2014[①]；赵良仕等，2014[②]；孙才志等，2014[③]；杨骞和刘华军，2015a[④]；鲍超等，2016[⑤]），本书重点选择农业经济发展水平、水资源禀赋、节水农业发展水平、政府影响力和环境规制等资源环境约束下农业用水效率的影响因素，并简要梳理各种因素对农业用水效率的影响机理。

6.2.1 农业经济发展与用水效率

在已有研究中，杨骞和刘华军（2015a）在以农业废水中的 COD 和 NH 排放为非期望产出测算中国农业用水效率的基础上，为考察农业经济发展水平对农业用水效率的影响，将农村人均纯收入作为农业经济发展水平的代理变量，并将其平方项引入回归模型以检验 EKC 假说的存在性。通过实证分析发现，农业经济发展水平与农业用水效率存在 U 形关系，即验证了"环境库兹涅茨曲线"（environmental kuznets curve，EKC）假说成立。李静和马潇璨（2014）[⑥]在研究工业用水效率的影响因素时也得出了与之相同的结论。鲍超等（2016）基于空间计量模型对河南省的农业用水效率影响因素进行分析，得出人均 GDP 这一因素的直接效应与间接效应均为负，且间接效应大于直接效应。而赵良仕等

[①⑥] 李静、马潇璨：《资源与环境双重约束下的工业用水效率——基于 SBM – Undesirable 和 Meta-frontier 模型的实证研究》，载于《自然资源学报》2014 年第 6 期，第 920～933 页。

[②] 赵良仕、孙才志、郑德凤：《中国省际水资源利用效率与空间溢出效应测度》，载于《地理学报》2014 年第 1 期，第 121～133 页。

[③] 孙才志、赵良仕、邹玮：《中国省际水资源全局环境技术效率测度及其空间效应研究》，载于《自然资源学报》2014 年第 4 期，第 553～563 页。

[④] 杨骞、刘华军：《污染排放约束下中国农业水资源效率的区域差异与影响因素》，载于《数量经济技术经济研究》2015 年第 1 期，第 114～128 页。

[⑤] 鲍超、陈小杰、梁广林：《基于空间计量模型的河南省用水效率影响因素分析》，载于《自然资源学报》2016 年第 7 期，第 1138～1148 页。

(2014)[1] 则与上述研究得出相反的结论，通过对用水效率的影响因素进行实证分析发现，劳均 GDP 对用水效率有显著的正向影响。

农业经济发展水平是反映农业用水效率的一个重要指标，农业经济发展水平一方面表现为农业经济规模的扩大，另一方面表现为农业经济发展质量的提高（农业技术进步及农业产业结构优化）。鉴于本书探讨的是中国农业用水效率情况，因此我们将人均地区实际农业增加值作为农业经济发展水平的代理变量。同时，为了验证 EKC 假说是否成立，我们还考虑了农业经济发展水平的平方项。若农业经济发展水平的系数为负，其平方项的系数为正，则表明资源环境约束下农业用水效率与农业经济发展水平之间存在 U 形关系，即 EKC 假说成立。一般来讲，人均地区实际农业增加值越高，农业基础设施建设越好，节水设施的投入越多，从而提高农业用水效率；另外，随着人均地区实际农业增加值的提高，农民缴纳税费的积极性相对提高，这在一定程度上有利于形成良性的水价调节机制，从而有助于农业用水效率的提高。

6.2.2 水资源禀赋与用水效率

在已有研究中，杨骞和刘华军（2015a）[2] 将人均供水量作为水资源丰裕程度的代理变量，通过实证检验发现其回归系数显著为负，即一个地区的水资源越是丰裕则该地区的农业用水效率越低。鲍超等（2016）[3] 通过实证分析发现，水资源禀赋对用水效率有显著的负向影响，但其空间溢出效应并不明显。赵良仕等（2014）[4] 在以人均供水量作为考察用水效率影响因素的研究中发现，人均用水量与用水效率之间存在显著的负向影响，因此应相应地减少人均用水量以提高用水效率。

---

①④ 赵良仕、孙才志、郑德凤：《中国省际水资源利用效率与空间溢出效应测度》，载于《地理学报》2014 年第 1 期，第 121~133 页。

② 杨骞、刘华军：《污染排放约束下中国农业水资源效率的区域差异与影响因素》，载于《数量经济技术经济研究》2015 年第 1 期，第 114~128 页。

③ 鲍超、陈小杰、梁广林：《基于空间计量模型的河南省用水效率影响因素分析》，载于《自然资源学报》2016 年第 7 期，第 1138~1148 页。

除此之外，孙才志等（2014）[①] 与赵良仕等（2014）得出了相同的结论。综合上述研究结论发现，水资源禀赋与用水效率之间呈负向影响关系，本书将进一步检验这一结论的准确性。

水资源禀赋是衡量一个地区水资源丰裕程度的重要指标，一般认为，水资源禀赋对农业用水效率存在显著的逆向影响，"资源诅咒"假说不仅体现在区域经济发展方面，也同样体现在农业用水方面，水资源越丰裕的地区可能对水资源过度依赖，存在水资源浪费更加严重的现象。此外，多数研究采用人均水资源拥有量作为水资源禀赋的代理变量，但很多水资源在现有条件下是无法供应的，因此即使水资源拥有量很大，也不能说明可用水资源供给越多农业用水效率越高。若水资源禀赋的回归系数显著为负，则表明一个地区的水资源越是丰富，农业用水效率越低；若水资源禀赋的回归系数显著为正，则表明水资源越是丰富的地区农业用水效率越高。

6.2.3　节水农业发展与用水效率

从已有研究来看，杨骞和刘华军（2015a）[②] 通过实证检验发现，节水农业的发展与农业用水效率存在显著的负向影响。对此结论的解释为，目前中国农业节水灌溉技术相对落后，没有最大限度地节约用水。而赵姜等（2017）[③] 则指出虽然政府积极推进节水农业的发展，但农业用水方式粗放、管理混乱、效率低下等问题没有得到根本性扭转，水资源短缺与浪费并存进一步加剧了区域农业用水的严峻形势。通过进一步研究则发现节水灌溉面积与用水效率之间存在正相关关系但并不显著，这反映出节水灌溉面积在一定程度上可以提高用水效率，但效果并不明显。综合上述文献，可以发现，以往研究在节水农业发展水平对用水效率的影响方面并无一致结论。

本书选择节水灌溉面积占农作物总播种面积的比重作为节水农业发

---

① 孙才志、赵良仕、邹玮：《中国省际水资源全局环境技术效率测度及其空间效应研究》，载于《自然资源学报》2014年第4期，第553~563页。

② 杨骞、刘华军：《污染排放约束下中国农业水资源效率的区域差异与影响因素》，载于《数量经济技术经济研究》2015年第1期，第114~128页。

③ 赵姜、孟鹤、龚晶：《京津冀地区农业全要素用水效率及影响因素分析》，载于《中国农业大学学报》2017年第3期，第76~84页。

展水平的代理变量。一般认为，节水灌溉面积越大，越有助于降低农业灌溉用水量，因此也就避免了水资源浪费严重的问题，从而有助于农业用水效率的提高。在本书中，若节水农业发展水平的回归系数显著为正，则表明节水农业的发展显著地促进了农业用水效率的提高；若节水农业发展水平的回归系数显著为负，则表明节水农业的发展对农业用水效率的提高有明显的负向影响。

6.2.4 政府影响力与用水效率

从已有研究来看，马海良等（2017）[1] 政府的影响力在不同地区对水资源效率会产生不同的作用。在全国和东部地区，政府在农林水务方面支出越多，水资源效率越低；在西部地区，政府可以通过"有形的手"显著提高用水效率。在东部地区，用水效率的提高更多是由于市场因素的作用。而在西部地区，由于农业用水较多，政府通过农业基础水利设施建设，引导农民实施微灌等节水灌溉方式，可以大幅度提高水资源利用效率。多数研究均忽略了对政府影响力这一影响因素的考察，本书将对其进行进一步的实证考察与分析。

一般来讲，水利基础设施建设需要大量的资金投入，政府财政用于农林水务支出的比重越高，反映出农田水利建设越好，就越有助于节水农业的发展，因此就会有助于农业用水效率的提高。本书借鉴马海良等（2017）[2]，将政府影响力作为农业用水效率的一个重要影响因素，具体采用农林水务支出与一般预算支出的比值作为政府影响力的代理变量，若政府影响力的回归系数为正，则表明政府用于农林水事务的财政支出越多农业用水效率越高；反之，则越低。

6.2.5 环境规制与用水效率

环境规制是指由于环境污染具有外部不经济性，政府通过制定相应

① 马海良、黄德春、张继国：《考虑非合意产出的水资源利用效率及影响因素研究》，载于《中国人口·资源与环境》2012 年第 10 期，第 35～42 页。
② 马海良、丁元卿、王蕾：《绿色水资源利用效率的测度和收敛性分析》，载于《自然资源学报》2017 年第 3 期，第 406～417 页。

政策与措施对厂商等的经济活动进行调节，以达到保持环境和经济发展相协调的目标。从已有研究来看，杨骞和刘华军（2015a）① 通过实证检验发现，环境规制对于资源环境约束下农业用水效率的提高具有一定的促进作用，但这一结果在统计上并不显著，这说明环境规制的效果并没有达到良好的减排效果，进而使得农业用水效率低下。除此之外，在农业用水效率的影响因素考察方面，实证分析环境规制与农业用水效率关系的研究仍较少。因此，本书将进一步探讨环境规制这一因素对农业用水效率的影响。

一般来讲，污染排放强度越高，表明环境规制能力越低，农业用水效率越低，反之则越高。究其原因在于，环境规制强度越低，由农业生产等造成的水污染问题越严重，加之农业生产过程中存在普遍的水资源浪费现象，因而导致农业用水效率低下。本书使用农业废水中污染物的排放强度作为环境规制的逆指标，同样采用两种思路：第一，在以农业面源污染为非期望产出的农业用水效率影响因素研究中，用 COD 排放强度、TN 排放强度作为环境规制的代理变量；第二，在以 COD、NH 为非期望产出的农业用水效率影响因素研究中，采用农业废水中 COD 的排放强度和 NH 的排放强度作为环境规制的代理变量。

163

6.3 中国农业用水效率的探索性空间数据分析

6.3.1 中国农业用水效率的全局空间相关性检验

1. 全局空间相关性检验方法：Moran's I 指数

为了明确资源环境约束下中国农业用水效率的空间相关性及其相关

① 杨骞、刘华军：《污染排放约束下中国农业水资源效率的区域差异与影响因素》，载于《数量经济技术经济研究》2015 年第 1 期，第 114 ~ 128 页。

程度，本书采用探索性空间数据分析方法中的 Moran's I 指数（Moran，1950[①]；Anselin，1988[②]）对其进行实证检验。Moran's I 指数的定义如式（6-9）所示：

$$Moran's\ I = \frac{n \sum\limits_{i=1}^{n} \sum\limits_{j=1}^{n} w_{ij}(x_i - \bar{x})(x_j - \bar{x})}{\sum\limits_{i=1}^{n} \sum\limits_{j=1}^{n} w_{ij} \sum\limits_{i=1}^{n} (x_i - \bar{x})^2}$$

$$= \frac{\sum\limits_{i=1}^{n} \sum\limits_{j=1}^{n} w_{ij}(x_i - \bar{x})(x_i - \bar{x})}{S^2 \sum\limits_{i=1}^{n} \sum\limits_{j=1}^{n} w_{ij}} \qquad (6-9)$$

其中，$S^2 = \frac{1}{n} \sum\limits_{i=1}^{n} (x_i - \bar{x})^2$，$\bar{x} = \frac{1}{n} \sum\limits_{i=1}^{n} x_i$，n 为空间单元的总数，$w_{ij}$ 为空间权重矩阵要素，x_i 表示第 i 空间单元的观测值（的自然对数）。Moran's I 指数的取值范围为 [-1, 1]，大于 0 表示所考察的经济变量空间正相关；小于 0 时表示空间负相关；若等于 0 则表示经济变量之间在空间属性上呈独立分布。Moran's I 指数绝对值表征了空间相关程度的大小，绝对值越大表明空间相关程度越大，反之则越小。安赛琳（Anselin，1988）证明，全局 Moran's I 指数服从正态分布，均值为 $E(I) = -1/(n-1)$，方差如式（6-10）；标准化的全局 Moran's I 指数统计量服从标准正态分布，即满足式（6-11）：

$$var(I) = \frac{N^2 \sum\limits_{ij} w_{ij}^2 + 3(\sum\limits_{ij} w_{ij})^2 - N \sum\limits_{i}(\sum\limits_{j} w_{ij})^2}{(N^2 - 1)(\sum\limits_{ij} w_{ij})^2} \qquad (6-10)$$

$$Z(I) = \frac{I - E(I)}{\sqrt{var(I)}} \sim N(0, 1) \qquad (6-11)$$

2. 全局空间相关性检验结果：基于对称空间权重矩阵

采用上述方法（Lesage & Pace，2009[③]；Anselin，1988），本书分

---

① Moran P A P. Notes on Continuous Stochastic Phenomena [J]. Biometrika, 1950, 37 (1/2): 17-23.

② Anselin L. Spatial Econometrics: Methods and Models [M]. Kluwer Academic Publishers, 1988.

③ Lesage J P, Pace R K. Introduction to Spatial Econometrics [M]. CRC Press, 2009.

别基于邻接空间权重（W_1）、地理距离权重（W_2）和经济空间权重（W_3），采用 Moran's I 指数对资源环境约束下中国农业用水效率的全局空间相关性进行实证检验。

表 6 - 1、表 6 - 2 分别报告了在以农业面源污染和以 COD、NH 为非期望产出的 Moran's I 指数检验结果。根据表 6 - 1 的检验结果可以发现，在邻接空间权重下，1998～2015 年中国农业用水效率的 Moran's I 指数均为正且通过了显著性水平检验。其中，1998～2002 年及 2007 年通过了 5% 的显著性水平检验，2003～2006 年及 2008～2015 年均通过了 1% 的显著性水平检验。在地理距离权重下，中国农业用水效率的 Moran's I 指数均为正。其中，除 1998 年和 2000～2002 年外，其余年份的 Moran's I 指数均通过了显著性水平检验。在经济空间权重下，与邻接和地理距离权重相同，中国农业用水效率的 Moran's I 指数亦均为正。

表 6 - 1　　　　Moran's I 指数（以农业面源污染为非期望产出）

年份	邻接空间权重（W_1）			地理距离权重（W_2）			经济空间权重（W_3）		
	I	z	p	I	z	p	I	z	p
1998	0.169	1.796	0.036	0.029	0.904	0.183	0.039	0.594	0.276
1999	0.181	2.164	0.015	0.045	1.292	0.098	0.075	1.012	0.156
2000	0.168	2.086	0.018	0.041	1.250	0.106	0.067	0.968	0.167
2001	0.163	2.106	0.018	0.040	1.283	0.100	0.076	1.087	0.138
2002	0.137	1.928	0.027	0.024	1.054	0.146	0.060	0.977	0.164
2003	0.236	2.608	0.005	0.078	1.760	0.039	0.110	1.285	0.099
2004	0.249	2.666	0.004	0.089	1.891	0.029	0.112	1.276	0.101
2005	0.234	2.561	0.005	0.082	1.810	0.035	0.100	1.183	0.118
2006	0.237	2.570	0.005	0.078	1.737	0.041	0.100	1.177	0.120
2007	0.207	2.335	0.010	0.062	1.508	0.066	0.081	1.031	0.151
2008	0.235	2.557	0.005	0.079	1.750	0.040	0.102	1.201	0.115
2009	0.249	2.665	0.004	0.085	1.824	0.034	0.114	1.293	0.098
2010	0.291	3.013	0.001	0.105	2.104	0.018	0.146	1.544	0.061
2011	0.299	3.112	0.001	0.113	2.245	0.012	0.156	1.641	0.050

续表

年份	邻接空间权重（W₁）			地理距离权重（W₂）			经济空间权重（W₃）		
	I	z	p	I	z	p	I	z	p
2012	0.324	3.369	0.000	0.124	2.435	0.007	0.171	1.787	0.037
2013	0.304	3.192	0.001	0.114	2.283	0.011	0.159	1.686	0.046
2014	0.278	2.949	0.002	0.095	1.987	0.023	0.139	1.512	0.065
2015	0.294	3.080	0.001	0.107	2.161	0.015	0.149	1.597	0.055

资料来源：笔者测算并整理绘制。

表 6 – 2　　　　　Moran's I 指数 （以 COD、NH 为非期望产出）

年份	邻接空间权重（W₁）			地理距离权重（W₂）			经济空间权重（W₃）		
	I	z	p	I	z	p	I	z	p
2011	0.299	3.112	0.001	0.113	2.245	0.012	0.163	2.182	0.015
2012	0.324	3.369	0.000	0.124	2.435	0.007	0.181	2.402	0.008
2013	0.304	3.192	0.001	0.114	2.283	0.011	0.169	2.274	0.011
2014	0.298	3.116	0.001	0.106	2.144	0.016	0.156	2.123	0.017
2015	0.294	3.080	0.001	0.107	2.161	0.015	0.158	2.141	0.016

资料来源：笔者测算并整理绘制。

以农业面源污染为非期望产出的中国农业用水效率的 Moran's I 指数如图 6 – 1 所示。根据图 6 – 1 可以发现，样本考察期内（1998～2015年）邻接空间权重下的 Moran's I 指数始终高于地理距离权重和经济空间权重下的 Moran's I 指数，而地理距离权重下的 Moran's I 指数又始终高于经济空间权重下的 Moran's I 指数，这一结果很好地验证了托布勒（Tobler，1970）[①] 所提出"距离越近，关联程度就越强；距离越远，关联程度就越弱"的区域空间规律。

---

① Tobler W R. A Computer Movie Simulating Urban Growth in the Detroit Region ［C］. Clark University，1970：234 – 240.

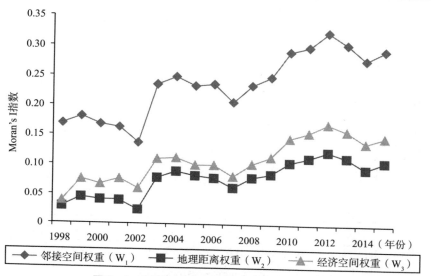

图6-1 基于对称空间权重的 Moran's I 指数
（以农业面源污染为非期望产出）

资料来源：笔者绘制。

　　根据表6-2的检验结果可以发现，在邻接空间权重下，1998～2015年中国农业用水效率的 Moran's I 指数均为正（围绕0.30呈上下小幅波动）且通过了1%的显著性水平检验。在地理距离权重下，中国农业用水效率的 Moran's I 指数均为正（0.10至0.13之间）。其中，2012年的 Moran's I 指数均通过了1%的显著性水平检验，2011年和2013～2015年的 Moran's I 指数均通过了5%的显著性水平检验。在经济空间权重下，中国农业用水效率的 Moran's I 指数亦均为正。其中，2012年的 Moran's I 指数通过了1%显著性水平检验，2011年和2013～2015年的 Moran's I 指数均通过了5%的显著性水平检验。以 COD、NH 为非期望产出、中国农业用水效率的 Moran's I 指数如图6-2所示。总体来看，三种权重下的农业用水效率的 Moran's I 指数均保持在0.10～0.35的水平，2013年较2012年出现小幅下降，但并不明显，2013～2015年变化较平稳。根据图6-2还可以发现，样本考察期内（2011～2015年）邻接空间权重下的 Moran's I 指数始终高于地理距离权重和经济空间权重下的 Moran's I 指数，而地理距离权重下的 Moran's I 指数始终高于经济空间权重下的 Moran's I 指数。

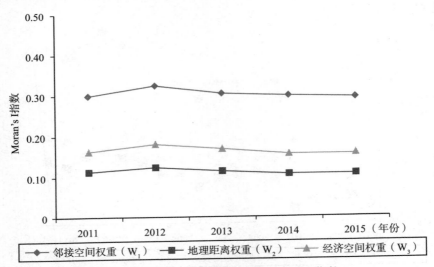

图 6 - 2 　基于对称空间权重的 Moran's I 指数
（以 COD、NH 为非期望产出）

资料来源：笔者绘制。

3. 全局空间相关性检验结果：基于非对称空间权重矩阵

表 6 - 3 和表 6 - 4 分别报告了以农业面源污染为非期望产出和以
COD、NH 为非期望产出的 Moran's I 指数。基于非对称经济空间权重
W_4 的 Moran's I 指数也均为正，除 1998 年、2000 ~ 2002 年没有通过显
著性水平检验外，其余年份均通过了显著性水平检验。根据表 6 - 3 可
以发现，基于非对称经济空间权重 W_5 的 Moran's I 指数均为正，且
2003 ~ 2015 年通过了显著性水平检验。

表 6 - 3　　　　Moran's I 指数 （以农业面源污染为非期望产出）

年份	非对称权重（W_4）			非对称权重（W_5）		
	I	z	p	I	z	p
1998	0.029	0.904	0.183	0.030	0.915	0.180
1999	0.045	1.292	0.098	0.037	1.150	0.125
2000	0.041	1.250	0.106	0.030	1.066	0.143

年份	非对称权重（W₄）			非对称权重（W₅）		
	I	z	p	I	z	p
2001	0.040	1.283	0.100	0.028	1.061	0.144
2002	0.024	1.054	0.146	0.009	0.778	0.218
2003	0.078	1.760	0.039	0.073	1.676	0.047
2004	0.089	1.891	0.029	0.086	1.835	0.033
2005	0.082	1.810	0.035	0.079	1.743	0.041
2006	0.078	1.737	0.041	0.076	1.691	0.045
2007	0.062	1.508	0.066	0.056	1.412	0.079
2008	0.079	1.750	0.040	0.075	1.688	0.046
2009	0.085	1.824	0.034	0.082	1.782	0.037
2010	0.105	2.104	0.018	0.106	2.113	0.017
2011	0.113	2.245	0.012	0.115	2.256	0.012
2012	0.124	2.435	0.007	0.129	2.495	0.006
2013	0.114	2.283	0.011	0.117	2.312	0.010
2014	0.095	1.987	0.023	0.095	1.970	0.024
2015	0.107	2.161	0.015	0.108	2.165	0.015

资料来源：笔者测算并整理绘制。

表 6 - 4　　**Moran's I 指数（以 COD、NH 为非期望产出）**

年份	非对称权重（W₄）			非对称权重（W₅）		
	I	z	p	I	z	p
2011	0.113	2.245	0.012	0.116	2.264	0.012
2012	0.124	2.435	0.007	0.129	2.491	0.006
2013	0.114	2.283	0.011	0.117	2.312	0.010

年份	非对称权重（W₄）			非对称权重（W₅）		
	I	z	p	I	z	p
2014	0.106	2.144	0.016	0.108	2.168	0.015
2015	0.107	2.161	0.015	0.109	2.172	0.015

资料来源：笔者测算并整理绘制。

　　从表6－4来看，以 COD、NH 为非期望产出的 Moran's I 指数在非对称经济空间权重 W₄ 和 W₅ 下均为正，且均通过了显著性水平检验。图6－3刻画了基于两种非对称权重的 Moran's I 指数的变化趋势，从图6－3来看，1998～2015 年中国农业用水效率的 Moran's I 指数呈现波动上升的态势，除了在 2002 年、2007 年和 2014 年出现一定的下降态势外，整体来看呈现逐渐上升的态势。图6－4刻画了 2011～2015 年基于两种非对称经济空间权重的 Moran's I 指数的变化趋势，从图6－4来看，两种非对称经济空间权重下的 Moran's I 指数在 2011～2012 年出现一定的上升态势，2012～2015 年呈下降态势。

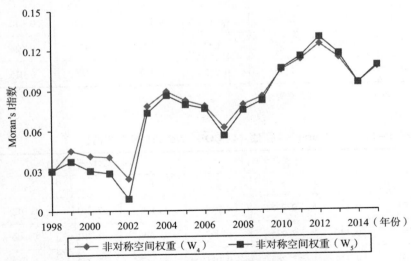

图6－3　基于非对称空间权重的 Moran's I 指数
（以农业面源污染为非期望产出）

资料来源：笔者绘制。

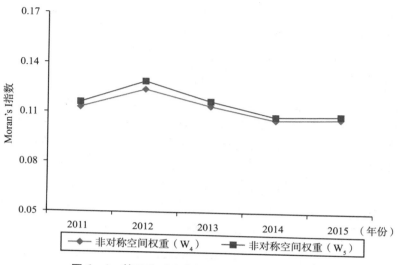

图 6-4　基于非对称空间权重的 Moran's I 指数

（以 COD、NH 为非期望产出）

资料来源：笔者绘制。

6.3.2　中国农业用水效率的局域空间相关性检验

1. 局域空间相关性检验方法：Moran 散点图

Moran's I 指数揭示出资源环境约束下中国农业用水效率的全局空间相关性，而通过 Moran 散点图可以直观地刻画局域空间相关性。Moran 散点图以（z，Wz）为坐标点（其中 $z_i = x_i - \bar{x}$ 为空间滞后因子，W 为空间权重矩阵），是对空间滞后因子（z，Wz）数据对的二维可视化图示，其中 Wz 表示单元观测值的空间滞后项。Moran 散点图的四个象限分别对应于空间单元与邻近单元的四种局部空间联系形式：第一象限为高－高集聚类型（HH），表示高观测值被同是高观测值的单元所包围的空间联系形式；类似地，第二象限为低－高集聚类型（LH），表示低观测值单元被高观测值单元所包围；第三象限为低－低集聚类型（LL），表示低观测值单元被低观测值单元所包围；第四象限为高－低集聚类型（HL），表示高观测值单元被低观测值单元所包围。由此，Moran 散点图可以识别出空间单元所属局部空间的集聚类型。

2. 局域空间相关性检验结果：基于对称空间权重矩阵

图 6-5、图 6-6、图 6-7 分别描述了邻接空间权重（W_1）、地理距离权重（W_2）和经济空间权重（W_3）下以农业面源污染为非期望产出的中国农业用水效率的 Moran 散点图（限于篇幅，仅报告了 2015 年的结果）。可以发现，大多数省份分布在第一、第三象限，其中第三象限的省份最多。在邻接空间权重下，位于第一象限的有 4 个省份，位于第三象限的有 21 个省份；在地理距离权重下，位于第一象限的有 4 个省份，位于第三象限的有 19 个省份；在经济空间权重下，位于第一象限的有 2 个，位于第三象限的有 17 个省份。Moran 散点图表明了中国农业用水效率存在显著的局域空间集聚特征。

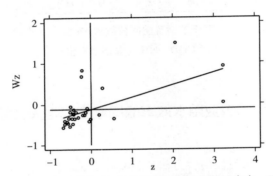

图 6-5 Moran 散点图（以面源污染为非期望产出；W_1）

资料来源：笔者绘制。

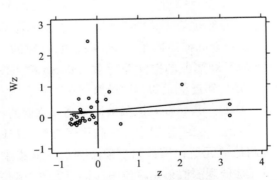

图 6-6 Moran 散点图（以面源污染为非期望产出；W_2）

资料来源：笔者绘制。

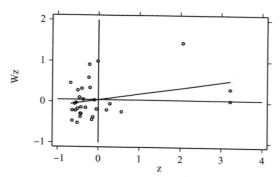

图 6 - 7 Moran 散点图（以面源污染为非期望产出；W_3）
资料来源：笔者绘制。

图 6 - 8、图 6 - 9、图 6 - 10 分别描述了邻接空间权重（W_1）、地理距离权重（W_2）和经济空间权重（W_3）下以 COD、NH 为非期望产出的中国农业用水效率的 Moran 散点图（限于篇幅，仅报告了 2015 年的结果）。可以发现，大多数省份分布在第一、第三象限，其中第三象限的省份最多。在邻接空间权重下，位于第一象限的有 4 个省份，位于第三象限的有 21 个省份；在地理距离权重下，位于第一象限的有 4 个省份，位于第三象限的有 20 个省份；在经济空间权重下，位于第一象限的有 4 个，位于第三象限的有 19 个省份。Moran 散点图表明了中国农业用水效率存在显著的局域空间集聚特征。

173

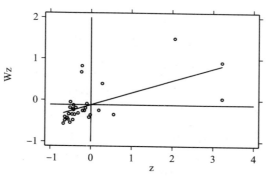

图 6 - 8 Moran 散点图（以 COD、NH 为非期望产出；W_1）
资料来源：笔者绘制。

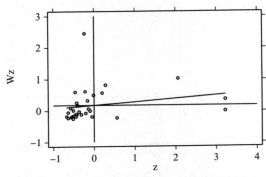

图 6 - 9　Moran 散点图（以 COD、NH 为非期望产出；W₂）

资料来源：笔者绘制。

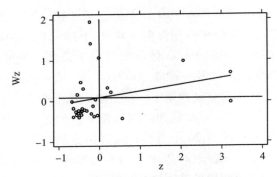

图 6 - 10　Moran 散点图（以 COD、NH 为非期望产出；W₃）

资料来源：笔者绘制。

3. 局域空间相关性检验结果：基于非对称空间权重矩阵

图 6 - 11、图 6 - 12 分别描述了两种非对称空间权重下以农业面源污染为非期望产出的中国农业用水效率的 Moran 散点图（限于篇幅，仅报告了 2015 年的结果）。可以发现，大多数省份分布在第一、第三象限，其中第三象限的省份最多。在非对称空间权重 W_4 下，位于第一象限的有 4 个省份，位于第三象限的有 21 个省份；在非对称空间权重 W_5 下，位于第一象限的有 4 个省份，位于第三象限的有 19 个省份。Moran 散点图表明了中国农业用水效率存在显著的局域空间集聚特征。

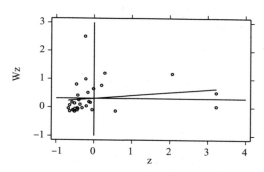

图 6 – 11　Moran 散点图（以面源污染为非期望产出；W_4）

资料来源：笔者绘制。

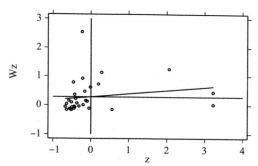

图 6 – 12　Moran 散点图（以面源污染为非期望产出；W_5）

资料来源：笔者绘制。

　　图 6 – 13、图 6 – 14 分别描述了两种非对称空间权重下以 COD、NH 为非期望产出的中国农业用水效率的 Moran 散点图（限于篇幅，仅报告了 2015 年的结果）。可以发现，大多数省份分布在第一、第三象限，其中第三象限的省份最多。在非对称空间权重 W_4 下，位于第一象限的有 4 个省份，位于第三象限的有 19 个省份；在非对称空间权重 W_5 下，位于第一象限的有 4 个省份，位于第三象限的同样也是19 个省份。Moran 散点图表明了中国农业用水效率存在显著的局域空间集聚特征。

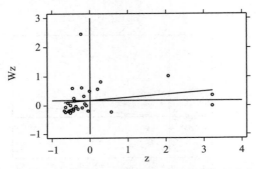

图 6 – 13　Moran 散点图（以 COD、NH 为非期望产出；W_4）

资料来源：笔者绘制。

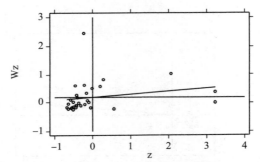

图 6 – 14　Moran 散点图（以 COD、NH 为非期望产出；W_5）

资料来源：笔者绘制。

6.4　模型、方法与数据

6.4.1　计量模型设定

空间计量模型一般包括空间滞后模型（spatial lag model，SLM）、空间误差模型（spatial error model，SEM）和空间 Durbin 模型（spatial durbin model，SDM）三种。空间 Durbin 模型能够同时考虑被解释变量和解释变量的空间相关性，有助于防止因遗漏变量而产生偏误，因此在进行计量模型选择时，通常先考虑空间 Durbin 模型（Lesage & Pace，

2009）。在采用 Durbin 模型时需要通过 Wald 检验判断空间 Durbin 模型能否转换为空间滞后模型和空间误差模型。若检验结果显著拒绝原假设，则表明空间 Durbin 模型优于空间滞后模型和空间误差模型。

鉴于动态空间面板模型能够从时间维度、空间维度和时空双维度三个层面全面反映农业用水效率增长的时间滞后效应及空间滞后效应，在一定程度上解决了变量遗漏和内生性问题。因此，本书在勒萨热和佩斯（LeSage & Pace，2009）[1] 的基础上构建如下空间动态面板 Durbin 模型：

$$Y_t = \theta Y_{t-1} + \rho W Y_t + \alpha W Y_{t-1} + \beta X_t + \gamma W X_t + \mu_t \qquad (6-12)$$

式（6-12）中，被解释变量 Y_t 为分省农业用水效率，Y_{t-1} 为被解释变量的时间滞后项，X_t 为解释变量，为 $N \times K$ 矩阵。μ_t 为模型误差项，W 为空间权重矩阵，θ、ρ、α 分别为被解释变量的时间滞后项系数、被解释变量的空间滞后项系数和被解释变量的时空滞后项系数，β、γ 分别为解释变量的系数和解释变量的时间滞后项系数。若 $\theta = 0$，则为静态空间面板 Durbin 模型，若 $\gamma = 0$，则为动态空间面板滞后模型。

6.4.2　空间效应分解：空间回归模型偏微分方法

为了对空间 Durbin 模型的回归系数进行合理解释，本书借鉴勒萨热和佩斯（LeSage & Pace，2009）的空间回归模型偏微分方法（spatial regression model partial derivatives）将效应进行分解[2]。将式（6-12）改写为式（6-13）：

$$Y_t = (1 - \rho W)^{-1}(\theta I + \alpha W) Y_{t-1} + (1 - \rho W)^{-1}(\beta X_t + \gamma W X_t)$$
$$+ (1 - \rho W)^{-1}\mu_t \qquad (6-13)$$

根据式（6-13）可以将效应分解为直接效应和间接效应，两者相加则为总效应（total effect），由此，直接效应可以理解为解释变量对被解释变量的区域内溢出（intra-spillover），而间接效应可以理解为解释变量对被解释变量的区域间溢出（inter-spillover）。由于本书采用

---

[1] Lesage J P, Pace R K. Introduction to Spatial Econometrics [M]. CRC Press, 2009.

[2] 根据勒萨热和佩斯（Lesage & Pace，2009），如果被解释变量的空间之后向系数 $\rho \neq 0$，那么 θ、ρ、α、β、γ 不能直接用于衡量解释变量对被解释变量的时空效应，需要将效应进行分解。

的是动态空间面板空间 Durbin 模型，因此直接效应和间接效应在时间维度上又可分为长期效应和短期效应（Elhorst，2012）[①]，具体公式如式（6－14）至式（6－17）。其中，I 表示单位矩阵，$\overline{\mathrm{d}}$ 表示计算矩阵对角线元素均值的运算符，$\overline{\mathrm{rsum}}$ 表示计算矩阵非对角线元素行和平均值的运算符。

$$短期直接效应 = \left[(I - \rho W)^{-1} (\beta_k I_N + \gamma_k W) \right]^{\overline{d}} \qquad (6-14)$$

$$短期间接效应 = \left[(I - \rho W)^{-1} (\beta_k I_N + \gamma_k W) \right]^{\overline{rsum}} \qquad (6-15)$$

$$长期直接效应 = \left\{ \left[(1 - \theta)I - (\rho + \alpha)W \right]^{-1} (\beta_k I_N + \gamma_k W) \right\}^{\overline{d}} (6-16)$$

$$长期间接效应 = \left\{ \left[(1 - \theta)I - (\rho + \alpha)W \right]^{-1} (\beta_k I_N + \gamma_k W) \right\}^{\overline{rsum}}$$

$$(6-17)$$

6.4.3　样本数据及描述性统计

考虑到数据的可得性和易处理性，本书选择农业经济发展水平、水资源禀赋、节水农业发展水平、政府影响力和环境规制作为资源环境约束下中国农业用水效率的影响因素。表 6－5 和表 6－6 分别报告了两套数据的描述性统计结果。样本数据来源及处理具体如下：

表 6－5　　　　变量的描述性统计（1998～2015 年）

变量	符号	单位	平均值	样本数	标准差	最小值	最大值
农业用水效率	Y1	比值	0.0851	558	0.1436	0.0019	1.0000
农业经济发展水平	El1	—	9.4535	558	0.6411	7.9738	10.9753
农业经济发展水平的平方项	El1s	—	0.4694	558	0.5340	0.0000	3.1150
水资源禀赋	WE1	—	6.0741	558	0.5902	5.0826	7.8969
节水农业发展水平	SW1	比值	0.1957	558	0.1839	0.0109	1.1351

① Elhorst J P. Dynamic Spatial Panels: Models, Methods, and Inferences [J]. Journal of Geographical Systems, 2012, 14 (1): 5 - 28.

续表

变量	符号	单位	平均值	样本数	标准差	最小值	最大值
政府影响力	GI1	比值	0.1082	558	0.0981	0.0000	1.2177
环境规制（COD）	ER(cod1)	—	-2.6615	558	0.7603	-3.9901	0.1660
环境规制（TN）	ER(tn)	—	-3.2066	558	0.5736	-4.8796	-1.0922

注：以农业面源污染为非期望产出。
资料来源：笔者测算并整理绘制。

表 6 - 6　　　　　变量的描述性统计（2011～2015 年）

变量	符号	单位	平均值	样本数	标准差	最小值	最大值
农业用水效率	Y2	比值	0.1524	155	0.2145	0.0055	1.0000
农业经济发展水平	EI2	—	10.4270	155	0.4984	9.2007	11.4435
农业经济发展水平的平方项	EI2s	—	1.7269	155	1.1743	0.0001	4.9870
水资源禀赋	WE2	—	6.0756	155	0.5875	5.0826	7.8850
节水农业发展水平	SW2	比值	0.2308	155	0.2000	0.0379	1.1351
政府影响力	GI2	比值	0.1125	155	0.0284	0.0411	0.1695
环境规制（COD）	ER(cod2)	—	-3.9412	155	0.6615	-5.5806	-2.6339
环境规制（NH）	ER(nh)	—	-6.5912	155	0.4532	-7.7613	-5.5908

注：以 COD、NH 为非期望产出。
资料来源：笔者测算并整理绘制。

1. 被解释变量

本书分别采用以农业面源污染为非期望产出和以 COD、NH 为非期望产出测算而得的农业用水效率值为被解释变量（具体测算过程见本书第 3 章），分别用符号 Y1 和 Y2 表示。其中，基于双向 CRS 的以农业面源污染为非期望产出的农业用水效率测算结果见附录表 15，基于双向 CRS 的以 COD、NH 为非期望产出的农业用水效率测算结果见附录表 19。

2. 解释变量

（1）农业经济发展水平及其平方项。

由于本书的农业用水效率测算采用的是以农业面源污染（1998～2015 年）为非期望产出和以 COD、NH（2011～2015 年）为非期望产出两种思路，这两种思路所涉及的样本数据时间跨度不同，因此本书分别计算了以 1998 年为基期和以 2011 年为基期的人均地区实际农业增加值，并用人均地区实际农业增加值的对数表示农业经济发展水平，分别用符号 El1 和 El2 表示。此外，为了检验"环境库兹涅茨曲线"假说（EKC），本书将地区实际农业增加值对数的平方项也纳入回归模型，分别用符号 El1s 和 El2s 表示，数据均来源于国家统计局① （下同）。附录表 32 和表 33 分别报告了 1998～2015 年人均地区实际农业增加值的对数及其平方项的详细数据；附录表 34 报告了 2011～2015 年人均地区实际农业增加值的对数及其平方项的详细数据。

（2）水资源禀赋。

本书用人均供水量的对数作为水资源禀赋的代理变量，两套数据的水资源禀赋分别用符号 WE1 和 WE2 表示，数据来源于国家统计局。附录表 35 报告了水资源禀赋对数的详细数据。

（3）节水农业发展水平。

本书用节水农业灌溉面积占农作物总播种面积的比重来表示节水农业发展水平，两套数据的节水农业发展水平分别用符号 SW1 和 SW2 表示，数据来源于国家统计局。附录表 36 报告了节水农业发展水平的详细数据。

（4）政府影响力。

本书用地方财政农林水事务支出占地方财政一般预算支出表示政府影响力，分别用符号 GI1 和 GI2 表示。数据来源于《中国统计年鉴》和部分省统计年鉴，附录表 37 报告了政府影响力的详细数据。

（5）环境规制。

由于本书采用的是以农业面源污染为非期望产出和以 COD、NH 为非期望产出两种思路，因此也分别采用以面源污染排放量为代表的环境

---

① 国家统计局的"国家统计数据库"官方网站：http://data.stats.gov.cn/。

规制强度和以 COD、NH 为代表的环境规制强度。其中，在以面源污染
为非期望产出的环境规制强度测算中，我们用 COD 排放量与实际农业
增加值比值的对数和 TN 排放量与实际农业增加值比值的对数来表示农
业面源污染的环境规制强度；在以 COD、NH 为非期望产出的环境规制
强度测算中，我们用 COD 排放量与实际农业增加值比值的对数和 NH
排放量与实际农业增加值比值的对数来表示环境规制强度。分别用符号
ER(cod1)、ER(tn) 和 ER(cod2)、ER(nh) 来表示。附录表 38 和表
41 报告了环境规制的详细数据。

6.5　实证分析

6.5.1　估计结果

1. 以农业面源污染为非期望产出的估计结果

上述 Moran 检验结果表明中国农业用水效率存在显著的空间相关性
和空间集聚特征。在进行计量回归时，通常先考虑空间 Durbin 模型
(Lesage & Pace，2009)。在采用 Durbin 模型时需要通过 Wald 检验判断
空间 Durbin 模型能否转换为空间滞后模型和空间误差模型。若检验结
果显著拒绝原假设，则表明空间 Durbin 模型优于空间滞后模型和空间
误差模型。表 6 - 7 至表 6 - 11 报告了以农业面源污染为非期望产出的
回归结果，根据表 6 - 7，在邻接空间权重矩阵 W_1 下，空间滞后 Wald
检验（Wald-spatial-lag）的值为 199.84（fe）、168.60（re）空间误差
Wald 检验（Wald-spatial-error）的值为 169.29（fe）、159.65（re），且
均通过了 1% 的显著性水平检验，说明无论是空间滞后 Wald 检验还是
空间误差 Wald 检验都在 1% 的显著性水平下拒绝了原假设，即在邻接
空间权重矩阵 W_1 下，空间 Durbin 模型不能转换为空间误差模型。通过
观察表 6 - 8 至表 6 - 11 均可发现，在 W_2、W_3、W_4、W_5 这四种空间权
重矩阵下，空间滞后 Wald 检验和空间误差 Wald 检验都在 1% 的显著性

表6-7　　基于邻接空间权重（W_1）的估计结果：1998~2015 年

变量	SAR		SEM		SDM		
	fe	re	fe	re	fe	re	时空效应
$Wy(\rho/\lambda)$	0.5767 ***	0.5768 ***	0.4279 ***	0.4501 ***	0.4794 ***	0.4833 ***	0.1742 ***
$Y_{t-1}(\theta)$							1.0082 ***
$Wy_{t-1}(\alpha)$							0.0199
EI1	0.0010	0.0069	0.0239	0.0357 *	-0.2013 ***	-0.1790 ***	-0.0044
EI1s	0.0182 **	0.0228 ***	0.0241 **	0.0287 **	-0.0192 **	-0.0177 **	0.0039
WEI	-0.3117 ***	-0.2255 ***	-0.3579 ***	-0.2345 ***	-0.2567 ***	-0.2196 ***	-0.0275 ***
SW1	0.2323 ***	0.2852 ***	0.2478 ***	0.3132 ***	0.0696	0.1104 ***	0.0648 ***
GI1	0.0846 ***	0.0867 ***	0.0357	0.0436	0.1224 ***	0.1149 ***	-0.0100
ER(cod1)	-0.0304 *	-0.0162	-0.0336	-0.0169	0.0248	0.0204	-0.0042
ER(tn)	-0.0429	-0.0326	-0.0817 **	-0.0507 *	0.0154	0.0126	0.0074
WEI1					0.2784 ***	0.2472 ***	0.0236 **
WEI1s					0.0798 ***	0.0806 ***	-0.0291 ***
WWEI					-0.1732 ***	-0.1456 ***	0.1262 ***
WSW1					0.1930 *	0.2015 *	0.3845 ***
WGI1					0.1492 **	0.1523 **	0.2177 ***
WER(cod1)					-0.0567 *	-0.0425	0.0347 ***

续表

变量	SAR		SEM		SDM		
	fe	re	fe	re	fe	re	时空效应
WER(tn)			0.0538			0.0429	0.0771***
Cons		1.1254***		0.8851***		1.6414***	
Log likelihood	830.9520	736.7594	790.0965	697.3506	920.0761	812.3634	1382.8156
AIC	-1643.904	-1451.519	-1562.193	-1372.701	-1808.152	-1588.727	-3038.31
Wald-spatial-lag	199.84***	168.60***					
Wald-spatial-error			169.29***	159.65***			

注：（1）***、**、* 分别表示在 1%、5% 和 10% 的水平上显著。（2）以农业面源污染为非期望产出。

资料来源：笔者测算并整理绘制。

表 6 – 8　基于地理距离权重（W₂）的估计结果：1998 ~ 2015 年

变量	SAR		SEM		SDM		
	fe	re	fe	re	fe	re	时空效应
Wy(ρ/λ)	0.1929***	0.2037***	-0.0927	-0.0366	-0.1934**	-0.1897**	0.3197***
Y_{t-1}(θ)							1.0226***
Wy_{t-1}(α)							-0.1174
EI1	0.0190	0.0248	0.0429**	0.0479***	-0.1821***	-0.1546***	-0.0335***
EI1s	0.0316***	0.0374***	0.0420***	0.0457***	0.0135	0.0158*	0.0021
WEI	-0.3654***	-0.2534***	-0.3869***	-0.2764***	-0.3347***	-0.2948***	-0.0286***
SW1	0.2877***	0.3507***	0.3270***	0.3828***	0.0885	0.1444***	0.1170***
GI1	0.0983***	0.1001***	0.1273***	0.1228***	0.1346***	0.1307***	0.0229***
ER(cod1)	-0.0289	-0.0116	-0.0423**	-0.0219	0.0316	0.0237	0.0036
ER(tm)	-0.0573*	-0.0426	-0.0575*	-0.0482*	0.0062	0.0112	0.0076
WEI1					0.2839***	0.2408***	0.0578***
WEI1s					0.1058***	0.1009***	-0.0489***
WWEI					-0.3179***	-0.2927***	0.2969***
WSW1					0.0777	0.0509	0.3017***
WGI1					1.1970***	1.2183***	0.8581***
WER(cod1)					-0.1200***	-0.1027***	0.0393***

续表

变量	SAR		SEM		SDM		
	fe	re	fe	re	fe	re	时空效应
WER（tn）							0.1106***
Cons		1.1036***		0.9890***	0.0955	0.0604	
						2.6092***	
Log likelihood	780.4123	687.8041	774.7738	681.0558	886.8602	778.2248	1260.9494
AIC	-1542.825	-1353.608	-1531.548	-1340.112	-1741.72	-1520.45	-3038.793
Wald-spatial-lag	258.15***	218.36***					
Wald-spatial-error			217.00***	190.33***			

注：（1）***、**、* 分别表示在1%、5%和10%的水平上显著。（2）以农业面源污染为非期望产出。

资料来源：笔者测算并整理绘制。

表6-9　基于经济空间权重（W₃）的估计结果：1998～2015年

变量	SAR		SEM		SDM		
	fe	re	fe	re	fe	re	时空效应
$Wy(\rho/\lambda)$	0.3132***	0.3078***	0.1829***	0.1720**	0.2829***	0.2676***	0.2009***
$Y_{t-1}(\theta)$							1.0404***
$Wy_{t-1}(\alpha)$							-0.0634
EI1	0.0062	0.0141	0.0307	0.0391**	-0.2551***	-0.2434***	0.0088
EI1s	0.0179**	0.0238***	0.0340***	0.0407***	-0.0561***	-0.0544***	-0.0081
WEI	-0.3628***	-0.2639***	-0.3881***	-0.2727***	-0.3331***	-0.2639***	-0.0225**
SW1	0.3055***	0.3640***	0.3214***	0.3805***	0.1571***	0.2182***	0.1115***
GI1	0.1051***	0.1077***	0.0900**	0.0966**	0.0848**	0.0878**	0.0091
ER(cod1)	-0.0286	-0.0135	-0.0254	-0.0104	0.0706***	0.0696***	0.0006
ER(tm)	-0.0639**	-0.0494*	-0.0769**	-0.0578*	-0.0672**	-0.0535*	0.0007
WEI1					0.3400***	0.3361***	-0.0069
WEI1s					0.1442***	0.1472***	-0.0239***
WWE1					0.0245	0.0024	0.0969***
WSW1					-0.0192	-0.0092	0.4623***
WGI1					0.1304*	0.1205	0.2865***
WER(cod1)					-0.1657***	-0.1624***	0.0180**

续表

变量	SAR		SEM		SDM		
	fe	re	fe	re	fe	re	时空效应
WER(tn)					0.1967***	0.2026***	0.0927***
Cons		1.2384***		1.0551***		0.9358***	
Log likelihood	789.2295	695.2312	777.8999	684.0035	866.6345	768.3540	1357.3899
AIC	-1560.459	-1368.462	-1537.8	-1346.007	-1701.269	-1500.708	-3032.17
Wald-spatial-lag	176.78***	166.13***					
Wald-spatial-error			137.67***	134.34***			

注：（1）***、**、* 分别表示在1%、5%和10%的水平上显著。（2）以农业面源污染为非期望产出。
资料来源：笔者测算并整理绘制。

187

表 6-10　　　　基于经济空间权重（W_4）的估计结果：1998~2015 年

变量	SAR		SEM		SDM		
	fe	re	fe	re	fe	re	时空效应
$Wy(\rho/\lambda)$	0.1929***	0.2037***	-0.0927	-0.0366	-0.1935**	-0.1897**	0.3197***
$Y_{t-1}(\theta)$							1.0226***
$Wy_{t-1}(\alpha)$							-0.1174
EI1	0.0190	0.0248	0.0429**	0.0479***	-0.1821***	-0.1546***	-0.0335***
EI1s	0.0316***	0.0374***	0.0420***	0.0457***	0.0135	0.0158*	0.0021
WEI	-0.3654***	-0.2534***	-0.3869***	-0.2764***	-0.3347***	-0.2948***	-0.0286***
SW1	0.2877***	0.3507***	0.3270***	0.3828***	0.0885	0.1444**	0.1170***
GI1	0.0983***	0.1001***	0.1273***	0.1228***	0.1346***	0.1307***	0.0229**
ER(cod1)	-0.0289	-0.0116	-0.0423**	-0.0219	0.0316	0.0237	0.0036
ER(tn)	-0.0573*	-0.0426	-0.0575*	-0.0482*	0.0062	0.0112	0.0076
WEI1					0.2839***	0.2408***	0.0578***
WEI1s					0.1058***	0.1009***	-0.0489***
WWEI					-0.3179***	-0.2927***	0.2969***
WSW1					0.0777	0.0509	0.3017***
WGI1					1.1970***	1.2183***	0.8581***
WER(cod1)					-0.1200***	-0.1027***	0.0393***

续表

变量	SAR		SEM		SDM		
	fe	re	fe	re	fe	re	时空效应
WER(tn)					0.0955	0.0604	0.1106***
Cons		1.1036***	1.6353	0.9890***		2.6092***	0.1106***
Log likelihood	780.4123	687.8041		681.0558	886.8602	778.2248	1260.9494
AIC	-1542.825	-1353.608	-1531.548	-1340.112	-1741.72	-1520.45	-3038.793
Wald-spatial-lag	258.15***	218.36***					
Wald-spatial-error			217.00***	190.33***			

注：(1) ***、**、*分别表示在1%、5%和10%的水平上显著。(2) 以农业面源污染为非期望产出。

资料来源：笔者测算并整理绘制。

189

表 6 – 11　　基于经济空间权重（W_5）的估计结果：1998~2015 年

变量	SAR		SEM		SDM		
	fe	re	fe	re	fe	re	时空效应
Wy(ρ/λ)	0.1873***	0.1952***	-0.0383	0.0071	-0.1283*	-0.1385*	0.2897***
Y_{t-1}(θ)							1.0108***
Wy_{t-1}(α)							-0.0846
EI1	0.0154	0.0216	0.0418**	0.0470**	-0.2054***	-0.1718***	-0.0342***
EI1s	0.0308***	0.0366***	0.0402***	0.0443***	0.0183**	0.0207**	0.0008
WEI	-0.3651***	-0.2541***	-0.3843***	-0.2711***	-0.3341***	-0.2946***	-0.0378***
SW1	0.2828***	0.3467***	0.3250***	0.3805***	0.1073*	0.1663***	0.1102***
GI1	0.0980***	0.1000***	0.1198***	0.1164***	0.1473***	0.1438***	0.0209**
ER(codl)	-0.0296	-0.0124	-0.0397*	-0.0198	0.0289	0.0200	0.0068
ER(tn)	-0.0568*	-0.0419	-0.0600*	-0.0486*	0.0089	0.0144	0.0089
WEI1					0.2809***	0.2362***	0.0475***
WEI1s					0.0844***	0.0793***	-0.0364***
WWEI					-0.2366**	-0.2254**	0.3563***
WSW1					0.0631	0.0502	0.2479***
WGI1					1.4571***	1.4795***	0.8478***
WER(codl)					-0.0844***	-0.0701***	0.0302***

续表

变量	SAR		SEM		SDM		
	fe	re	fe	re	fe	re	时空效应
WER(tn)					0.0588	0.0305	0.0740***
Cons		1.1374***		0.9710***		2.3523***	
Log likelihood	780.5800	687.8439	774.3141	680.9745	883.4721	775.7387	1280.6512
AIC	-1543.16	-1353.688	-1530.628	-1339.949	-1734.944	-1515.477	-3037.615
Wald-spatial-lag	247.68***	209.48***					
Wald-spatial-error			212.08***	186.37***			

注：(1) ***、**、* 分别表示在1%、5%和10%的水平上显著。(2) 以农业面源污染为非期望产出。

资料来源：笔者测算并整理绘制。

水平下拒绝了原假设。从回归结果来看，无论基于哪一种空间权重矩阵，空间 Durbin 模型的 Log likelihood 值均明显高于其他模型，而 AIC 值均明显低于其他模型，这说明空间 Durbin 模型是最优的。因此，本书重点关注考虑时空效应的动态空间面板 Durbin 模型的回归结果，并基于该模型的回归结果进行时空效应分解。

根据表 6-7 的回归结果，从空间维度来看，农业用水效率的空间滞后项系数为 0.1742 且通过了 1% 的显著性水平检验，说明中国农业用水效率增长存在明显的空间溢出效应，地区之间的农业用水效率水平具有相互依赖性。从时间维度看，农业用水效率的时间滞后项系数为 1.0082 且通过了 1% 的显著性水平检验，说明中国农业用水效率的增长存在明显的时间效应，即该地区上一期的农业用水效率水平会对本期的用水效率水平产生一定的影响。从时空双维度看，农业用水效率的时空滞后项系数为 0.0199 但没有通过显著性水平检验，说明在邻接空间权重矩阵下，中国农业用水效率增长存在正向的时空效应，即某一地区上一期的农业用水效率水平较高会带动本期其他地区用水效率的提高，表明各地区之间关系密切，具有较强的依赖性。与此同时，通过观察基于 W_2、W_3、W_4、W_5 这四种权重矩阵下的回归结果，都可以发现，中国农业用水效率的空间滞后项系数和时间滞后项系数均为正且通过了 1% 的显著性水平检验，这说明中国农业用水效率增长存在明显的时间效应和空间溢出效应。有所不同的是，基于 W_2、W_3、W_4、W_5 四种权重矩阵下的时空滞后项系数均为负且均没有通过显著性水平检验，这与基于邻接空间权重矩阵下的结果截然相反，说明中国农业用水效率增长存在负时空效应，即某一地区的农业用水效率较高可能会在本期抑制其他地区的农业用水效率提升。下面对各影响因素进行具体讨论。

（1）农业经济发展水平。观察表 6-7 至表 6-11，可以发现，基于 W_1、W_2、W_4、W_5 四种权重矩阵下的农业经济发展水平项系数为负，其平方项系数为正，表明面源污染约束下的农业用水效率与农业经济发展水平之间存在"U"形关系，而这也恰恰验证了经济增长与环境污染之间的"EKC"假说。可能的原因是，农业经济增长带来农业生产的粗放发展导致用水效率低下，而随着农业经济的进一步发展，农业节水技术水平不断提高，从而促使农业用水效率的提高。这一结论与杨骞和刘华军（2015a）[1] 的结论一致。

（2）水资源禀赋。观察以农业面源污染为非期望产出的回归结果，可以发现，在 W_1、W_2、W_4、W_5 这四种权重矩阵下，水资源禀赋的回归系数均为负且均通过了 1% 的显著性水平检验，在 W_3 的权重矩阵下，其回归系数也为负且通过了 5% 的显著性水平检验，这表明一个地区的水资源越是丰富那么该地区的农业用水效率越低下，这一结论与杨骞和刘华军（2015a）[2] 的结论一致，这也与我们之前判断的预期方向一致，同时也印证了很多学者关于资源禀赋与农业用水效率存在负向影响的观点。

（3）节水农业发展水平。表 6 - 7 至表 6 - 11 中五种权重矩阵下节水农业发展水平的回归系数均为正且均通过了 1% 的显著性水平检验，这说明我国节水农业的发展显著地促进了农业用水效率的提高，这一结论与佟金萍等（2015）[3] 的结论一致，但与赵姜等（2017）[4] 和杨骞和刘华军（2015a）得出的结论恰好相反。基于回归结果，中国农业用水效率的提升仍需大力发展节水农业。

（4）政府影响力。基于五种权重矩阵下的政府影响力的回归结果存在一定的差异，在 W_2、W_3、W_4、W_5 这四种权重矩阵下，政府影响力的回归结果为正，且 W_2、W_4、W_5 权重矩阵下的回归结果通过了 5% 的显著性水平检验，说明各地区用于农林水事务的财政支出会对农业用水效率产生显著的正向影响，这与陈洪斌（2017）[5] 得出了一致的结论。

（5）环境规制。从五种权重矩阵下以 COD 排放量与农业增加值的比值表征环境规制的回归结果来看，仅基于邻接权重矩阵 W_1 的情况下回归系数为负担并不显著，其余四种权重矩阵下的回归系数均为正且均不显著。从以 NH 排放量与农业增加值的比值表征环境规制的回归结果来看，五种空间权重矩阵下的回归系数均为正，且均不显著。这与杨骞

①② 杨骞、刘华军：《污染排放约束下中国农业水资源效率的区域差异与影响因素》，载于《数量经济技术经济研究》2015 年第 1 期，第 114 ~ 128 页。

③ 佟金萍、马剑锋、王圣等：《长江流域农业用水效率研究：基于超效率 DEA 和 Tobit 模型》，载于《长江流域资源与环境》2015 年第 4 期，第 603 ~ 608 页。

④ 赵姜、孟鹤、龚晶：《京津冀地区农业全要素用水效率及影响因素分析》，载于《中国农业大学学报》2017 年第 3 期，第 76 ~ 84 页。

⑤ 陈洪斌：《我国省际农业用水效率测评与空间溢出效应研究》，载于《干旱区资源与环境》2017 年第 2 期，第 85 ~ 90 页。

和刘华军（2015a）中的研究结论一致，环境规制对于提高资源环境约束下农业用水效率并无明显促进作用，究其原因可能在于农业环境规制较工业环境规制而言难度较大，没有充分发挥减排的效果，进而对资源环境约束下的农业用水效率提升并无明显的正向影响。

2. 以 COD、NH 为非期望产出的估计结果

表 6 – 12 至表 6 – 16 报告了以 COD、NH 为非期望产出的回归结果，根据表 6 – 12，在邻接空间权重矩阵 W_1 下，空间滞后 Wald 检验（Wald-spatial-lag）的值为 28.28（fe）、46.39（re）空间误差 Wald 检验（Wald-spatial-error）的值为 37.46（fe）、24.11（re），且均通过了 1% 的显著性水平检验，通过空间滞后 Wald 检验和空间误差 Wald 检验均表明，在邻接空间权重矩阵 W_1 下，空间 Durbin 模型不能转换为空间误差模型。通过观察表 6 – 13 至表 6 – 16 均可发现，在 W_2、W_3、W_4、W_5 这四种空间权重矩阵下，空间滞后 Wald 检验和空间误差 Wald 检验都在 1% 的显著性水平下拒绝了原假设。从回归结果来看，无论基于哪一种空间权重矩阵，空间 Durbin 模型的 Log likelihood 值均明显高于其他模型，而 AIC 值均明显低于其他模型，这说明在以 COD、NH 为非期望产出的影响因素计量模型回归中空间 Durbin 模型亦是最优的。

根据表 6 – 12 的回归结果，从空间维度来看，农业用水效率的空间滞后项系数为 0.4252，且通过了 1% 的显著性水平检验，说明中国农业用水效率增长存在明显的空间溢出效应，地区之间的农业用水效率水平具有依赖性。从时间维度看，农业用水效率的时间滞后项系数为 2.0926 且通过了 1% 的显著性水平检验，说明中国农业用水效率的增长存在明显的时间效应，即该地区上一期的农业用水效率水平会对本期的用水效率水平产生一定的影响。从时空维度看，农业用水效率的时空滞后项系数为 – 2.4542 且通过了 1% 的显著性水平检验，说明在邻接空间权重矩阵下，中国农业用水效率增长存在负向的时空效应，即某一地区上一期的农业用水效率水平较高会抑制本期其他地区用水效率的提高。与此同时，通过观察基于 W_2、W_3、W_4、W_5 这四种权重矩阵下的回归结果均发现中国农业用水效率的空间滞后项系数和时间滞后项系数均为正且通过了 1% 的显著性水平检验，这说明中国农业用水效率增长存在明显的时间效应和空间溢出效应。下面对各影响因素进行具体讨论。

表6-12 基于邻接空间权重（W_1）的估计结果：2011~2015年

变量	SAR		SEM		SDM		
	fe	re	fe	re	fe	re	时空效应
$Wy(\rho/\lambda)$	0.6172***	0.6349***	0.8582***	0.8503***	0.4945***	0.5705***	0.4252***
$Y_{t-1}(\theta)$							2.0926***
$Wy_{t-1}(\alpha)$							-2.4542***
EI2	-0.3605***	0.0468	-0.3464***	0.0273	-0.3815***	-0.1009	0.0808
EI2s	-0.0382	-0.0194	0.0016	-0.0126	-0.0278	0.0322	0.0379
WE2	-0.3482***	-0.2118***	-0.3010***	-0.1733***	-0.3473***	-0.1585***	0.1640***
SW2	0.0118	0.1656**	0.0073	0.1839***	-0.0148	0.1882***	-0.1672***
GI2	0.1097	-0.2066	0.0094	-0.5129	-0.0247	-0.3655	-0.1688
ER(cod2)	0.1078	0.0484	0.0187	0.0429	-0.0131	0.0837	0.0733
ER(nh)	-0.3806***	-0.0660	-0.0177	0.1241*	-0.0127	0.1227*	-0.5021***
WEI2					-0.1192	-0.1568	-0.0983
WEI2s					-0.0755	0.1293**	-0.0460
WWE2					-0.0646	0.0622	-0.4440***
WSW2					-0.1528	0.0487	0.3734***
WGI2					0.7381	0.1782	0.3961
WER(cod2)					-0.0033	-0.1555**	-0.3210***

续表

变量	SAR fe	SAR re	SEM fe	SEM re	SDM fe	SDM re	时空效应
WER(nh)					-0.4366**	-0.0900	0.6209***
Cons		0.6448		1.9470*		2.9789**	
Log likelihood	354.2374	237.5264	342.9853	241.9663	368.2365	368.2365	177.1572
AIC	-690.4748	-453.0528	-667.9705	-461.9325	-704.473	-478.1175	-729.6752
Wald-spatial-lag	28.89***	46.39***					
Wald-spatial-error			37.46***	24.11***			

注：（1）***、**、*分别表示在1%、5%和10%的水平上显著。（2）以COD、NH为非期望产出。

资料来源：笔者测算并整理绘制。

表6-13 基于地理距离空间权重（W_2）的估计结果：2011~2015年

变量	SAR		SEM		SDM		
	fe	re	fe	re	fe	re	时空效应
$Wy(\rho/\lambda)$	0.3244 ***	0.3764 ***	0.0961	0.7715 ***	-0.0764	0.1301	0.4105 ***
$Y_{t-1}(\theta)$							1.4389 ***
$Wy_{t-1}(\alpha)$							0.2606
EI2	-0.4437 ***	0.0490	-0.4973 ***	-0.0926	-0.5000 ***	-0.1442	0.2411 **
EI2s	-0.0349	-0.0038	-0.0272	0.0249	0.0073	0.0651 *	0.0319
WE2	-0.3534 ***	-0.2068 ***	-0.3704 ***	-0.1294 ***	0.0073	-0.1521 ***	-0.0348
SW2	-0.0036	0.2049 **	0.0081	0.1848 **	-0.0709	0.2185 ***	-0.0125
GI2	-0.0159	-0.4883	0.0315	-0.8253 *	-0.1373	-0.7203 *	-0.1125
ER (cod2)	0.0996	0.0138	0.1176	0.0481	-0.0960	0.0338	0.0993 *
ER (nh)	-0.4334 ***	-0.0177	-0.5348 ***	0.1694 **	0.1254	0.2339 ***	-0.1727 **
WEI2					-0.5142 *	-0.5492 ***	0.8536 **
WEI2s					0.0538	0.2556 **	0.2029 **
WWE2					-0.4362 **	-0.0747	0.7070 ***
WSW2					0.0326	0.1744	0.0874
WGI2					2.6486 ***	2.8618 **	-2.4252 ***
WER (cod2)					-0.0386	-0.0768	-0.4983 **

续表

变量	SAR		SEM		SDM		时空效应
	fe	re	fe	re	fe	re	
WER(nh)					-0.5669*	-0.2863*	1.4738***
Cons		0.7775		3.2162**		7.3693***	
Log likelihood	339.2040	224.6204	334.9119	233.4717	367.4270	254.5286	339.6525
AIC	-660.4079	-427.2407	-651.8239	-444.9434	-702.8541	-473.0571	-719.854
Wald-spatial-lag	66.75***	72.82***					
Wald-spatial-error			47.81***	42.94***			

注：(1) ***、**、* 分别表示在1%、5%和10%的水平上显著。(2) 以COD、NH 为非期望产出。

资料来源：笔者测算并整理绘制。

表6－14　基于经济空间权重（W₃）的估计结果：2011～2015年

变量	SAR		SEM		SDM		
	fe	re	fe	re	fe	re	时空效应
Wy(ρ/λ)	0.3951***	0.4110***	0.4217**	0.7425***	0.1737	0.2725**	0.3666***
Y$_{t-1}$(θ)							1.1241***
Wy$_{t-1}$(α)							-0.1750
EI2	-0.4074***	0.0688	-0.3322**	0.1444	-0.2004	0.2300	0.1625
EI2s	-0.0467	-0.0224	-0.0543	-0.0689	-0.0729*	-0.0610	-0.0031
WE2	-0.3683***	-0.2315***	-0.3746***	-0.1847***	-0.3025***	-0.1504***	-0.1155***
SW2	-0.0286	0.1642*	-0.0077	0.1206	-0.0691	0.2380***	-0.0331
GI2	-0.0135	-0.3875	-0.0016	-0.5040	-0.3360	-0.8454**	-0.2015
ER(cod2)	0.0915	0.0223	0.0928	0.0452	-0.1151	0.0609	0.0420
ER(nh)	-0.4142***	-0.0386	-0.3939**	0.1193	0.1640	0.2117***	-0.1781**
WEI2					-0.8197***	-0.8530***	-0.1254
WEI2s					0.1055	0.3402***	0.0891
WWE2					0.0580	0.0529	0.1345
WSW2					0.0816	0.2293**	0.0470
WGI2					0.7742	0.8738	-0.7681
WER(cod2)					-0.4596	-0.1557	-0.8746***

续表

变量	SAR		SEM		SDM		
	fe	re	fe	re	fe	re	时空效应
WER(nh)					-0.3111	-0.2502 *	1.0700 ***
Cons		0.6490		0.8841		6.0337 ***	
Log likelihood	342.8939	226.2667	338.1660	232.1810	363.5832	258.7958	366.6983
AIC	-667.7879	-430.5335	-658.332	-442.3621	-695.1664	-481.5915	-739.6232
Wald-spatial-lag	45.94 ***	89.21 ***					
Wald-spatial-error			35.20 ***	52.96 ***			

注：(1) ***、**、* 分别表示在 1%、5% 和 10% 的水平上显著。(2) 以 COD、NH 为非期望产出。

资料来源：笔者测算并整理绘制。

表6-15　基于经济空间权重（W_4）的估计结果：2011~2015年

变量	SAR		SEM		SDM		
	fe	re	fe	re	fe	re	时空效应
Wy(ρ/λ)	0.3244 ***	0.3764 ***	0.0961	0.7715 ***	-0.0764	0.1301	0.4105 ***
Y_{t-1}(θ)							1.4389 ***
Wy_{t-1}(α)							0.2606
EI2	-0.4437 ***	0.0490	-0.4973 ***	-0.0926	-0.5000 ***	-0.1442	0.2411 **
EI2s	-0.0349	-0.0038	-0.0272	0.0249	0.0073	0.0651 *	0.0319
WE2	-0.3534 ***	-0.2068 ***	-0.3704 ***	-0.1294 ***	-0.3227 ***	-0.1521 ***	-0.0348
SW2	-0.0036	0.2049 **	0.0081	0.1848 **	-0.0709	0.2185 ***	-0.0125
GI2	-0.0159	-0.4883	0.0315	-0.8253 *	-0.1373	-0.7203 *	-0.1125
ER(cod2)	0.0996	0.0138	0.1176	0.0481	-0.0960	0.0338	0.0993 *
ER(nh)	-0.4334 ***	-0.0177	-0.5348 ***	0.1694 **	0.1254	0.2339 ***	-0.1727 **
WEI2					-0.5142 *	-0.5492 **	0.8536 **
WEI2s					0.0538	0.2556 **	0.2029 **
WWE2					-0.4362 **	-0.0747	0.7070 ***
WSW2					0.0326	0.1744	0.0874
WGI2					2.6486 ***	2.8618 **	-2.4252 ***
WER(cod2)					-0.0386	-0.0768	-0.4983 **

续表

变量	SAR		SEM		SDM		
	fe	re	fe	re	fe	re	时空效应
WER(nh)					-0.5669*	-0.2863*	1.4738***
Cons		0.7775		3.2162**		7.3693***	
Log likelihood	339.2040	224.6204	334.9119	233.4717	367.4270	254.5286	339.6525
AIC	-660.4079	-427.2407	-651.8239	-444.9435	-702.8541	-473.0571	-719.854
Wald-spatial-lag	66.75***	72.82***					
Wald-spatial-error			47.81***	42.94***			

注：（1）***、**、*分别表示在1%、5%和10%的水平上显著。（2）以COD、NH为非期望产出。

资料来源：笔者测算并整理绘制。

表6-16　基于经济空间权重（W_5）的估计结果：2011~2015年

变量	SAR fe	SAR re	SEM fe	SEM re	SDM fe	SDM re	时空效应
$W_y(\rho/\lambda)$	0.3141***	0.3723***	0.1745	0.7328***	-0.0542	0.1600	0.5269***
$Y_{t-1}(\theta)$							1.4674***
$Wy_{t-1}(\alpha)$							0.2462
EI2	-0.4361***	0.0480	-0.4691***	-0.0591	-0.5184***	-0.1493	0.2600**
EI2s	-0.0371	-0.0077	-0.0303	0.0128	0.0101	0.0683*	0.0355
WE2	-0.3519***	-0.2078***	-0.3607***	-0.1356***	-0.3186***	-0.1507***	-0.0157
SW2	-0.0045	0.1967**	0.0111	0.1867**	-0.0723	0.2325***	-0.0142
GI2	-0.0092	-0.4639	0.0078	-0.7780*	-0.1486	-0.7444*	-0.0814
ER(cod2)	0.1002	0.0175	0.1159	0.0468	-0.0949	0.0399	0.0861*
ER(nh)	-0.4246***	-0.0159	-0.5057***	0.1617**	0.1315	0.2261***	-0.1484*
WEI2					-0.5449	-0.5945*	1.0556***
WEI2s					0.0625	0.2465**	0.1783**
WWE2					-0.3533*	-0.0658	0.9209***
WSW2					0.0481	0.1605	0.0961*
WGI2					2.3052***	2.7195**	-2.2461***
WER(cod2)					-0.0919	-0.0779	-0.5533**

续表

变量	SAR		SEM		SDM		
	fe	re	fe	re	fe	re	时空效应
WER(nh)					-0.5517*	-0.2966**	1.6190***
Cons		0.8195		2.8648**		7.7746***	
Log likelihood	339.5020	225.0075	335.2300	234.0913	366.4270	253.6938	336.4515
AIC	-661.004	-428.015	-652.46	-446.1826	-700.854	-471.3875	-721.9211
Wald-spatial-lag	63.25***	70.54***					
Wald-spatial-error			44.96***	42.63***			

注：（1）***、**、* 分别表示在 1%、5% 和 10% 的水平上显著。（2）以 COD、NH 为非期望产出。

资料来源：笔者测算并整理绘制。

（1）农业经济发展水平。观察表 6 - 7 至表 6 - 11 发现，基于五种空间权重矩阵下的农业经济发展水平项系数均为正，除 W_3 外其余平方项系数也为正，表明农业经济发展水平的提高会促使以 COD、NH 为非期望产出的农业用水效率的提高。这与前文中以农业面源污染为非期望产出得出的结论刚好相反。

（2）水资源禀赋。观察以农业面源污染为非期望产出的回归结果发现，在 W_2、W_3、W_4、W_5 四种权重矩阵下，水资源禀赋的回归系数均为负，仅在 W_1 的空间权重矩阵下，其回归系数为正。综合来看，一个地区的水资源越是丰富那么该地区的农业用水效率越低下，这与杨骞和刘华军（2015a）[1] 的研究结论保持一致。究其原因可能在于水资源越是丰裕的地区越倾向于使用更多的水资源，由此便产生水资源浪费等问题，因而导致该地区的农业用水效率水平低下。

（3）节水农业发展水平。表 6 - 12 至表 6 - 16 中五种权重矩阵下节水农业发展水平的回归系数均为负，仅有基于邻接空间权重矩阵 W_1 下的节水农业发展水平回归结果通过了显著性水平检验，这与赵姜等（2017）[2] 和杨骞和刘华军（2015a）得出的结论相同，均得出节水农业发展水平与农业用水效率之间呈负向关系，可能由于我国的农业节水技术仍然相对落后，节水农业的发展相对滞后。

（4）政府影响力。基于五种权重矩阵下的政府影响力的回归结果均为负，且均没有通过显著性水平检验，说明各地区用于农林水事务的财政支出会对农业用水效率产生负向影响。这与以农业面源污染为非期望产出得出的结论恰好相反，究其原因可能与政府用于农林水事务支出的不合理配置、资金未及时或精准投入到相应的节水环节，进而导致资金利用率不高有关。

（5）环境规制。五种权重矩阵下 COD 排放量与农业增加值的比重表征环境规制的回归结果来看回归系数为正，W_2、W_4、W_5 空间权重矩阵下的回归结果均通过了 10% 的显著性水平检验。从 NH 排放量与农业增加值的比值表征环境规制的回归结果来看回归结果来看，五种空间权

---

① 杨骞、刘华军：《污染排放约束下中国农业水资源效率的区域差异与影响因素》，载于《数量经济技术经济研究》2015 年第 1 期，第 114～128 页。

② 赵姜、孟鹤、龚晶：《京津冀地区农业全要素用水效率及影响因素分析》，载于《中国农业大学学报》2017 年第 3 期，第 76～84 页。

重矩阵下的回归系数均为负，且均通过了显著性水平检验。以 COD 排放量与农业增加值的比值表征的环境规制对于提高中国农业用水效率并无明显促进作用，而以 NH 排放量与农业增加值的比值表征的环境规制对于提高农业用水效率具有显著的促进作用。

6.5.2 空间效应分解结果及分析

当存在空间溢出效应时，某个影响因素的变化不仅会引起本地区农业用水效率的变化，同时也会对近邻地区的农业用水效率产生一定的影响，并可能会引起一系列调整变化。根据勒萨热和佩斯（LeSage & Pace, 2009）[①]，本书进一步将各因素对农业用水效率的影响效应分解为直接效应和间接效应。为了准确衡量各变量对农业用水效率的影响，本书具体将时空效应分为短期直接效应（SR D）、短期间接效应（SR IND）、短期总效应（SR IND）、长期直接效应（LR D）、长期间接效应（LR IND）和长期总效应（LR T）。

1. 以农业面源污染为非期望产出的空间效应分解

表 6 - 17 报告了以农业面源污染为非期望产出的基于对称空间权重矩阵 W_1、W_2、W_3 的空间效应分解结果，表 6 - 18 报告了基于非对称空间权重矩阵 W_4、W_5 的空间效应分解结果。总体来看，长期总效应的绝对影响程度均大于短期总效应（系数的绝对值），表明各因素对农业用水效率具有更加深远的长期影响。在邻接空间权重矩阵 W_1 下，无论在短期还是长期条件下，农业经济发展水平的直接效应均为负值，而其二次项系数为正，表明农业用水效率与农业经济发展水平之间存在"U"形关系，即满足了"EKC"假说。在五种空间权重矩阵下，水资源禀赋的短期直接效应均为负，短期间接效应均为正，这表明在短期内，水资源越丰富的地区农业用水效率越低，且对其他地区表现出正向的空间溢出效应。在五种空间权重矩阵下，节水农业发展水平的短期直接效应、短期间接效应和短期总效应均为正且均通过了 1% 的显著性水平检验，而长期效应均不显著，长期总效应均为负且均不显著。从政府

---

① Lesage J P, Pace R K. Introduction to Spatial Econometrics [M]. CRC Press, 2009.

表 6-17　空间效应分解结果（W_1、W_2、W_3）

权重	变量	SR D	SR IND	SR T	LR D	LR IND	LR T
W_1	EI1	-0.0033	0.0266**	0.0233**	-0.1012	-0.0116	-0.1128
	EI1s	0.0025	-0.0333***	-0.0307***	0.1422	0.0034	0.1455
	WEI	-0.0222**	0.1420***	0.1199***	-0.6141	0.0518	-0.5623
	SW1	0.0817***	0.4654***	0.5471***	-2.2893	-0.3112	-2.6005
	GI1	-0.0005	0.2519***	0.2515***	-1.1807	-0.0098	-1.1905
	ER(cod1)	-0.0030	0.0395***	0.0365***	-0.1777	0.0051	-0.1726
	ER(tn)	0.0109	0.0922***	0.1032***	-0.4150	-0.0776	-0.4926
W_2	EI1	-0.0313***	0.0672***	0.0360**	-0.7948	0.7138	-0.0810
	EI1s	-0.0001	-0.0695***	-0.0696***	0.1815	0.0250	0.2065
	WEI	-0.0161*	0.4145***	0.3984***	-2.3686	1.2657	-1.1028
	SW1	0.1317***	0.4897***	0.6214***	0.8207	-2.5396	-1.7188
	GI1	0.0605***	1.2434***	1.3039***	-4.8501	1.2948	-3.5552
	ER(cod1)	0.0051	0.0579***	0.0630***	-0.2090	0.0422	-0.1668
	ER(tn)	0.0126	0.1628***	0.1754***	-1.1660	0.7086	-0.4573

续表

权重	变量	SR D	SR IND	SR T	LR D	LR IND	LR T
W₃	EI1	0.0087	-0.0063	0.0024	-0.1330	0.1188	-0.0141
	EI1s	-0.0098*	-0.0305***	-0.0402***	0.2998	-0.0664	0.2334
	WEI	-0.0171**	0.1108***	0.0937***	-0.6373	0.1165	-0.5209
	SWI	0.1391***	0.5838***	0.7229***	-3.6082	-0.5184	-4.1266
	GI1	0.0256**	0.3448***	0.3704***	-2.0148	-0.1007	-2.1155
	ER(cod1)	0.0014	0.0214**	0.0228**	-0.1517	0.0231	-0.1286
	ER(tn)	0.0060	0.1119***	0.1179***	-0.6813	0.0121	-0.6693

注：***、**、* 分别表示在1%、5%和10%的水平上显著。
资料来源：笔者测算并整理绘制。

表6-18 空间效应分解结果 （W₄、W₅）

权重	变量	SR D	SR IND	SR T	LR D	LR IND	LR T
W₄	EI1	-0.0313***	0.0672***	0.0360**	-0.7947	0.7137	-0.0810
	EI1s	-0.0001	-0.0695***	-0.0696***	0.1815	0.0250	0.2065
	WEI	-0.0161*	0.4145***	0.3984***	-2.3684	1.2655	-1.1028
	SW1	0.1317***	0.4897***	0.6214***	0.8205	-2.5393	-1.7188
	GI1	0.0605***	1.2434***	1.3039***	-4.8498	1.2946	-3.5552
	ER（cod1）	0.0051	0.0579***	0.0630***	-0.2090	0.0422	-0.1668
	ER（tn）	0.0126	0.1628***	0.1754***	-1.1659	0.7086	-0.4573
W₅	EI1	-0.0326***	0.0513***	0.0187	5.2610	-5.3331	-0.0721
	EI1s	-0.0006	-0.0498***	-0.0505***	-0.7458	0.9284	0.1826**
	WEI	-0.0246***	0.4760***	0.4515***	6.1691	-7.8120	-1.6429*
	SW1	0.1209***	0.3866***	0.5076***	-13.1286	11.2592	-1.8694*
	GI1	0.0536***	1.1735***	1.2272***	-1.8586	-2.6591	-4.5177*
	ER（cod1）	0.0078	0.0439***	0.0518***	-1.3812	1.1938	-0.1874
	ER（tn）	0.0120	0.1056***	0.1176***	-1.3740	0.9354	-0.4386

注：***、**、*分别表示在1%、5%和10%的水平上显著。
资料来源：笔者测算并整理绘制。

影响力这一因素的空间效应分解来看，短期效应除了邻接空间权重矩阵下的直接效应外，其余均为正且通过了1%的显著性水平检验，而长期效应则具有不同特征，基于 W_1、W_3 和 W_5 这三种空间权重矩阵的长期效应表现出相同的特征，均为负且均不显著。基于五种权重下以 COD 和 TN 排放量与农业增加值的比重表征环境规制的短期总效应均为正且均通过了显著性水平检验，但长期总效应均为负，且均没有通过显著性水平检验。

2. 以 COD、NH 为非期望产出的空间效应分解

表6-19报告了以 COD 和 NH 为非期望产出的基于对称空间权重矩阵 W_1、W_2、W_3 的空间效应分解结果，表6-20报告了基于非对称空间权重矩阵 W_4、W_5 的空间效应分解结果。在邻接空间权重矩阵 W_1 下，农业经济发展水平及其二次项短期直接效应均为正，短期间接效应均为负，短期总效应为负。长期总效应与短期总效应相同，皆为负。在 W_2、W_3、W_4、W_5 这四种空间矩阵权重下，农业经济发展水平及其平方项的短期总效应均为正，且长期总效应均为负。水资源禀赋在 W_1 下的短期总效应为负且通过了1%的显著性水平检验，而长期总效应也为负且通过了1%的显著性水平检验。其余四种空间权重矩阵下的水资源禀赋短期总效应均为正，长期总效应均为负，表明短时期内水资源越是丰裕的地区农业用水效率越高，而从长期来看水资源禀赋对农业用水效率表现出负向影响。

节水灌溉面积的空间效应分解在 W_2、W_3、W_4、W_5 四种权重矩阵下呈现一致的影响方向，从短期来看，节水灌溉面积对农业用水效率表现出正向的影响，而从长期来看则表现出负向的影响。综合五种权重矩阵下政府影响力的效应分解结果可以发现，除了在邻接空间权重矩阵 W_1 下的短期间接效应和短期总效应为正之外，基于其他四种空间权重矩阵的短期直接效应、短期间接效应和短期总效应皆为负，而长期间接效应和长期总效应均为正。基于五种权重下的以 COD 排放量与农业增加值比重的对数表征环境规制的短期总效应均为负，但长期总效应在 W_2、W_3、W_4、W_5 下均为正。以 NH 排放量与农业增加值比重的对数表征环境规制的短期总效应均为正（W_2、W_3、W_4、W_5 下通过显著性

表6-19　空间效应分解结果（W₁、W₂、W₃）

权重	变量	SR D	SR IND	SR T	LR D	LR IND	LR T
W₁	EI2	0.0755	-0.1028	-0.0273	0.0184	-0.0357	-0.0173
	EI2s	0.0332	-0.0497	-0.0165	-0.0447	0.0350	-0.0097
	WE2	0.1203 ***	-0.6154 ***	-0.4950 **	-0.1734	-0.1250	-0.2984 ***
	SW2	-0.1302 ***	0.5058 ***	0.3756 **	0.2001	0.0234	0.2234 ***
	GI2	-0.1232	0.5071	0.3839	0.2152	0.0140	0.2292
	ER(cod2)	0.0354	-0.4908 **	-0.4553 **	-0.0042	-0.2690	-0.2732 **
	ER(nh)	-0.4519 ***	0.6697 ***	0.2178	0.4718	-0.3407	0.1311
W₂	EI2	0.3076 ***	1.7337 *	2.0414 **	-0.1688	-0.8224	-0.9912 ***
	EI2s	0.0446 *	0.3768 **	0.4214 **	0.0665	-0.2822	-0.2157 ***
	WE2	0.0125	1.2396 **	1.2520 **	0.7967	-1.4050	-0.6082 ***
	SW2	-0.0076	0.1472	0.1396	0.0975	-0.1639	-0.0664
	GI2	-0.2614	-4.3559 ***	-4.6173 ***	-1.7810	4.1545	2.3735 ***
	ER(cod2)	0.0676	-0.8184	-0.7508	-0.6991	1.0801	0.3810
	ER(nh)	-0.0794	2.4906 ***	2.4112 **	1.6630	-2.8607	-1.1977 ***

续表

权重	变量	SR D	SR IND	SR T	LR D	LR IND	LR T
W₃	EI2	0.1622	-0.0924	0.0698	-1.6076	1.5750	-0.0325
	EI2s	0.0024	0.1383	0.1408*	0.1173	-0.4234	-0.3061
	WE2	-0.1065**	0.1451	0.0386	1.1055	-1.1580	-0.0526
	SW2	-0.0309	0.0536	0.0226	0.3560	-0.4102	-0.0542
	GI2	-0.2609	-1.3289*	-1.5898*	1.2630	2.5264	3.7895
	ER（cod2）	-0.0297	-1.3623***	-1.3919***	-0.6873	3.8698	3.1825
	ER（nh）	-0.0949	1.5854***	1.4904***	1.8404	-5.1310	-3.2907

注：***、**、*分别表示在1%、5%和10%的水平上显著。

资料来源：笔者测算并整理绘制。

212

表6－20　空间效应分解结果（W_4、W_5）

权重	变量	SR D	SR IND	SR T	LR D	LR IND	LR T
W_4	EI2	0.3076***	1.7337*	2.0414**	-0.1688	-0.8224	-0.9912***
	EI2s	0.0446*	0.3768**	0.4214**	0.0665	-0.2822	-0.2157***
	WE2	0.0125	1.2396**	1.2520**	0.7967	-1.4050	-0.6082***
	SW2	-0.0076	0.1472	0.1396	0.0975	-0.1639	-0.0664
	GI2	-0.2614	-4.3559***	-4.6173***	-1.7810	4.1545	2.3735***
	ER（cod2）	0.0676	-0.8184	-0.7508	-0.6991	1.0801	0.3810
	ER（nh）	-0.0794	2.4906***	2.4112**	1.6630	-2.8606	-1.1977***
W_5	EI2	0.3818***	2.8149	3.1967*	-0.3100	-0.7508	-1.0608***
	EI2s	0.0530**	0.4407*	0.4937**	-0.0689	-0.1060	-0.1749***
	WE2	0.0754	2.1137*	2.1891*	0.2175	-0.9491	-0.7315***
	SW2	-0.0060	0.2047	0.1987	0.0933	-0.1585	-0.0652
	GI2	-0.2882	-5.1503**	-5.4385**	-0.2835	2.2212	1.9376***
	ER（cod2）	0.0356	-1.1574	-1.1219	-0.3898	0.7856	0.3957*
	ER（nh）	0.0024	3.5247**	3.5271**	0.7878	-1.9922	-1.2044***

注：***、**、*分别表示在1%、5%和10%的水平上显著。

资料来源：笔者测算并整理绘制。

水平检验），而长期总效应除了 W_1 外也均为负，说明环境规制是一个长期的过程，虽然短期来看效果并不是很明显，但政府仍需继续加强农业方面的环境规制力度。

6.6 本章小结

本章采用空间计量技术，以邻接空间权重、地理距离权重和经济空间权重三种对称权重矩阵及两种非对称空间权重矩阵表征中国农业用水效率的空间关联模式，利用探索性空间数据分析中的 Moran's I 指数和 Moran 散点图，揭示资源环境约束下中国农业用水效率的全局和局域空间相关性，进而构建空间动态 Durbin 面板数据模型对资源环境约束下的农业用水效率的影响因素进行经验识别，并采用空间回归模型偏微分方法进行空间效应分解，从而为提升资源环境约束下的农业用水效率提供实证支持。

实证研究发现，无论是基于对称的空间权重矩阵还是非对称的空间权重矩阵，中国农业用水效率均呈现出明显的全局空间相关性和局域空间集聚特征。以农业面源污染为非期望产出的动态空间面板 Durbin 模型的回归结果显示，农业用水效率与农业经济发展水平之间存在"U"形关系，水资源越是丰富的地区农业用水效率越是低下，节水农业的发展会显著地促进农业用水效率的提高，政府影响力对农业用水效率产生显著的正向影响，而环境规制对面源污染约束下的农业用水效率并无明显的正向影响。以 COD、NH 为非期望产出的动态空间面板 Durbin 模型的回归结果显示，农业经济发展水平对农业用水效率有正向影响，水资源禀赋、节水农业发展水平、政府影响力均对农业用水效率有负向影响，以 COD 排放量与农业增加值的比值表征的环境规制对于提高中国农业用水效率并无明显促进作用，而以 NH 排放量与农业增加值的比值表征的环境规制对于提高农业用水效率具有显著的促进作用。

第7章 结论及政策建议

面对水资源日益短缺和水生态环境不断恶化的双重约束，本书通过可靠且翔实的数据基础和多样化的研究方法，对资源环境约束下中国农业用水效率进行了实证测度，并深入考察了中国农业用水效率的时空分布、地区差距及其成因、影响因素等问题。研究结论和相应的政策建议如下。

7.1 主要研究结论

首先，对不同的农业用水效率评价指标、测度方法及结果进行梳理比较，构建了基于全局基准技术下的非期望产出 SBM 模型，对资源环境约束下中国分省及区域农业用水效率进行科学了测度（对应第 2 章和第 3 章）。其次，通过综合运用多种地区差距的研究方法，包括地理信息系统（GIS）的可视化、VAR 广义脉冲、泰尔指数、Kernel 密度、空间 Markov 链、收敛检验和二次指派程序（QAP）等，从时空分布格局、空间交互影响、地区差距及其来源、分布动态、收敛及成因多个方面，全面揭示了资源环境约束下中国农业用水效率的地区差距特征及演变态势（对应第 4 章和第 5 章）。最后，在对农业用水效率的影响因素进行理论分析的基础上，通过空间面板数据计量模型实证考察了资源环境约束下中国农业用水效率的影响因素及其空间溢出效应。本书的研究可以为评价资源环境约束下的农业用水效率提供基础，并为提升资源环境约束下农业用水效率以及制定差别化的区域调控政策提供一定的实证支持（对应第 6 章）。

7.1.1　关于中国农业用水效率的测度

在 DEA 框架下，为了确保资源环境约束下的效率评价过程和测度结果更为科学和准确，至少需要考虑五个方面的关键问题，即环境污染的处理方法、径向和角度的选择、对有效的 DMU 效率评价、规模报酬假设的选择、最佳生产前沿的确定。G – SBM 模型测得的效率具有跨期可比性，但是没有考虑非期望产出；U – SBM 模型考虑了非期望产出，但其测得的效率没有跨期可比性。为了科学准确地对资源环境约束下中国农业用水效率进行测度，本书在 DEA 框架下，在 SBM 模型基础上，将 U – SBM 模型和 G – SBM 模型结合起来，构建基于全局基准技术下的非期望产出 SBM 模型（G – U – SBM），并基于该模型构建了资源环境约束下农业用水效率测度方法。

本书基于 G – U – SBM 效率测度模型，采用 1998 ~ 2015 年中国各省①数据，以农业用水量、劳动、土地要素、资本和化肥为投入变量，以地区实际农业增加值作为期望产出，分别以农业面源污染和 COD、NH 为非期望产出，测度两种模式下省际及区域的农业用水效率。研究发现，使用相同的数据，不同的 DEA 模型和测度方法对资源环境约束下中国农业用水效率的测度结果均存在一定的影响。从结果的比较也发现，采用 G – U – SBM 模型测度资源环境约束下中国农业用水效率，具备了与其他模型无法比拟的优势：效率评价更为精确、能够合理地处理面源污染等非期望产出、非径向和非角度的 DEA 方法更为科学。另外，我们也发现，不同非期望产出的农业用水效率测度结果存在较大差异。

7.1.2　关于中国农业用水效率的空间分布及交互影响

依据多样化的地域单元划分标准，本书分别采用了地理信息系统（GIS）的可视化方法和 VAR 框架下的脉冲响应函数方法，对中国农业用水效率的空间分布特征进行了详细刻画，并对其空间交互影响效应进行了经验识别。具体研究结论概括如下：

---

①　本书统计数据不包含香港、台湾、澳门地区。

（1）基于地理信息系统（GIS）技术的地理分布图表明，资源环境约束下中国农业用水效率的分布存在显著的空间非均衡特征，沿海地区的农业用水效率高于内陆地区，大致表现为从东南沿海到内陆递减的分布态势。另外，由地理分布图可以较为直观地发现，资源环境约束下中国农业用水效率的空间分布并不存在明显的分界线，地区之间存在交叉重叠现象。

（2）基于资源环境约束下分省及区域农业用水效率，我们从全国、区域、分省三个层次，对农业用水效率的总体特征、增长速度和增长水平进行了细致的考察。从整体来看，无论是基于以农业面源污染还是以 COD 和 NH 为非期望产出的农业用水效率，其效率值在考察期内均呈现不断上升的趋势。从区域层面来看，对基于面源污染为非期望产出的农业用水效率而言，其在两大地区、三大地区、四大地区和八大地区的地区划分标准下，其效率值呈现不断上升的态势。其中，沿海地区、东部地区、北部地区农业用水效率较高。以农业面源污染为非期望产出和以 COD、NH 为非期望产出的农业用水效率在区域层面上呈现的分布状态相同。从分省层面来看，对以农业面源污染为非期望产出的农业用水效率而言，北京、天津、上海的农业用水效率较高，而河北、内蒙古、辽宁、吉林、江苏、浙江等全国大多数省份的农业用水效率较低。以农业面源污染为非期望产出和以 COD、NH 为非期望产出的农业用水效率在省际层面上呈现的分布状态相同。

（3）基于 VAR 框架下的脉冲响应函数分析结果表明，不同区域的农业用水效率之间存在较强的空间交互影响。从两大地区来看，沿海地区农业用水效率对内陆地区农业用水效率的影响较大，而且是正向影响。应着重发挥沿海地区的效率优势，提高其溢出效应，带动内陆地区农业用水效率的提高。从三大地区来看，东部地对中部地区和西部地区的农业用水效率有显著的正向影响，西部地区对中部地区的农业用水效率也有显著的正向影响，中部地区对其他区域的农业用水效率不存在显著的影响。因此，东部地区是协同提升区域农业用水效率的重要区域，提升东部地区的农业用水效率能带动其他两个地区农业用水效率的提高。从四大地区来看，东部地区对中部、西部、东北地区的农业用水效率都有正向影响，农业用水效率存在东部地区→东北地区→西部地区→中部地区的交互影响渠道，因此提升东部地区的农业用水效率能带动其他三个地区农业用水效率的提高。

7.1.3 关于中国农业用水效率的地区差距及其成因

按照多样的地域单元划分标准，本书综合运用泰尔指数、Kernel 密度估计、Markov 链分析、σ - 收敛检验、β - 收敛检验和二次指派程序（QAP）等多种方法，对中国农业用水效率的地区差距及其成因进行了全面考察，具体结论如下：

（1）基于泰尔指数及其分解方法的实证研究表明：第一，以农业面源污染为非期望产出和以 COD、NH 为非期望产出的农业用水效率的地区差距表现出相似的演变态势，在样本考察期内均呈现逐渐上升后又下降的趋势。第二，从地区差距的来源来看，以农业面源污染为非期望产出和以 COD、NH 为非期望产出的农业用水效率的地区差距来源一致，尽管地区内差距和地区间差距的贡献率在样本考察期内呈波动上升的趋势，但是整体上，在两大地区、三大地区和四大地区的空间尺度下，农业用水效率的地区内差距要高于地区间差距对总体地区差距的贡献率；而在八大地区的空间尺度下，农业用水效率的地区间差距的贡献率均高于地区内差距的贡献率。

（2）基于 Kernel 密度估计方法的实证研究表明，在两种非期望产出下测度的农业用水效率，两者在样本考察期内均有所提升，但整体上地区差距均不断扩大，说明省际农业用水效率之间的差距在新的阶段有扩大趋势。

（3）基于 Markov 链分析方法的实证研究表明，两种非期望产出下测度的农业用水效率的效率变化一致，即不同农业用水效率的状态的组间流动性较低，各省在总体农业用水效率水平分布中相对位置比较稳定，整体来看，农业用水效率处于高水平的省份仍保持高水平，且农业用水效率处于低水平的省份保持低水平的概率较大。通过空间 Markov 链分析方法，可以发现，空间因素在中国农业用水效率的演变过程中发挥了重要作用，低水平地区农业用水效率的动态演变受周围邻居空间溢出效应的影响较大，而高水平地区的农业用水效率具有较强的稳定性，即与高水平"邻居"为邻，能够提高农业用水效率向更高水平转移的概率，而低水平的空间滞后类型抑制了向更高水平的转移。

（4）基于收敛检验方法对资源环境约束下农业用水效率的 σ - 收敛和 β - 收敛的实证研究表明：第一，从 σ - 收敛的结果来分析收敛情况。两种非期望产出下的农业用水效率在全国层面上均不存在 σ - 收敛。一是对以农业面源污染为非期望产出的农业用水效率而言，在两大地区的空间尺度下，内陆地区呈现显著的收敛趋势，而沿海地区没有呈现显著的收敛或发散趋势。在三大地区的空间尺度下，西部地区呈现显著的收敛趋势，东部地区和中部地区未呈现显著的收敛或发散趋势。在四大地区的空间尺度下，东北地区呈现显著的发散趋势，中部地区呈现俱乐部收敛趋势，西部地区呈现显著的俱乐部收敛趋势，东部地区未呈现显著的收敛或发散趋势。在八大地区的空间尺度下，北部沿海和东部地区呈现显著的发散趋势，南部沿海地区呈现一定的发散趋势，黄河中游地区呈现显著的俱乐部收敛趋势，东部沿海、长江中游、西北地区和西南地区未呈现显著的收敛或发散趋势。二是对以 COD 和 NH 为非期望产出的农业用水效率而言，在两大地区的空间尺度下，沿海地区和内陆地区未呈现显著的收敛或发散趋势。在三大地区的空间尺度下，东部地区、中部地区和西部地区未呈现显著的收敛或发散趋势。在四大地区的空间尺度下，东部地区、中部地区、西部地区和西北地区均未呈现显著的收敛或发散趋势。在八大地区的空间尺度下，东部地区、西北地区和西南地区均呈现一定的发散趋势，北部沿海、东部沿海、南部沿海、长江中游和黄河中游均未呈现显著的收敛或发散趋势。第二，从 β - 绝对收敛检验结果分析收敛情况。一是对以农业面源污染为非期望产出的农业用水效率而言，在全国层面上存在 β - 绝对收敛。在两大区域的空间尺度下，沿海地区呈现一定的发散趋势，而内陆地区形成一个收敛俱乐部。在三大地区的空间尺度下，东部地区不存在 β - 绝对收敛，中部地区不存在 β - 绝对收敛，西部地区形成了一个收敛俱乐部。在四大地区的空间尺度下，东部地区呈现一定的发散趋势，中部地区不存在 β - 绝对收敛，西部地区形成了一个俱乐部收敛，东北地区不存在 β - 绝对收敛。在八大地区的空间尺度下，八大地区均不存在 β - 绝对收敛。二是对以 COD 和 NH 为非期望产出的农业用水效率而言，其在全国层面上不存在 β - 绝对收敛。在两大地区的空间尺度下，这两个地区的农业用水效率均不存在 β - 绝对收敛。在三大地区的空间尺度下，这三个地区的农业用水效率均不存在 β - 绝对收敛。在四大地区的空间尺度下，

东部地区不存在 β – 绝对收敛，中部地区构成了俱乐部收敛，西部地区不存在 β – 绝对收敛，东北地区呈现发散趋势。在八大地区的空间尺度下，只有东部地区各省的农业用水效率呈现 β – 绝对收敛，其他地区没有呈现收敛趋势。第三，从 β – 条件收敛检验结果分析收敛情况。一是对以农业面源污染为非期望产出的农业用水效率而言，其在全国层面上不存在 β – 条件收敛。在两大地区的空间尺度下，沿海地区和内陆地区不存在 β – 条件收敛。在三大地区的空间尺度下，东部地区、中部地区和西部地区呈显著发散趋势。在四大地区的空间尺度下，东部地区、中部地区、西部地区和东北地区均不存在 β – 条件收敛。在八大地区的空间尺度下，西北地区形成收敛俱乐部，其他地区均不存在 β – 条件收敛。二是对以 COD 和 NH 为非期望产出的农业用水效率而言，其在全国层面上存在 β – 条件收敛。在两大地区的空间尺度下，沿海地区和内陆地区两地区分别形成了一个收敛俱乐部。在三大地区的空间尺度下，东部地区、中部地区和西部地区形成了三个收敛俱乐部。在四大地区的空间尺度下，东部地区、中部地区、西部地区和东北地区存在显著的 β – 条件收敛。在八大地区的空间尺度下，东部沿海地区呈发散趋势，北部沿海、南部沿海、长江中游、黄河中游、东部地区、西北地区和西南地区这七个地区形成了俱乐部收敛。

（5）基于 QAP 方法对资源环境约束下农业用水效率的地区差距成因进行实证研究表明：第一，从 QAP 的相关分析结果来研究农业用水效率地区差距的成因。一是对以面源污染为非期望产出的农业用水效率而言，农业经济发展水平和节水农业发展水平与农业用水效率地区差距存在正向相关关系。水资源禀赋和政府影响力与农业用水效率的地区差距存在负向相关关系。另外，环境规制与农业用水效率的地区差距不存在显著相关关系。二是对以 COD 和 NH 为非期望产出的农业用水效率而言，农业经济发展水平、节水农业发展水平、环境规制与农业用水效率的地区差距有存在正向相关关系。另外，政府影响力和水资源禀赋与农业用水效率地区差距存在显著的负向相关关系。第二，从 QAP 的回归分析结果来研究农业用水效率地区差距的成因。一是对以面源污染为非期望产出的农业用水效率而言，根据 QAP 回归结果，七个自变量矩阵可以解释中国农业用水效率地区差距成因的 67.7%。农业经济发展水平、节水农业发展水平的回归系数通过了 1% 的显著性水平检验，表明不同地区间农业经济发展水平和节水农业发展水平的差异是影响农业用水效率地区差距的重要因素，缩小它们的地区差距可以有效缩小用水效率的地区差距。政府影响力的回归系数通过 10% 的显著性水平检验，说明政府影响力对中国农业用水效率的地区差距有一定的作用。其他变量的回归系数未通过显著性检验，说明它们对中国农业用水效率地区差距的作用并不大。二是对以 COD 和 NH 为非期望产出的农业用水效率而言，根据 QAP 回归结果，六个自变量矩阵可以解释中国农业用水效率地区差距成因的 84.6%。节水农业发展水平的回归系数通过了 1% 的显著性水平检验，说明表明不同地区间节水农业发展水平的差异是影响农业用水效率地区差距的一个重要因素，缩小它们的地区差距可以有效缩小用水效率的地区差距。其他变量的回归系数未通过显著性检验，表明它们对农业用水效率地区差距的作用并不大。

7.1.4 关于中国农业用水效率的影响因素

为了揭示资源环境约束下中国农业用水效率的影响因素，我们采用空间计量技术，构建动态空间 Durbin 面板数据计量模型，以邻接空间权重、地理距离权重和经济空间权重三种对称空间权重矩阵和两种非对称空间权重矩阵表征空间关联模式，同时考虑了资源环境约束下中国农业用水效率的空间相关和影响因素的空间溢出效应，采用空间回归模型偏微分方法，对资源环境约束下中国农业用水效率的影响因素及其空间溢出效应进行了实证研究。研究发现：

（1）以农业面源污染为非期望产出的估计结果表明，面源污染约束下的农业用水效率与农业经济发展水平之间存在 U 形关系，这恰恰验证了经济增长与环境污染之间的"EKC"假说成立；一个地区的水资源越是丰富那么该地区的农业用水效率越低下；我国节水农业的发展显著地促进了农业用水效率的提高；各地区用于农林水事务的财政支出会对农业用水效率产生显著的正向影响；环境规制对于提高农业用水效率并无明显促进作用。以农业面源污染为非期望产出的空间效应分解结果表明，农业用水效率与农业经济发展水平之间存在 U 形关系，即满足了"EKC"假说；水资源越丰富的地区农业用水效率越低，且对其他地区表现出正向的空间溢出效应；节水农业发展水平的短期直接效应、短期间接效应和短期总效应均为正且均通过了1%的显著性水平检验，而长期效应均不显著；政府影响力这一因素的空间效应分解情况为，短期效应除了邻接空间权重矩阵下的直接效应外，其余均为正且通过了1%的显著性水平检验，环境规制的短期总效应均为正且均通过了显著性水平检验，但长期总效应均为负。

（2）以 COD 和 NH 为非期望产出的估计结果表明，农业经济发展水平的提高会促使中国农业用水效率的提升，一个地区的水资源越是丰富那么该地区的农业用水效率越低下，节水农业发展水平与农业用水效率呈负相关关系，各地区用于农林水事务的财政支出会对农业用水效率产生显著的负向影响，以 COD 排放量与农业增加值的比值表征的环境规制对于提高中国农业用水效率并无明显促进作用，而以 NH 排放量与农业增加值的比值表征的环境规制对于提高农业用水效率具有显著的促进作用。以 COD 和 NH 为非期望产出的空间效应分解结果表明，农业经济发展水平及其平方项的短期总效应均为正，且长期总效应均为负。短时期内水资源越是丰裕的地区农业用水效率越低，而从长期来看水资源禀赋对农业用水效率表现出正向的影响，从短期来看，节水灌溉面积对农业用水效率表现出正向的影响，而从长期来看则表现出负向的影响，短期直接效应、短期间接效应和短期总效应皆为负，而长期间接效应和长期总效应均为正，说明环境规制是一个长期的过程，不能只注重当前的环境规制效果。

7.2 政 策 建 议

当前，水资源日益短缺和水生态环境不断恶化是中国农业用水所面临的双重约束。面对资源环境约束的日益趋紧，不断提升资源环境约束下的中国农业用水效率，成为解决中国农业用水危机、建设资源节约与环境友好型农业的根本途径和必然选择。基于本书的研究结论，我们从七个方面为提升资源环境约束下中国农业用水效率提供相应的政策建议。政策建议框架如图 7-1 所示。

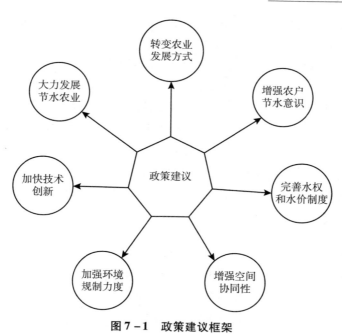

图 7-1 政策建议框架

资料来源：笔者绘制。

7.2.1 加快转变农业发展方式，由粗放发展向绿色发展转变

改革开放 40 多年来，中国农业发展取得了举世瞩目的成就。然而，过去的农业发展是以"高投入、高耗能、高污染、低产出"的粗放型生产方式为主要特征的，农业用水效率低下。伴随农业的进一步发展，传统的粗放型生产方式越来越受到资源、环境问题的制约，并呈现出日趋严峻的态势，中国水资源污染和浪费严重，农业用水效率低下。因此，转变传统的农业发展方式，使农业发展转向绿色和可持续发展模式已经成为提高中国农业用水效率以实现可持续发展的当务之急。一方面，要减少农业污染，如农业面源污染等；另一方面，要转变农业发展方式，坚持可持续发展，走绿色发展的道路，建设"资源节约型"和"环境友好型"社会。

为了破解资源环境约束，中央政府做出了"绿色发展"的重大战略抉择。加快推进传统农业发展方式向绿色、可持续的发展方式转变是新常态下中国农业发展面临的一个重大战略问题，也是提高中国农业用水效率的关键所在。2017 年，"中央 1 号文件"明确指出要推行绿色生产方式，增强农业可持续发展能力。这就必然要求农业从传统粗放的发展方式向"低投入、低耗能、低污染、高产出"的新型绿色发展方式转变。因此，要从中国农业发展的现实情况出发，以加快农业绿色发展进而提高农业用水效率为重点，发挥农业的生态环境功能。要加快农业结构的调整，以市场化农业、国际化农业为目标，以科技创新和体制创新为动力，加快推进中国绿色农业的发展。

为适应我国农业绿色发展模式，还需从根本上改变单纯以农业增加值作为农业经济增长考核指标，取消传统以农业增加值为主的考核指标体系，改革地方政府政绩考核模式，推进科学的环保政绩考核机制，将农业经济发展的目标从规模数量的扩张转变为农业经济质量的提升。地方政府作为中央政策方针的主要执行者，其利益动机及激励方式严重影响着我国农业经济的增长方式及转变方向。通过改变地方政府的经济考核指标，摒弃对农业增加值增长的盲目崇拜，地方在发展农业的同时首要考虑资源消耗和环境污染排放问题，对于资源消耗多、环境污染大的项目应予以摒弃，实施地区差异化的环境规制政策，真正实现我国农业经济更长时期、更高质量的可持续发展。

7.2.2　加强环境规制，优化政府职能

环境规制属于社会性规制的重要内容，是政府制定相应的政策措施调节经济活动使得经济发展与环境保护相协调，其目的在于保护环境。据国家统计局数据显示，2014 年农用化肥施用量为 5995.94 万吨，农用氮肥施用量为 2392.86 万吨，农用磷肥施用量为 845.34 万吨。农作物亩均化肥施用量为 21.9 公斤，远高于世界平均水平（每亩 8 公斤），是美国的 2.6 倍，欧盟的 2.5 倍。中国农业生产过程中化肥施用量高而利用率低使得化肥施用过剩渗入地下污染水体，从而带来严重的农业面源污染，进而导致农业用水效率下降。对此，政府应树立绿色发展的理念，建立健全的环境绩效考核机制，提高污染排放标准，实行更为严格的环境规制，迫使农业污染较严重的地区通过技术创新降低资源消耗和污染排放。对于那些污染特别严重，而且绿色技

术水平低下的农业产业，应通过实现产业资源的重新组合，使农业生产由耗能高、污染大、技术低转向耗能低、污染小、技术水平高的绿色生产方式。

此外，农业的绿色发展方式对于应对我国资源环境危机、提升农业用水效率，提高农业经济增长质量，实现农业绿色转型具有重要意义。由于农业生产过程中产生的环境污染和资源浪费具有负外部性的特征，作为理性的"经济人"，为了追求个人利益的最大化，很可能会忽略对资源环境的保护，由此在农业生产的过程中产生的水资源污染和浪费也是导致农业用水效率低下的一个重要原因。对此，政府应建立客观合理的生态环境监测体系，依据此监测体系，进行评估与考核，积极落实生态保护政策，奖惩结合，树立绿色农业生态补偿的示范区，发挥其引领带动作用（于法稳，2017）[1]，以达到倒逼减排的效果。另外，还应建立以政府为纽带、企业为主体、科研部门为依托的联合创新机制；鼓励农业产业的自主创新，建立健全对自主知识产权保护机制，切实保障拥有自主知识产权的高新产业顺畅发展；实施人才创新和融资创新，拓宽高新技术产业融资渠道、改革创新人才评价模式；最终使高新技术产业真正成为农业发展和技术创新的先导，为农业总体的节能减排和农业用水效率的提高做出贡献。

7.2.3　大力发展节水农业，推动节水产业发展

中国是一个人口大国，同时也是一个农业大国。现阶段，中国农业的发展正面临粮食供需矛盾突出，区域差异大等亟待解决的严峻问题。为了解决日益严峻的粮食供给问题，中国农业的粮食种植面积扩大，相对应的农业灌溉面积不断扩大，农业生产所需的灌溉用水需求扩大。农业作为用水大户，用水量约占全国用水总量的63%，但其中真正被农作物用到的还不到30%，大量的水资源被浪费了。面对当前中国农业生产过程中水资源面临的缺水、干旱、浪费、超采等问题，我们应当及时改进灌溉方式，在对农业结构进行调整的基础上应大力发展节水农业，从全局的战略高度充分认识发

225

---

① 　于法稳：《中国农业绿色转型发展的生态补偿政策研究》，载于《生态经济》2017 年第 3 期，第 14～18、23 页。

展节水农业的重要意义。

发展节水农业不仅关系到农业的稳定发展，而且关系到整个国民经济的绿色健康发展。在立足当前水资源短缺和水污染严重的严峻形势下，节水农业的发展成为中国农业可持续发展的重要保障。就目前现状来讲，节约水资源的当务之急是制定或更新现存的水资源利用标准并予以真正执行，以此为契机带动农业结构调整升级，推进城镇化节能的进程。此外，在当前农业用水效率的高低是攸关我国农业发展水平发展的基础性、战略型问题，对人民基本生活的保障、社会的长治久安至关重要。首先，要建立农业节水补偿机制，对农民应用节水技术进行农业生产进行水费优惠或者给予一定的补助，这样不仅能够激励农户节约用水，而且还可以通过这种方式补助农户。其次，要加强节水农业建设，创新农业节水技术，建立多元化、多层次、多渠道的节水农业投入机制（陈萌山，2011）[1]。此外，要注重节水农业基础教育，培养具有创造性的管理人才和科研人才，加大培训宣传的力度，提高人们的普遍性节水意识。

7.2.4 加快技术创新，发挥技术进步优势

我国农业用水效率相比发达国家较低，有很大的提升空间。本书的实证研究结果表明，无论从全国还是区域层面，资源环境约束下中国农业用水效率的提升主要来源于技术进步。这与大多数的研究结论一致（刘渝等，2007[2]；梁流涛等，2012[3]）。因此，要格外注重发挥技术进步对农业用水效率提高的促进作用。

从技术进步定义来看，技术进步不仅包括狭义范畴上以科技创新为主的"硬"技术进步（主要表现为科技进步）影响，还包括以管理创新、制度创新等为主"软"技术进步（主要表现为技术效率）影响，将"硬"技术进步和"软"技术进步统一考虑即为广义技术进步（佟

---

① 陈萌山：《把加快发展节水农业作为建设现代农业的重大战略举措》，载于《农业经济问题》2011 年第 2 期，第 4 ~ 7 页。

② 刘渝、王兆锋、张俊飚：《农业水资源利用效率的影响因素分析》，载于《经济问题》2007 年第 6 期，第 75 ~ 77 页。

③ 梁流涛、曲福田、冯淑怡：《基于环境污染约束视角的农业技术效率测度》，载于《自然资源学报》2012 年第 9 期，第 1580 ~ 1589 页。

金萍等，2014)①。首先，技术进步有助于农业用水效率的提升，而且中国各省份的农业用水效率主要依靠"硬"技术为主的农业科技提升。因此，应在现有水资源利用政策和节水农业的政策前提下，大力发展农艺节水技术、灌溉节水技术和工程节水技术等农业科技技术，通过喷灌、微灌、渠灌等方式进一步挖掘农业用水节水潜力，提高农业用水效率。其次，我们还应重视与农业用水效率相关的"软"技术，以管理和制度创新为基础，采取调增种植技术和完善节水技术管理体系等方式，提高农业用水效率的提高。农业水资源的高效利用是现阶段加强用水效率控制红线的重要问题，我们应在"红线"倒逼机制的引导下，向结构、机制和制度要水，提高"软"技术节水能力（佟金萍等，2014)②。最后，农户对是否采用农业节水技术对提高中国农业用水效率也起到至关重要的作用。我们应加强对节水技术的宣传，让农户对节水技术的成本和受益有更好的了解。对采取节水技术的农户，应加大对其的资金补助和政策支持，针对投入高但节水效果好的技术，在初期工程投入方面应加大支持，降低农户使用成本（韩一军，2015)③。

7.2.5 发挥空间关联和空间溢出效应，增强空间协同性

当前，区域之间的空间关联日趋密切，空间溢出效应已经成为影响资源环境约束下农业用水效率的重要因素。当存在空间溢出效应时，某个影响因素的变化不仅会引起本地区农业用水效率的变化，同时也会对近邻地区的农业用水效率产生一定的影响，并可能会引起一系列地区差距的变化。根据本书的研究结论，资源环境约束下中国农业用水效率存在明显的地区差距且这种差距呈现不断扩大态势，在农业用水效率地区差距的形成过程中，农业经济发展、农业节水发展以及环境规制等因素扮演着极其重要的角色。因此，必须充分发挥空间关联和空间溢出效应对资源环境约束下农业用水效率区域协调的促进作用，不断缩小资源环境约束下农业用水效率的地区差距。考虑到东部沿海地区省份更多是扮

①② 佟金萍、马剑锋、王慧敏等：《农业用水效率与技术进步：基于中国农业面板数据的实证研究》，载于《资源科学》2014 年第 9 期，第 1765～1772 页。

③ 韩一军、李雪、付文阁：《麦农采用农业节水技术的影响因素分析——基于北方干旱缺水地区的调查》，载于《南京农业大学学报（社会科学版）》2015 年第 4 期，第 62～69 页。

演"领先者"的角色，而中西部地区的省份更多扮演"追赶者"的角色，因此要充分发挥东部地区向中西部地区的空间溢出效应，使得"领先者"的先进技术和经验向"追赶者"实现"溢出"，从而缩小农业用水效率的地区差距。

此外，为了充分发挥农业用水的空间关联和空间溢出效应，还应该不断增强农业用水效率提高和农业面源污染防治的协同性。首先，构建以环保部门为主、其他部门协同联动的农业用水效率提高机制。农业部门应协调促进产业发展和效率提高和两个目标，改变农业用水管理的"真空"状态。立法应明确农业部门为农业用水管理的主管部门，加强对相关工作的指导、协调、监督和综合管理，具体针对农业管理、科学施用肥料和加强养殖污染防治等方面进行具体的指导；其他部门有义务配合农业部门履行职责（邓小云，2012）[1]。发展改革、财政等综合部门要制定有利于农业用水效率提高的财税、产业、价格和投资政策；气象部门要加强农业气象监测预警服务；工信部门要大力支持并制定农业用水效率提高的相关标准；环保部门要加强农业面源污染的防治及治理工作。其次，构建地方政府之间和省际提高农业用水效率的联动机制。农业水资源和农业水污染往往跨行政区域，依托于湖泊、流域和海岸带等单元，因此，与单个地方政府或单个省份的单独行动相比，区域联动可以实现额外的溢出效应。在区域联动的实施过程中，提高农业用水效率和防治面源污染主要靠利益推动和法律责任督促，各参与主体可以通过自身和其他参与方成本分摊意愿以及利益分享的要求，最终确定提高农业用水效率的联动机制、合作监督机制及相关纠纷裁决机制。

7.2.6 完善水权和水价制度，建设农业水资源有效利用的调控体系

农业水权制度是水权制度建设的重要组成部分，为了促进农业发展，支持社会主义新农村建设、推动节水型社会进程，创新农业水权制度十分必要（乔文军，2007）[2]。农业水权管理的有效运行必须依赖制

---

[1] 邓小云：《农业面源污染防治法律制度研究》，中国海洋大学，2012年。

[2] 乔文军：《农业水权及其制度建设研究》，西北农林科技大学西北农林科技大学，2007年。

度保障，中国的水权市场运作和水权收益等还缺乏相应的政策和法规依据，亟待进行改善。首先，在法律层面上，中国还缺少水市场相关法律规定，应在法律中增加水权交易的内容。其次，在政策层面上，应针对农业水权市场建立专门的法律规范，并在农业灌区进行农业水权试点。再次，还应在农业水权交易市场章程、交易规则和其他程序方面进行完善。最后，在农业水权管理层面上，中国还存在"多龙管水""条块分割"的现象，这导致水权管理上"政出多门"，各管理职能相互交叉、政令相互抵触，这些都不利于水权的实施（崔海峰，2015）[①]。因此，应建立科层组织体系政令畅通且农村基层参与管理组织职能的管理制度，以促进农业水权管理的实施。

　　促进农业用水效率提高，必须明确水权且制定与水权相适应的水价，才能避免"公地悲剧"的发生。针对农业用水水价机制不健全问题，要坚持经济杠杆调节，对农业水价形成机制进行全面调节，建立起有利于农业节水的水价形成机制和水费收取机制。首先，对水价改革最重要的是建立农业节水水价成本补偿机制：应推广可以实现水价和水费征收到位目的的水费末级核算制度，且做好终端农业用水量的计量；建立水成本核算准则，完善年度核定农业用水成本制度；针对农业用水应遵循"补偿成本、合理收益、节约用水、公平负担"的原则，结合当地实际，对农业配置主体逐级建立农业水价形成市场配置机制（郑芳，2013）[②]。其次，严格执行《水利工程供水价格管理办法》，坚决取缔按亩收费等不合理收费现象，加快实行按方计量和按户收费，通过节水使农民少用水并少缴纳水费，以达到减少农民负担的目的。最后，对实施农业节水实行奖惩结合，对完成节水指标的农户予以奖励且允许节约的水资源有偿转让，对水资源浪费严重、未达成节水指标、超过用水定额的农户进行相应的惩罚。

7.2.7　增强农户节水意识，提高农户参与农业节水的积极性

　　中国农业用水效率的提升受多种因素制约，但农民的节水意识不强

① 崔海峰：《农业水价改革研究——以山东省引黄灌区为例》，山东农业大学，2015 年。
② 郑芳：《新疆农业水资源利用效率的研究》，石河子大学，2013 年。

则是其中一个重要因素①。良好基层社会文化环境的构建对农户节水意识的提高有重要作用，村干部作为基层社会文化环境建设的主题，提升他们的精神文化素质，利于各级政府层面的措施能有效在基层实施；加强农村教育普及，可以从根源上提升农户的精神文化层次，提高其节水意识，更有利于农户家庭接受新的节水技术和知识，提高农田有效灌溉面积。另外，还应加强灌溉相关知识和技术的推广和培训，增加推广和培训的频率，安排专人到基层深入到农村中展开相关知识的普及和培训。让农户"知水"，了解水是稀缺的，非取之不尽的；让农户"爱水"，转变观念，唤醒他们的节水意识，明白没有水，农业就是无本之木；让农户"从水中获利"，新技术新方法给农户节约成本，会促使农户节水意识的提高，从而促进农业用水效率的提高。

农户的广泛参与可以促进节约用水以及农业用水效率的提高（白金凤，2008）②。公众参与包括农业节水相关法规、政策和规定制定前的"预谋参与"，成立农业用水户协会的"行为参与"，以及以信息公开引导农户自觉节水的"过程参与"。"预谋参与"是指在立法机关、水行政部门在制定相关节水法规等时，在制定农业水价、农业水权转让和大耗水量项目建设等，征询公众的意见，必要时还要举行听证会。这样不但有利于调动公众参与的积极性，更能增强民众遵守节水法律制度的意愿，实现农业节水的目标。"行为参与"是指由农民民主选举产生的代表参与并负责水权、水量分配和水价制定，以此达到用水协会民主决策、管理和监督的作用，并调动农户致力节水农业的积极性。"过程参与"是指以信息公开的方式引导农户参与自觉节水。定期召开公开的信息发布会，公布农业水资源供需现状，不仅保证了公众知情权，还让广大农户明白并支持农业节水工作，并以此进一步征求公众意见，让农业节水工作更有效地进行。

---

① 李松梧：《农业节水必须调动农民的积极性》，载于《中国水利报》2008 年 10 月 23 日。

② 白金凤：《我国农业节水的法制化建设研究》，西北农林科技大学，2008 年。

7.3 本章小结

  本章主要对研究结论进行总结,并对资源环境约束下中国农业用水效率的提升提供政策建议。具体包括七个方面:一是加快转变农业发展方式,由粗放发展向绿色发展转变;二是加强环境规制,优化政府职能;三是大力发展节水农业,推动节水产业发展;四是加快技术创新,发挥技术进步优势;五是发挥空间关联和空间溢出效应,增强空间协同性;六是完善水权和水价制度,建设农业水资源有效利用的调控体系;七是增强农户节水意识,提高农户参与农业节水的积极性。

附　录

分省农业用水量（1998~2015年）

表1　　　　　　　　　　　　　　　　　　　　　　　　　　　　　　　　　　　　　　单位：亿立方米

省份	1998年	1999年	2000年	2001年	2002年	2003年	2004年	2005年	2006年	2007年	2008年	2009年	2010年	2011年	2012年	2013年	2014年	2015年
北京	17.39	18.45	16.49	17.40	15.45	12.90	12.97	12.67	12.05	11.73	11.35	11.38	10.83	10.20	9.31	9.09	8.18	6.40
天津	10.49	12.95	12.08	9.97	10.71	11.20	11.98	13.59	13.43	13.84	12.99	12.84	10.97	11.55	11.70	12.44	11.66	12.50
河北	177.54	174.82	161.74	161.23	161.37	149.60	147.07	150.22	152.57	151.59	143.23	143.91	143.77	140.49	142.94	137.64	139.17	135.30
山西	35.94	35.56	35.06	36.27	35.50	33.30	32.93	32.68	34.22	34.32	32.92	34.41	37.98	43.40	42.74	43.11	41.54	45.10
内蒙古	140.83	150.24	155.13	156.74	158.84	146.10	149.43	143.88	142.18	141.77	134.10	138.67	134.52	135.94	135.36	132.46	137.54	140.10
辽宁	90.91	92.57	86.89	84.03	83.16	83.50	85.71	87.16	91.54	91.67	90.89	91.12	89.82	89.74	91.49	90.81	89.65	88.80
吉林	77.98	80.11	85.42	77.43	83.61	67.50	66.44	66.38	70.35	67.53	69.29	71.15	73.84	81.64	84.74	88.77	89.76	90.20
黑龙江	229.73	198.08	185.58	188.61	174.80	171.40	186.25	192.08	208.26	214.75	218.15	237.40	249.60	272.26	294.90	308.31	316.14	312.50
上海	22.70	17.55	15.31	13.66	11.98	16.30	18.81	18.46	18.37	16.21	16.74	16.78	16.76	16.47	17.45	16.26	14.57	14.30
江苏	231.70	248.17	261.42	280.76	289.19	223.10	288.53	263.81	270.69	268.51	287.34	300.12	304.23	307.60	305.35	301.94	297.77	279.10
浙江	128.86	127.48	121.23	117.22	118.14	110.20	107.29	106.73	101.06	100.22	98.73	97.28	94.64	92.07	91.29	91.95	88.21	84.70
安徽	124.41	140.30	121.31	123.99	127.88	93.80	121.74	113.55	136.44	120.56	151.91	167.22	166.70	168.38	157.89	162.09	142.83	157.50
福建	116.98	114.52	110.71	111.45	111.45	101.00	104.20	101.54	97.96	100.94	99.30	100.83	97.19	98.62	92.78	95.73	95.65	93.30
江西	146.31	152.86	152.79	150.43	136.77	104.10	128.54	134.60	132.92	151.35	148.89	157.21	151.02	171.74	155.66	175.68	168.61	154.10

续表

省份	1998年	1999年	2000年	2001年	2002年	2003年	2004年	2005年	2006年	2007年	2008年	2009年	2010年	2011年	2012年	2013年	2014年	2015年
山东	186.56	187.99	175.92	182.91	188.27	157.00	154.29	156.32	169.40	159.71	157.61	156.40	154.76	148.92	154.23	149.72	146.72	143.30
河南	168.36	159.69	134.10	159.59	145.74	113.30	124.54	114.49	140.15	120.07	133.49	138.10	125.59	124.60	135.45	141.65	117.61	125.90
湖北	130.51	163.68	164.90	175.46	136.09	136.20	131.71	142.12	142.96	132.65	142.80	149.43	138.29	142.26	146.44	159.61	156.89	158.10
湖南	224.14	222.42	222.94	224.43	205.85	209.40	202.30	201.33	198.40	193.89	193.19	189.25	185.79	183.12	187.95	195.25	200.19	195.20
广东	260.46	260.29	258.42	257.68	250.42	242.60	240.30	230.65	226.92	224.84	227.74	228.71	227.47	224.16	227.58	223.68	224.33	227.00
广西	207.43	208.90	224.70	216.94	225.86	205.40	210.10	225.38	222.28	208.39	202.91	195.26	194.57	193.21	211.87	209.40	209.21	201.70
海南	38.45	36.89	35.43	34.92	35.76	35.70	37.85	35.14	36.74	35.84	35.63	34.03	33.88	33.84	34.69	32.31	33.40	34.40
重庆	19.14	19.63	18.54	20.25	20.70	20.70	20.32	21.39	18.12	18.75	18.93	19.02	19.84	23.62	25.18	24.56	23.74	25.80
四川	127.97	131.41	132.30	123.56	122.25	121.70	121.17	121.83	121.20	118.71	113.64	123.64	127.26	128.44	145.79	139.41	145.38	156.70
贵州	48.18	48.33	50.19	51.98	51.32	52.20	51.92	50.45	54.33	48.72	51.58	50.80	50.05	49.70	47.74	48.24	50.39	54.30
云南	108.03	113.29	111.80	110.36	110.72	109.60	109.65	108.41	105.57	105.95	105.06	103.46	95.32	96.08	103.75	102.67	103.30	104.60
西藏	0.58	23.45	24.72	24.86	27.25	22.60	25.65	30.27	31.77	33.43	33.94	27.45	31.72	27.37	27.08	27.57	27.65	27.20
陕西	56.25	57.06	55.80	54.78	54.62	50.70	49.72	52.22	56.80	55.51	57.70	57.21	55.47	56.22	58.19	58.06	57.86	57.90
甘肃	96.06	97.21	97.42	96.26	97.25	96.40	96.73	94.98	94.31	96.05	96.93	93.77	94.28	93.84	95.10	99.23	97.78	96.20
青海	21.08	21.22	21.23	20.50	20.36	21.70	21.83	21.06	21.79	20.47	22.37	21.61	23.19	23.48	22.48	22.77	21.01	20.90
宁夏	88.94	90.23	80.75	78.23	76.03	58.40	68.61	72.27	71.73	64.75	67.97	65.26	65.05	66.12	61.41	63.44	61.26	62.00
新疆	418.74	463.82	453.21	463.84	448.85	454.90	457.04	464.36	469.95	476.77	486.15	489.39	484.64	488.41	561.75	557.69	550.99	546.40

资料来源：1998～2003 年数据来源于中国水资源统计公报，2004～2015 年数据来源于国家统计局网站的"国家数据"（http://data.stats.gov.cn/）。

表2　分省农林牧渔业从业人员数（1998～2015年）

单位：万人

省份	1998年	1999年	2000年	2001年	2002年	2003年	2004年	2005年	2006年	2007年	2008年	2009年	2010年	2011年	2012年	2013年	2014年	2015年
北京	67.70	71.10	69.70	67.87	64.11	59.53	57.90	58.58	65.66	61.53	61.83	60.87	60.12	58.05	56.32	58.16	57.51	57.33
天津	79.40	81.46	79.65	81.02	80.28	81.16	80.54	79.55	78.27	76.98	76.28	75.70	73.85	73.18	72.32	73.12	72.87	72.77
河北	1635.40	1639.90	1665.45	1664.96	1651.97	1660.24	1600.43	1552.75	1513.04	1479.04	1478.23	1472.50	1458.33	1433.17	1419.85	1437.12	1430.05	1429.00
山西	639.90	654.78	658.25	657.98	658.43	645.97	640.32	637.44	635.68	633.92	637.85	631.62	632.44	643.43	640.68	638.85	640.99	640.17
内蒙古	512.40	525.58	524.30	518.38	535.68	514.38	523.78	529.18	533.87	538.56	526.74	528.19	540.53	542.33	552.85	545.24	546.81	548.30
辽宁	633.00	643.17	651.15	648.95	659.19	667.33	685.82	686.38	680.91	669.09	662.27	661.41	663.56	663.63	660.02	662.40	662.02	661.48
吉林	517.00	519.64	516.83	514.34	509.14	502.47	496.69	502.06	499.80	492.20	491.07	495.82	501.85	510.17	503.73	505.25	506.38	505.12
黑龙江	760.30	744.67	744.08	742.47	745.91	734.80	706.14	696.67	689.60	675.15	678.01	684.10	677.52	677.71	667.32	674.18	673.07	671.52
上海	76.30	90.42	84.60	83.18	81.45	71.74	65.22	59.05	46.08	51.78	47.52	45.55	34.06	33.38	44.87	37.44	38.56	40.29
江苏	1531.50	1505.01	1480.22	1452.30	1354.16	1230.29	1134.85	1058.28	981.37	930.17	896.37	876.31	859.83	821.69	796.03	825.85	814.52	812.13
浙江	1102.70	1073.58	1014.93	985.11	929.58	872.96	826.63	786.92	732.92	688.04	666.35	653.55	627.43	616.76	603.14	615.78	611.89	610.27
安徽	1992.90	1991.07	2001.82	1975.55	1931.49	1860.57	1794.67	1766.94	1740.98	1639.67	1592.80	1566.05	1521.85	1493.01	1465.87	1493.58	1484.15	1481.20
福建	776.80	779.70	768.73	760.39	756.57	735.92	722.74	692.17	664.82	637.46	636.55	626.28	623.73	620.37	614.93	619.68	618.33	617.64
江西	1073.70	1060.23	983.37	977.37	983.53	971.26	960.97	951.03	937.75	897.51	887.12	866.39	851.41	849.51	831.59	844.17	841.76	839.17
山东	2487.00	2474.13	2462.62	2434.28	2370.91	2264.62	2180.12	2045.93	2011.82	1949.98	1991.87	1984.42	1993.42	1981.21	1953.06	1975.90	1970.06	1966.34
河南	2940.30	3299.25	3558.55	3472.27	3392.97	3321.24	3234.98	3127.67	3039.48	2909.88	2837.24	2754.21	2698.45	2655.29	2611.18	2654.97	2640.48	2635.54
湖北	1232.90	1210.91	1159.13	1143.72	1130.97	1110.71	1105.71	1101.78	1085.81	1047.67	995.76	965.73	900.14	885.63	885.63	890.47	887.24	887.78

续表

省份	1998年	1999年	2000年	2001年	2002年	2003年	2004年	2005年	2006年	2007年	2008年	2009年	2010年	2011年	2012年	2013年	2014年	2015年
湖南	2062.90	2074.13	2071.38	2058.67	2019.60	1997.67	1975.89	1951.90	1921.34	1890.78	1877.91	1867.33	1861.85	1863.91	1857.39	1861.05	1860.78	1859.74
广东	1508.20	1530.94	1570.12	1566.43	1555.02	1543.41	1524.97	1533.48	1532.89	1532.30	1537.76	1521.76	1468.25	1402.33	1376.77	1415.78	1398.29	1396.95
广西	1604.10	1603.40	1556.84	1555.07	1557.01	1541.02	1516.13	1503.06	1504.43	1504.92	1534.59	1546.94	1556.90	1546.23	1564.20	1555.78	1555.40	1558.46
海南	170.20	171.97	177.21	179.88	181.70	187.25	190.76	193.39	196.64	199.89	201.04	207.47	205.29	208.73	213.52	209.18	210.48	211.06
重庆	943.70	955.10	921.50	884.62	852.72	813.19	800.83	775.88	741.67	699.28	676.09	649.69	626.12	604.04	586.86	605.67	598.86	597.13
四川	2811.90	2735.08	2631.07	2582.64	2503.26	2413.99	2367.00	2317.67	2263.56	2200.45	2181.24	2148.07	2131.01	2086.16	2068.00	2095.06	2083.07	2082.04
贵州	1388.40	1427.42	1372.12	1368.28	1353.92	1322.10	1288.49	1268.09	1247.08	1203.62	1202.06	1207.08	1188.27	1165.32	1132.71	1162.10	1153.38	1149.40
云南	1661.80	1654.90	1674.25	1689.43	1696.05	1690.22	1693.73	1690.14	1677.18	1664.21	1659.15	1657.83	1649.46	1646.28	1619.18	1638.31	1634.59	1630.69
西藏	89.30	91.75	90.12	88.84	88.80	84.40	85.19	85.53	86.60	87.67	88.28	91.19	91.56	91.88	92.07	91.84	91.93	91.95
陕西	1047.40	1008.91	1002.15	985.93	994.93	988.96	957.05	949.22	948.41	925.66	902.02	872.48	850.61	822.17	789.44	820.74	810.78	806.99
甘肃	683.80	689.79	697.53	696.75	738.22	760.75	763.21	761.37	751.01	741.39	727.57	732.90	724.82	715.42	697.64	712.63	708.56	706.28
青海	138.20	144.03	142.25	141.57	136.50	134.80	131.85	128.73	124.03	119.82	120.61	120.07	120.99	118.11	114.94	118.01	117.02	116.66
宁夏	146.60	152.79	153.13	151.73	150.52	145.82	143.98	140.64	136.54	137.72	133.02	127.59	125.09	123.94	120.47	123.17	122.53	122.05
新疆	310.70	306.95	314.45	321.03	325.99	330.86	339.41	344.05	349.20	354.34	358.39	366.18	376.03	402.40	419.68	399.37	407.15	408.73

资料来源：国家统计局网站的"国家数据"（http：//data.stats.gov.cn/），2013～2015年农林牧渔业从业人员数均取前三年均值代替。

表 3　分省农作物总播种面积（1998～2015 年）

单位：千公顷

省份	1998 年	1999 年	2000 年	2001 年	2002 年	2003 年	2004 年	2005 年	2006 年	2007 年	2008 年	2009 年	2010 年	2011 年	2012 年	2013 年	2014 年	2015 年
北京	535.30	527.10	457.28	386.40	342.00	308.83	312.48	318.00	319.53	295.01	322.02	320.13	317.27	302.58	282.71	242.71	196.10	173.73
天津	578.08	562.90	533.14	544.52	522.75	501.46	504.30	499.42	429.79	433.95	446.28	455.20	459.27	467.98	478.97	473.51	479.03	469.02
河北	9097.72	9055.18	9024.39	8990.81	8935.11	8638.50	8695.35	8785.48	8713.68	8652.70	8713.17	8682.50	8718.39	8773.69	8781.79	8749.22	8713.08	8739.84
山西	4038.00	3970.75	4042.42	3672.25	3900.53	3707.95	3741.48	3795.35	3471.30	3653.15	3726.49	3692.14	3763.92	3797.42	3808.14	3782.44	3783.43	3767.71
内蒙古	6026.98	6077.01	5914.36	5707.26	5887.01	5752.75	5923.95	6215.73	6590.03	6761.47	6860.83	6927.83	7002.54	7109.90	7153.97	7211.18	7355.96	7567.90
辽宁	3630.25	3640.07	3622.02	3964.79	3809.20	3719.13	3723.34	3796.70	3627.21	3703.88	3716.16	3919.14	4073.83	4145.68	4210.57	4208.76	4164.09	4219.86
吉林	4061.55	4064.32	4542.22	4890.11	4687.67	4716.75	4903.98	4954.12	4815.21	4943.99	4998.22	5077.54	5221.42	5222.32	5315.14	5413.06	5615.29	5679.10
黑龙江	9193.78	9261.50	9329.46	9989.19	9858.35	9802.67	9888.40	10083.66	11678.34	11898.48	12088.41	12129.15	12156.20	12222.93	12236.99	12200.79	12225.92	12294.03
上海	556.40	551.70	520.70	490.89	476.65	419.19	404.39	403.62	401.44	390.66	388.39	396.05	401.22	400.63	387.91	377.31	356.98	340.21
江苏	8058.28	8023.43	7944.87	7777.42	7797.85	7681.49	7668.49	7641.20	7385.15	7407.73	7510.27	7558.15	7619.58	7663.25	7651.56	7683.63	7678.62	7745.04
浙江	3919.60	3899.49	3554.33	3245.93	3064.53	2834.39	2778.41	2837.94	2511.37	2462.82	2482.43	2504.79	2484.65	2462.71	2324.16	2311.94	2274.00	2290.55
安徽	8564.23	8582.05	9005.81	8733.10	8997.61	9124.69	9200.35	9172.45	8790.01	8853.90	8976.55	9036.18	9053.37	9022.94	8969.60	8945.53	8945.64	8950.46
福建	2918.81	2915.42	2793.25	2713.07	2661.27	2518.92	2519.32	2481.25	2236.35	2191.18	2220.68	2258.01	2270.75	2285.80	2263.12	2292.21	2305.24	2331.32
江西	5804.03	5871.00	5650.78	5534.72	5355.10	4997.35	5182.78	5251.42	5280.92	5245.13	5330.86	5376.38	5457.70	5486.79	5524.91	5552.57	5570.55	5579.09
山东	11138.04	11236.50	11147.00	11266.12	11047.83	10885.28	10638.57	10736.00	10754.12	10724.44	10763.98	10778.43	10818.20	10865.44	10866.98	10976.44	11037.93	11026.54
河南	12567.05	12659.86	13136.91	13127.70	13359.76	13684.36	13789.66	13922.73	13995.53	14087.84	14147.40	14181.40	14248.69	14258.61	14262.17	14323.54	14378.30	14424.96
湖北	7695.98	7788.66	7584.07	7488.99	7354.96	7138.26	7155.88	7279.42	6900.59	7030.01	7298.31	7527.50	7997.57	8009.57	8078.89	8106.19	8112.26	7952.36

续表

省份	1998年	1999年	2000年	2001年	2002年	2003年	2004年	2005年	2006年	2007年	2008年	2009年	2010年	2011年	2012年	2013年	2014年	2015年
湖南	7936.25	8027.72	8002.05	7931.71	7789.90	7731.24	7886.22	7977.64	7289.73	7390.71	7555.04	8019.33	8216.14	8401.97	8511.87	8650.02	8764.47	8716.99
广东	5540.17	5262.83	5156.90	5193.07	4932.39	4883.39	4807.97	4815.37	4382.52	4363.05	4404.31	4476.04	4524.51	4572.03	4629.60	4698.08	4744.95	4784.72
广西	6293.40	6289.37	6260.70	6288.06	6299.92	6279.07	6368.15	6489.24	5557.26	5594.40	5695.58	5826.50	5896.86	5996.48	6082.61	6137.16	5929.94	6134.71
海南	937.57	931.76	906.00	871.73	863.34	906.74	826.94	778.06	699.41	754.32	810.61	829.41	833.73	838.35	854.64	848.22	859.61	845.28
重庆	3614.50	3612.49	3590.80	3555.87	3467.05	3365.81	3435.28	3444.73	3073.88	3134.66	3215.07	3308.30	3359.39	3413.09	3477.69	3515.89	3540.35	3575.80
四川	9714.39	9717.73	9609.06	9571.50	9564.55	9384.46	9387.53	9480.20	9341.91	9278.24	9438.88	9476.56	9478.76	9565.55	9657.01	9682.19	9668.61	9689.93
贵州	4514.23	4612.46	4696.70	4650.70	4645.42	4634.23	4695.00	4804.10	4449.43	4464.53	4619.43	4780.69	4889.13	5021.22	5182.86	5390.11	5516.46	5542.17
云南	5225.91	5484.16	5785.96	5929.61	5813.12	5756.00	5890.01	6053.79	5776.18	5801.86	6056.19	6343.86	6437.33	6667.47	6920.41	7148.16	7194.43	7185.63
西藏	229.40	230.44	231.05	230.86	232.89	233.66	231.24	234.96	233.01	232.92	235.83	235.07	240.19	241.43	243.95	248.57	250.95	252.79
陕西	4697.17	4726.34	4555.39	4331.85	4198.28	4055.78	4099.83	4201.83	3983.47	4044.74	4165.76	4154.10	4185.59	4181.04	4238.31	4269.02	4262.14	4284.48
甘肃	3767.81	3808.56	3740.18	3688.90	3649.93	3620.92	3668.89	3726.01	3658.74	3759.00	3868.61	3938.64	3995.18	4094.76	4099.84	4155.94	4197.51	4229.33
青海	566.93	571.02	553.68	529.02	494.32	466.80	473.30	476.73	517.22	516.68	513.63	514.05	546.93	547.73	554.21	555.77	553.70	558.39
宁夏	1005.34	1031.10	1016.48	1007.59	1147.90	1129.48	1158.31	1099.33	1109.30	1189.83	1209.65	1226.67	1247.86	1260.39	1241.18	1264.65	1253.16	1264.64
新疆	3278.55	3379.89	3391.55	3404.12	3478.33	3535.02	3592.26	3731.16	4176.59	4202.63	4486.67	4663.81	4758.63	4983.47	5123.90	5212.26	5517.63	5757.25

资料来源：国家统计局网站的"国家数据"（http: //data. stats. gov. cn/）。

表4　分省农业机械总动力 (1998～2015年)　　　　　　　　　　　　　　　　　单位: 万千瓦

省份	1998年	1999年	2000年	2001年	2002年	2003年	2004年	2005年	2006年	2007年	2008年	2009年	2010年	2011年	2012年	2013年	2014年	2015年
北京	424.34	412.92	404.79	397.08	388.37	373.83	352.95	338.87	331.61	313.00	283.77	269.30	273.77	270.60	253.15	224.41	201.74	190.91
天津	594.45	541.82	537.47	598.36	608.02	607.19	604.90	610.04	610.18	606.66	600.75	595.80	591.40	585.83	576.00	561.16	553.26	549.63
河北	6036.30	6443.33	6811.57	7122.41	7347.82	7607.88	7950.09	8311.42	8641.49	8965.15	9329.96	9693.25	10006.21	10250.25	10451.50	10658.27	10852.79	11022.84
山西	1464.52	1580.42	1678.15	1734.41	1818.45	1898.80	2057.35	2237.59	2326.73	2402.77	2475.35	2582.47	2732.11	2868.24	2991.70	3119.70	3234.75	3318.93
内蒙古	1083.83	1183.32	1295.87	1386.93	1466.91	1563.42	1694.45	1847.15	1993.82	2137.46	2494.36	2835.54	2962.61	3103.14	3226.63	3355.57	3531.56	3718.83
辽宁	1114.32	1187.31	1288.16	1370.56	1442.99	1513.50	1580.90	1768.76	1956.68	1968.50	1992.19	2092.81	2195.80	2324.28	2463.39	2579.44	2681.10	2772.04
吉林	800.36	862.41	956.37	1055.99	1123.60	1190.62	1275.16	1395.53	1521.82	1625.33	1739.17	1900.57	2073.07	2250.02	2454.85	2642.35	2824.57	3035.82
黑龙江	1369.95	1507.10	1586.75	1631.05	1695.02	1774.75	1879.96	2093.11	2402.32	2677.95	2901.83	3209.82	3568.78	3917.07	4325.39	4701.11	5002.40	5298.91
上海	157.22	153.43	146.81	138.21	130.40	119.74	108.88	100.81	96.85	97.46	96.50	97.28	101.65	104.87	109.21	112.95	115.47	118.39
江苏	2547.27	2681.36	2846.59	2941.61	2970.91	3006.50	3040.81	3093.92	3206.93	3335.49	3511.65	3720.72	3873.96	4021.73	4160.38	4310.13	4527.80	4737.74
浙江	1766.07	1855.69	1951.31	2003.67	2035.23	2046.44	2033.20	2069.01	2202.14	2312.32	2337.54	2363.74	2405.75	2444.36	2475.33	2475.80	2441.17	2390.43
安徽	2393.09	2656.38	2871.02	3070.43	3268.55	3458.39	3664.55	3884.14	4111.88	4387.62	4671.38	4958.16	5259.32	5533.43	5779.93	6021.53	6253.06	6473.41
福建	805.41	828.57	856.00	881.03	902.31	933.88	966.46	990.50	1015.77	1047.31	1087.78	1143.74	1190.59	1228.49	1268.81	1311.78	1352.56	1376.24
江西	771.96	823.47	877.67	952.18	1056.93	1166.17	1342.86	1623.23	1959.18	2321.71	2726.38	3152.68	3581.97	4002.52	4399.86	3306.91	2066.26	2189.61
山东	4995.96	5662.45	6560.91	7357.41	7922.60	8246.17	8544.30	8975.62	9377.31	9736.54	10133.90	10715.33	11354.82	11863.61	12259.85	12579.85	12920.62	13227.21
河南	4551.17	5053.66	5561.73	5929.64	6313.45	6750.69	7237.15	7727.68	8121.68	8513.92	9073.99	9623.56	10006.87	10355.84	10694.26	11011.35	11313.39	11593.45
湖北	1300.95	1344.80	1388.86	1441.63	1513.34	1609.59	1712.68	1910.49	2160.26	2407.12	2674.04	2927.12	3214.12	3471.12	3706.70	3961.61	4186.98	4380.51

续表

省份	1998年	1999年	2000年	2001年	2002年	2003年	2004年	2005年	2006年	2007年	2008年	2009年	2010年	2011年	2012年	2013年	2014年	2015年
湖南	1759.19	1916.27	2108.36	2283.88	2428.06	2581.27	2794.19	3056.89	3313.51	3560.79	3852.79	4186.77	4501.97	4793.57	5062.42	5311.62	5553.05	5783.08
广东	1685.61	1716.54	1749.37	1762.02	1769.77	1784.08	1793.77	1790.41	1798.38	1830.91	1970.57	2142.05	2267.73	2380.05	2455.75	2530.79	2598.63	2664.58
广西	1223.17	1319.16	1421.57	1510.15	1595.95	1667.92	1755.32	1862.00	1960.34	2069.12	2250.38	2462.25	2659.30	2900.41	3114.53	3289.45	3475.24	3685.34
海南	190.96	192.99	196.26	206.51	211.20	215.93	232.78	256.08	283.29	313.45	350.80	384.57	410.66	434.79	462.00	490.88	509.71	514.45
重庆	480.37	532.59	572.51	607.27	646.82	680.62	711.99	752.14	797.99	840.16	881.73	935.28	1019.25	1105.70	1151.15	1180.44	1221.11	1271.54
四川	1408.27	1537.62	1643.29	1707.39	1769.39	1847.37	1948.92	2094.24	2263.29	2433.96	2605.30	2820.11	3053.90	3290.62	3560.07	3823.56	4056.61	4282.34
贵州	474.19	524.67	587.00	633.28	673.67	730.70	779.59	904.35	1109.36	1309.47	1474.62	1571.96	1668.37	1790.86	1979.03	2173.73	2349.60	2516.78
云南	1140.38	1216.06	1278.20	1349.59	1429.13	1501.67	1575.70	1637.02	1715.02	1812.95	1937.92	2086.66	2285.23	2519.72	2751.42	2972.39	3142.68	3274.04
西藏	84.48	95.56	107.07	118.87	134.51	163.50	186.41	211.25	255.50	304.78	339.53	354.04	368.25	402.98	446.43	491.13	544.06	595.26
陕西	912.84	975.52	1026.83	1071.33	1133.11	1197.27	1267.55	1356.64	1429.35	1514.25	1642.98	1771.43	1916.49	2091.43	2266.51	2401.45	2502.43	2609.70
甘肃	848.17	926.52	1013.40	1089.48	1153.69	1220.36	1288.32	1364.09	1436.63	1521.81	1631.80	1754.49	1900.10	2057.02	2207.78	2348.77	2482.09	2615.33
青海	213.67	230.69	249.06	260.42	273.02	286.91	309.10	326.55	331.21	341.82	352.12	372.18	405.00	426.00	432.84	422.79	425.74	447.39
宁夏	302.29	347.06	379.28	394.13	427.57	466.93	507.42	541.82	573.67	610.99	643.84	680.22	715.84	748.93	778.01	794.63	807.50	822.14
新疆	749.70	792.30	832.69	866.01	900.24	946.17	1009.60	1081.36	1155.88	1235.12	1325.15	1439.44	1573.49	1720.18	1882.81	2067.40	2253.81	2415.54

资料来源：国家统计局网站的"国家数据"（http：//data.stats.gov.cn/）。

单位：万吨

表 5　分省农用化肥使用折纯量（1998～2015 年）

省份	1998 年	1999 年	2000 年	2001 年	2002 年	2003 年	2004 年	2005 年	2006 年	2007 年	2008 年	2009 年	2010 年	2011 年	2012 年	2013 年	2014 年	2015 年
北京	19.30	19.00	17.90	15.69	14.88	14.32	14.46	14.84	14.84	13.99	13.63	13.82	13.67	13.84	13.67	12.78	11.64	10.53
天津	15.33	15.75	16.64	17.31	17.59	17.80	22.85	23.29	24.56	25.82	25.88	25.96	25.54	24.39	24.45	24.34	23.27	21.78
河北	270.23	272.41	270.62	273.38	278.80	283.31	289.88	303.39	304.89	311.87	312.40	316.17	322.86	326.28	329.33	331.04	335.61	335.49
山西	86.09	86.02	86.99	84.89	89.01	89.91	93.44	95.70	98.27	100.83	103.40	104.32	110.37	114.57	118.28	121.02	119.61	118.55
内蒙古	72.83	76.01	74.75	79.26	82.84	93.19	104.35	116.72	128.51	140.29	154.10	171.42	177.24	176.94	189.04	202.42	222.67	229.35
辽宁	114.05	116.27	109.80	109.80	111.41	112.62	117.85	119.86	121.08	127.47	128.77	133.61	140.08	144.64	146.90	151.76	151.55	152.09
吉林	112.49	116.18	112.05	114.06	117.03	122.26	159.09	138.10	146.70	154.39	163.84	174.18	182.80	195.20	206.73	216.79	226.66	231.24
黑龙江	125.89	126.31	121.55	123.24	129.72	125.70	143.81	150.92	162.20	175.20	180.73	198.87	214.89	228.44	240.28	244.96	251.93	255.31
上海	14.77	20.44	19.30	20.28	17.68	15.87	15.02	14.44	14.53	14.08	14.32	12.56	11.84	11.97	10.99	10.78	10.15	9.92
江苏	333.32	335.40	335.45	338.00	337.53	334.67	336.80	340.81	342.01	342.03	340.76	344.00	341.11	337.21	330.95	326.83	323.61	319.99
浙江	90.78	92.68	89.72	90.32	91.91	90.38	93.34	94.27	93.98	92.82	92.98	93.60	92.20	92.07	92.15	92.43	89.62	87.52
安徽	253.80	255.70	253.15	280.74	270.33	281.28	277.56	285.67	294.29	305.02	307.35	312.79	319.67	329.67	333.53	338.40	341.39	338.69
福建	118.08	124.33	123.33	117.37	119.91	120.29	121.67	122.02	120.86	119.69	118.67	120.68	121.04	120.93	120.87	120.57	122.61	123.80
江西	113.07	116.65	106.94	109.66	112.45	110.98	123.53	129.39	132.58	132.65	132.97	135.76	137.62	140.77	141.26	141.58	142.87	143.58
山东	406.54	419.28	423.19	428.62	433.92	432.65	450.96	467.63	489.82	500.34	476.33	472.86	475.32	473.64	476.26	472.66	468.08	463.50
河南	382.80	399.85	419.46	441.73	468.83	467.89	493.16	518.14	540.43	569.68	601.68	628.67	655.15	673.71	684.43	696.37	705.75	716.09
湖北	270.59	251.53	247.08	245.27	256.97	270.32	281.92	285.83	292.48	299.90	327.66	340.26	350.77	354.89	354.89	351.93	348.27	333.87

续表

省份	1998年	1999年	2000年	2001年	2002年	2003年	2004年	2005年	2006年	2007年	2008年	2009年	2010年	2011年	2012年	2013年	2014年	2015年
湖南	179.93	180.87	182.15	184.25	184.32	188.33	203.18	209.87	214.72	219.58	223.38	231.60	236.57	242.49	249.11	248.19	247.80	246.54
广东	169.49	172.84	176.20	195.09	196.44	199.61	201.30	204.62	212.13	219.64	226.60	233.16	237.29	241.30	245.38	243.91	249.58	256.46
广西	155.47	153.75	157.76	168.11	176.51	183.69	195.22	201.25	210.66	220.84	222.58	229.32	237.16	242.71	249.04	255.70	258.68	259.86
海南	22.41	19.42	26.27	26.98	28.96	33.92	41.06	37.31	39.49	41.67	45.62	46.29	46.43	47.73	45.53	47.57	49.46	51.14
重庆	71.18	71.03	72.00	72.58	73.37	71.60	77.02	79.05	80.54	84.32	88.14	91.17	91.82	95.58	96.02	96.64	97.26	97.72
四川	205.32	210.32	212.59	212.01	209.64	208.39	214.71	220.92	228.16	238.17	242.84	247.97	248.00	251.23	253.03	251.14	250.19	249.83
贵州	63.45	67.68	71.29	69.95	73.56	74.92	74.31	77.41	80.23	82.05	83.09	86.54	86.53	94.08	98.17	97.42	101.29	103.69
云南	105.22	90.45	112.09	120.04	125.00	129.22	137.24	142.65	150.39	158.27	167.67	171.39	184.58	200.47	210.21	219.02	226.86	231.87
西藏	2.60	2.68	2.50	3.02	3.04	3.19	3.98	4.21	4.40	4.58	4.60	4.69	4.74	4.79	4.99	5.70	5.34	6.03
陕西	124.03	131.99	131.19	131.05	131.89	142.73	143.13	147.30	149.73	158.81	165.90	181.32	196.79	207.27	239.80	241.73	230.19	231.95
甘肃	63.23	64.51	64.54	66.06	69.41	69.57	72.39	75.92	76.50	80.14	81.37	82.90	85.26	87.24	92.13	94.71	97.60	97.92
青海	6.91	7.33	7.17	7.15	7.15	6.85	6.57	6.99	7.17	7.55	8.11	7.96	8.76	8.27	9.30	9.80	9.74	10.13
宁夏	28.90	29.31	23.58	24.55	24.99	25.36	27.61	29.93	31.92	34.63	34.75	35.54	37.93	38.24	39.44	40.44	39.67	40.09
新疆	85.59	78.33	79.16	83.30	84.30	90.74	99.17	107.77	119.65	131.52	148.89	154.98	167.56	183.68	192.70	203.22	236.98	248.09

资料来源：国家统计局网站的"国家数据"（http：//data.stats.gov.cn/）。

表6 地区实际农业增加值（1998=100）

单位：亿元

省份	1998年	1999年	2000年	2001年	2002年	2003年	2004年	2005年	2006年	2007年	2008年	2009年	2010年	2011年	2012年	2013年	2014年	2015年
北京	2377.18	2636.29	2947.38	3292.22	3670.82	4074.61	4649.13	5197.73	5821.46	6665.57	7272.14	8013.90	8839.33	9555.31	10291.10	11083.50	11892.60	12713.20
天津	1374.60	1512.06	1675.36	1876.41	2114.71	2427.69	2811.26	3224.52	3688.85	4260.62	4963.62	5782.62	6788.79	7902.15	8992.65	10116.70	11128.40	12163.30
河北	4256.01	4643.31	5084.42	5526.77	6057.34	6759.99	7632.02	8654.72	9797.14	11051.20	12167.30	13384.10	15016.90	16713.80	18318.80	19820.50	21108.80	22544.20
山西	1611.08	1728.69	1891.19	2082.20	2350.80	2701.07	3111.63	3503.70	3917.13	4539.96	4925.85	5191.85	5913.51	6682.27	7357.18	8011.97	8404.56	8665.10
内蒙古	1262.54	1373.64	1522.00	1684.85	1907.25	2248.65	2709.62	3354.51	3958.32	4718.32	5558.18	6497.52	7472.14	8540.66	9522.84	10379.90	11189.50	12051.10
辽宁	3881.73	4200.03	4573.83	4985.48	5494.00	6125.81	6909.91	7759.83	8830.69	10155.30	11516.10	13024.70	14874.30	16688.50	18274.30	19864.20	21016.30	21646.80
吉林	1577.05	1706.37	1863.35	2036.65	2230.13	2457.43	2757.43	3091.08	3554.74	4127.05	4787.38	5438.46	6188.97	7043.05	7888.21	8542.93	9098.23	9671.41
黑龙江	2774.40	2982.48	3227.04	3527.16	3886.93	4283.40	4784.55	5339.56	5980.31	6697.94	7488.30	8341.97	9401.40	10557.80	11613.50	12542.60	13245.00	14000.00
上海	3801.09	4196.40	4658.01	5147.10	5728.72	6433.35	7346.89	8162.39	9141.88	10531.40	11553.00	12500.30	13787.90	14918.50	16037.40	17272.30	18481.30	19756.50
江苏	7199.95	7927.15	8767.42	9661.70	10792.10	12259.80	14074.30	16115.10	18516.20	21275.10	23977.10	26950.20	30372.90	33713.90	37119.10	40682.50	44221.10	47980.70
浙江	5052.62	5557.88	6169.25	6823.19	7682.91	8812.30	10090.10	11381.60	12929.50	14830.10	16328.00	17781.00	19897.10	21687.90	23422.90	25343.60	27269.70	29451.30
安徽	2542.96	2774.37	3004.64	3272.06	3586.17	3923.27	4445.07	4960.70	5600.63	6395.61	7208.20	8138.05	9326.21	10585.20	11866.10	13100.10	14305.30	15549.90
福建	3159.91	3472.74	3795.71	4125.93	4546.78	5069.66	5667.88	6325.35	7172.95	8263.24	9337.46	10486.00	11943.50	13412.60	14941.60	16585.20	18227.10	19867.50
江西	1719.87	1854.02	2002.34	2178.55	2407.29	2720.24	3079.32	3473.47	3900.70	4415.60	4998.46	5653.25	6444.71	7250.30	8047.83	8860.66	9720.15	10604.70
山东	7021.35	7723.48	8519.00	9370.90	10467.30	11869.90	13697.90	15780.90	18099.60	20669.80	23150.10	25974.50	29169.30	32348.80	35518.90	38928.80	42315.60	45700.80
河南	4308.24	4657.21	5099.64	5558.61	6086.68	6737.95	7661.05	8748.92	9982.52	11440.00	12824.20	14222.20	15999.80	17903.80	19712.10	21486.10	23398.40	25340.50
湖北	3114.02	3356.91	3645.61	3970.07	4335.31	4755.84	5288.49	5928.40	6645.74	7616.01	8636.56	9802.50	11253.30	12806.00	14253.20	15692.90	17215.00	18747.30

续表

省份	1998年	1999年	2000年	2001年	2002年	2003年	2004年	2005年	2006年	2007年	2008年	2009年	2010年	2011年	2012年	2013年	2014年	2015年
湖南	3025.53	3279.67	3574.85	3896.58	4247.27	4655.01	5218.27	5823.59	6528.24	7507.48	8551.02	9722.51	11142.00	12568.20	13988.40	15401.20	16864.30	18297.80
广东	8530.88	9392.50	10472.60	11572.30	13007.20	14932.30	17142.30	19507.90	22258.50	25575.00	28234.80	30973.60	34814.40	38295.80	41436.00	44958.10	48464.80	52342.00
广西	1911.30	2064.20	2227.28	2412.14	2667.83	2939.95	3286.86	3720.72	4223.02	4860.70	5482.87	6244.99	7131.77	8008.98	8914.00	9823.23	10658.20	11521.50
海南	442.13	479.71	522.89	570.47	625.23	691.51	765.50	843.58	949.03	1098.97	1212.17	1353.99	1570.63	1759.10	1919.18	2109.18	2288.46	2466.96
重庆	1602.38	1727.37	1874.19	2042.87	2251.24	2510.13	2816.37	3140.25	3523.36	4083.58	4675.70	5372.38	6291.05	7322.79	8318.69	9341.88	10360.10	11499.80
四川	3474.09	3703.38	4018.17	4379.80	4830.92	5376.82	6059.67	6823.19	7730.67	8851.62	9825.30	11250.00	12948.70	14891.00	16767.30	18444.00	20011.80	21592.70
贵州	858.39	933.93	1012.38	1101.47	1201.70	1323.07	1473.90	1644.88	1834.04	2105.47	2343.39	2610.54	2944.69	3386.39	3846.94	4327.81	4795.21	5308.30
云南	1831.33	1965.02	2112.39	2256.04	2459.08	2675.48	2977.81	3245.81	3632.06	4075.17	4507.14	5052.51	5673.96	6451.30	7289.97	8172.05	8833.99	9602.54
西藏	91.50	102.76	113.44	127.85	144.34	161.66	181.22	203.15	230.37	262.62	289.15	325.00	364.98	411.33	459.87	515.51	571.19	634.02
陕西	1458.40	1608.62	1775.91	1949.95	2166.40	2422.03	2734.47	3079.01	3470.05	4018.32	4677.32	5313.44	6089.20	6935.60	7830.29	8691.62	9534.71	10288.00
甘肃	887.67	967.56	1061.41	1165.43	1280.81	1417.86	1580.91	1767.46	1968.95	2211.13	2434.45	2685.20	3002.05	3377.31	3802.85	4213.56	4588.57	4960.24
青海	220.92	238.82	260.07	290.50	325.65	364.40	409.22	459.15	515.16	584.71	663.64	730.67	842.46	956.20	1073.81	1189.78	1299.24	1405.78
宁夏	245.44	267.78	295.09	324.89	358.03	403.50	448.69	497.60	559.80	630.90	710.39	794.92	902.24	1011.41	1127.72	1238.24	1337.30	1444.28
新疆	1106.95	1188.86	1292.30	1403.43	1518.51	1688.59	1881.09	2086.13	2315.60	2598.10	2883.89	3117.49	3447.94	3861.70	4325.10	4800.86	5280.95	5745.67

资料来源：国家统计局网站的"国家数据"（http：//data.stats.gov.cn/）。

表7 　地区实际农业增加值（2011＝100）

单位：亿元

省份	2011 年	2012 年	2013 年	2014 年	2015 年
北京	9555.31	10291.10	11083.50	11892.60	12713.20
天津	7902.15	8992.65	10116.70	11128.40	12163.30
河北	16713.80	18318.40	19820.50	21108.80	22544.20
山西	6682.27	7357.18	8011.97	8404.56	8665.10
内蒙古	8540.66	9522.84	10379.90	11189.50	12051.10
辽宁	16688.90	18274.30	19864.20	21016.30	21646.80
吉林	7043.05	7888.21	8542.93	9098.23	9671.41
黑龙江	10557.80	11613.50	12542.60	13245.00	14000.00
上海	14918.50	16037.40	17272.30	18481.30	19756.50
江苏	33713.90	37119.10	40682.50	44221.90	47980.70
浙江	21687.90	23422.90	25343.60	27269.70	29451.30
安徽	10585.20	11866.10	13100.10	14305.30	15549.90
福建	13412.60	14941.60	16585.20	18227.10	19867.50
江西	7250.30	8047.83	8860.66	9720.15	10604.70
山东	32348.80	35518.90	38928.80	42315.60	45700.80
河南	17903.80	19712.10	21486.10	23398.40	25340.50
湖北	12806.20	14253.30	15692.90	17215.10	18747.30

续表

省份	2011 年	2012 年	2013 年	2014 年	2015 年
湖南	12568.20	13988.40	15401.20	16864.30	18297.80
广东	38295.80	41436.00	44958.10	48464.80	52342.00
广西	8008.98	8914.00	9823.23	10658.20	11521.50
海南	1759.10	1919.18	2109.18	2288.46	2466.96
重庆	7322.79	8318.69	9341.88	10360.10	11499.80
四川	14891.00	16767.30	18444.00	20011.80	21592.70
贵州	3386.39	3846.94	4327.81	4795.21	5308.30
云南	6451.30	7289.97	8172.05	8833.99	9602.54
西藏	411.33	459.87	515.513	571.188	634.02
陕西	6935.60	7830.29	8691.62	9534.71	10288.00
甘肃	3377.31	3802.85	4213.56	4588.57	4960.24
青海	956.20	1073.81	1189.78	1299.24	1405.78
宁夏	1011.41	1127.72	1238.24	1337.30	1444.28
新疆	3861.70	4325.10	4800.86	5280.95	5745.67

资料来源：国家统计局网站的"国家数据"（http://data.stats.gov.cn/）。

表8　分省农用氮肥施用折纯量（1998～2015年）

单位：万吨

省份	1998年	1999年	2000年	2001年	2002年	2003年	2004年	2005年	2006年	2007年	2008年	2009年	2010年	2011年	2012年	2013年	2014年	2015年
北京	11.90	11.60	10.40	9.04	8.31	7.74	7.88	7.80	7.80	7.18	6.97	7.00	6.87	6.78	6.49	5.94	5.37	5.93
天津	8.72	8.75	9.16	9.17	9.35	9.30	11.52	11.55	12.13	12.70	12.06	12.40	11.83	11.37	11.12	11.19	10.60	10.97
河北	151.76	151.18	147.96	147.80	147.71	148.01	149.15	155.16	155.06	156.11	153.47	153.03	153.07	152.42	151.68	150.65	150.66	151.00
山西	43.58	42.28	42.19	39.68	40.76	39.79	40.53	41.05	40.80	40.54	40.31	38.67	40.02	39.31	39.01	38.38	35.87	37.75
内蒙古	43.75	44.99	42.81	44.83	45.92	50.45	54.17	60.45	64.03	67.60	73.00	79.93	80.49	80.96	82.84	88.69	97.15	89.56
辽宁	72.02	72.95	66.69	65.00	63.48	62.86	64.42	63.96	63.39	65.42	65.55	66.76	68.32	69.73	68.28	70.08	67.95	68.77
吉林	68.57	69.27	64.70	63.87	62.87	61.85	88.44	61.26	62.11	62.71	63.92	65.33	66.89	69.38	70.97	71.45	70.40	70.94
黑龙江	57.52	55.22	52.41	52.24	52.65	50.40	57.12	57.51	61.20	65.92	66.64	72.22	77.35	81.90	85.98	86.78	88.95	87.24
上海	11.05	15.99	14.90	14.71	12.38	9.72	9.46	8.91	8.70	8.27	8.85	6.34	6.19	6.41	5.37	5.27	5.13	5.26
江苏	196.73	191.27	189.27	188.13	185.97	183.40	183.06	183.03	182.83	182.84	180.73	181.75	179.53	173.94	169.19	165.66	163.91	166.25
浙江	61.25	61.88	59.66	57.25	56.75	53.94	55.32	56.11	55.41	53.88	53.61	53.38	52.50	51.57	51.23	50.46	47.64	49.78
安徽	122.92	120.97	118.39	126.93	118.86	120.19	110.88	111.08	111.69	111.45	111.83	111.84	112.14	114.36	114.08	113.52	111.59	113.06
福建	55.42	56.73	55.66	52.09	52.14	51.39	51.32	51.29	49.87	48.44	47.35	47.91	47.74	47.56	47.21	46.87	47.47	47.18
江西	54.89	55.12	47.50	48.25	46.82	44.40	46.98	47.75	47.39	45.25	44.13	43.30	43.39	43.78	42.88	42.71	42.28	42.62
山东	197.49	201.10	198.59	197.74	189.72	182.03	185.27	189.80	193.58	193.09	170.31	165.01	162.62	158.61	159.56	158.17	154.41	157.38
河南	198.71	200.43	205.73	211.08	220.51	215.81	221.30	227.17	235.39	238.97	239.51	239.38	243.92	245.28	245.50	243.51	241.45	243.49
湖北	165.29	128.17	132.70	126.75	133.10	136.85	142.45	142.04	140.49	142.76	149.35	153.57	156.38	159.13	159.13	152.82	146.25	152.73

续表

省份	1998年	1999年	2000年	2001年	2002年	2003年	2004年	2005年	2006年	2007年	2008年	2009年	2010年	2011年	2012年	2013年	2014年	2015年
湖南	98.65	98.02	98.08	98.60	97.46	97.63	103.87	105.96	106.83	107.71	106.52	108.61	110.35	112.22	112.34	109.73	107.48	109.85
广东	96.85	95.31	95.89	97.42	96.55	97.59	96.03	93.78	94.15	94.52	98.12	99.68	100.01	101.51	102.80	100.54	101.75	101.70
广西	60.34	55.24	56.86	57.51	59.29	58.72	61.48	63.27	65.41	67.30	67.94	68.38	69.94	70.82	72.45	74.17	74.65	73.76
海南	10.10	5.71	10.72	8.91	9.57	11.59	12.21	12.18	11.90	11.62	13.92	13.87	13.76	13.84	14.32	14.36	14.71	14.46
重庆	47.21	45.84	45.96	45.82	44.69	43.86	46.35	46.53	46.37	48.01	50.02	50.24	49.30	50.00	49.87	49.68	49.88	49.81
四川	123.66	124.20	123.04	121.84	118.53	117.47	120.23	121.78	124.72	127.88	128.59	130.67	129.63	128.78	127.97	126.09	125.71	126.59
贵州	38.81	41.18	42.24	42.11	43.56	44.69	43.28	44.56	45.71	45.94	46.25	46.98	46.46	50.91	52.34	51.30	51.99	51.88
云南	61.52	52.93	66.13	70.09	72.24	74.50	78.77	79.92	83.21	86.63	91.91	92.66	97.52	103.24	106.81	110.52	113.29	110.21
西藏	2.40	1.26	1.16	1.57	1.41	1.70	1.65	1.80	1.84	1.87	1.70	1.66	1.92	1.48	1.69	1.97	2.02	1.89
陕西	72.33	75.10	73.00	72.44	71.37	77.77	77.50	76.69	76.48	81.08	81.28	87.24	87.67	91.37	98.25	98.69	96.12	97.69
甘肃	30.30	30.92	30.03	32.94	34.49	34.13	35.18	36.61	36.72	38.20	37.68	38.18	37.93	37.91	39.71	40.30	40.67	40.23
青海	3.24	3.47	3.34	3.35	3.26	3.13	2.95	3.13	3.20	3.23	3.32	3.45	3.53	3.65	3.77	3.86	3.98	3.87
宁夏	21.25	21.41	13.60	14.25	14.47	13.96	14.25	13.81	15.66	16.55	16.65	16.64	17.74	17.66	18.15	18.54	17.84	18.18
新疆	46.14	42.45	42.79	42.70	43.12	45.02	48.87	53.35	58.45	63.54	71.39	73.81	78.66	85.54	88.89	92.35	105.70	95.65

资料来源：国家统计局网站的"国家数据"（http：//data.stats.gov.cn/）。

表9　分省农用磷肥施用折纯量（1998～2015 年）

单位：万吨

省份	1998 年	1999 年	2000 年	2001 年	2002 年	2003 年	2004 年	2005 年	2006 年	2007 年	2008 年	2009 年	2010 年	2011 年	2012 年	2013 年	2014 年	2015 年
北京	1.00	1.10	1.00	0.96	1.16	1.26	1.23	1.21	1.21	1.09	1.02	0.93	0.88	0.88	0.78	0.74	0.67	0.73
天津	2.01	1.75	2.04	2.27	2.27	2.28	3.62	3.68	3.92	4.15	3.86	3.98	3.87	3.91	3.99	3.77	3.50	3.75
河北	43.84	44.07	43.85	43.85	44.71	45.53	46.56	48.58	48.60	48.19	47.92	47.42	47.31	47.10	46.58	46.55	46.94	46.69
山西	20.31	20.09	19.78	19.46	19.31	18.62	18.87	19.04	18.89	18.74	18.65	18.91	20.00	19.34	19.10	18.67	17.50	18.42
内蒙古	14.06	13.20	14.37	14.04	14.52	15.61	18.32	20.47	22.84	25.20	25.02	28.95	30.89	30.01	31.93	34.98	38.66	35.19
辽宁	12.00	11.24	11.12	10.60	10.70	11.35	11.44	11.40	11.31	11.45	11.72	11.75	11.44	12.15	12.21	12.23	12.14	12.19
吉林	5.42	5.68	5.51	5.53	6.19	6.26	7.08	6.20	6.23	6.51	6.67	6.63	6.63	6.82	6.97	7.08	7.16	7.07
黑龙江	30.98	30.96	28.71	28.45	30.76	28.30	33.66	33.76	37.40	39.31	40.34	43.91	47.40	49.07	51.05	50.85	52.41	51.44
上海	1.29	1.68	1.60	1.82	1.48	1.54	1.54	1.49	1.50	1.32	1.07	1.03	1.01	0.81	0.80	0.83	0.78	0.80
江苏	48.18	52.37	51.24	50.47	51.15	48.67	48.58	48.22	48.08	48.08	48.05	47.99	47.73	47.51	46.16	44.65	43.32	44.71
浙江	12.65	12.73	12.16	12.42	12.51	12.19	12.93	12.59	12.20	11.98	11.97	11.95	11.97	11.88	11.75	11.45	10.66	11.29
安徽	43.71	44.61	42.58	48.52	42.45	46.76	40.52	38.92	39.43	36.97	36.71	36.75	35.94	36.08	36.51	35.56	35.73	35.93
福建	16.57	17.24	16.83	16.10	16.40	16.32	16.76	16.48	16.37	16.26	16.62	17.00	17.06	16.96	16.89	16.76	17.22	16.96
江西	20.78	21.26	19.60	19.67	21.99	22.18	24.02	25.40	25.91	22.65	21.47	21.74	22.14	22.17	22.67	22.13	22.38	22.39
山东	57.06	57.87	57.79	54.72	54.60	54.49	57.68	57.49	58.43	57.67	54.94	51.37	49.88	49.70	48.61	48.80	48.24	48.55
河南	88.00	91.27	97.20	101.62	106.22	103.79	102.42	106.12	110.70	109.80	111.38	116.57	117.94	120.94	121.70	121.15	119.77	120.87
湖北	49.78	62.59	52.46	54.56	56.78	61.56	62.66	59.83	63.67	63.53	66.51	67.20	65.79	65.28	65.28	64.61	63.92	64.60

续表

省份	1998年	1999年	2000年	2001年	2002年	2003年	2004年	2005年	2006年	2007年	2008年	2009年	2010年	2011年	2012年	2013年	2014年	2015年
湖南	24.56	24.45	24.28	23.96	23.59	23.48	25.07	25.62	25.78	25.93	26.01	26.40	26.72	27.26	27.88	27.93	27.56	27.79
广东	19.29	18.56	18.36	20.08	20.15	18.85	18.75	18.96	19.99	21.02	20.84	21.21	21.50	21.71	21.83	21.90	22.88	22.20
广西	23.79	22.37	22.53	23.33	24.02	24.52	25.30	25.23	26.53	27.50	27.46	27.98	28.85	29.57	30.46	30.91	31.25	30.87
海南	1.91	1.61	1.75	6.05	2.04	2.47	6.48	2.44	2.58	2.72	2.99	3.12	3.07	3.13	3.18	3.43	3.92	3.51
重庆	15.53	15.63	16.27	16.58	16.66	16.55	16.94	17.52	18.00	18.43	17.31	17.31	17.49	18.00	18.41	17.93	17.91	18.08
四川	40.27	40.44	42.05	41.86	42.27	41.87	42.94	45.13	46.58	48.04	48.86	49.66	49.25	50.64	50.76	50.27	49.88	50.30
贵州	10.67	10.54	10.91	10.89	10.44	10.17	10.07	10.08	10.83	10.73	10.84	10.87	10.83	10.87	11.27	11.19	11.87	11.44
云南	17.62	15.27	18.29	19.94	21.68	21.52	22.66	22.72	23.77	24.82	26.01	25.45	27.18	29.62	30.59	32.08	33.41	32.03
西藏	0.60	0.41	0.54	0.47	0.62	0.57	0.58	1.27	1.17	1.06	0.94	0.99	1.07	1.20	1.02	1.23	1.11	1.12
陕西	17.57	17.69	16.89	16.45	16.22	15.76	16.09	16.85	16.64	14.82	16.04	19.73	17.98	17.79	18.50	18.45	18.44	18.46
甘肃	17.91	18.40	18.60	15.35	16.29	14.32	14.79	15.47	15.42	15.70	15.92	15.64	16.56	17.01	17.11	17.51	18.60	17.74
青海	1.20	1.33	1.39	1.47	1.60	1.55	1.58	1.62	1.52	1.47	0.79	1.27	0.86	1.26	1.26	1.53	1.70	1.50
宁夏	3.08	3.02	3.05	2.99	3.01	3.27	3.26	3.64	3.85	3.95	4.16	4.03	4.15	4.24	4.40	4.45	4.50	4.45
新疆	21.12	18.35	17.72	21.25	20.44	22.25	23.56	26.41	30.17	33.93	37.98	39.99	42.26	46.28	48.92	51.00	61.31	53.74

资料来源：国家统计局网站的"国家数据"（http：//data. stats. gov. cn/）。

表 10　分省农用复合肥施用折纯量（1998～2015 年）

单位：万吨

省份	1998 年	1999 年	2000 年	2001 年	2002 年	2003 年	2004 年	2005 年	2006 年	2007 年	2008 年	2009 年	2010 年	2011 年	2012 年	2013 年	2014 年	2015 年
北京	6.00	5.90	6.10	5.21	4.86	4.74	4.74	5.21	5.21	5.03	4.96	5.21	5.20	5.44	5.70	5.43	5.00	5.38
天津	3.91	4.47	4.72	5.10	5.03	5.20	6.21	6.55	6.77	6.98	7.70	7.99	7.72	7.43	7.67	7.56	7.45	7.56
河北	59.29	60.99	62.00	64.28	66.49	68.64	71.96	75.38	76.94	82.51	85.54	89.43	95.64	99.71	103.83	105.99	109.97	106.60
山西	18.10	18.74	19.87	20.62	23.15	24.96	26.90	28.75	31.40	34.04	36.62	38.69	41.84	46.96	50.83	54.10	56.24	53.72
内蒙古	12.69	15.02	14.43	16.51	17.87	21.43	24.85	26.60	30.32	34.03	43.25	49.07	51.31	49.85	58.79	62.13	67.89	62.94
辽宁	22.83	24.26	23.68	26.40	28.93	29.98	32.94	34.88	36.36	39.72	40.08	43.52	48.08	50.37	53.55	55.96	58.60	56.04
吉林	30.94	32.69	33.36	36.15	39.05	44.93	53.84	60.65	67.89	74.12	81.32	90.23	97.09	105.80	114.39	123.62	133.43	123.81
黑龙江	27.60	29.57	29.89	30.74	32.89	33.20	37.25	41.98	43.80	47.25	49.08	55.01	59.35	63.36	67.54	70.35	72.72	70.20
上海	2.09	2.30	2.30	3.19	3.32	4.13	3.63	3.58	3.78	3.92	3.89	4.59	4.05	4.16	4.30	4.19	3.77	4.09
江苏	73.80	76.58	78.71	81.63	81.98	83.01	84.41	87.90	90.06	90.07	91.90	93.22	93.05	95.37	95.50	96.64	96.95	96.36
浙江	11.47	12.41	12.06	14.07	15.21	16.66	17.10	18.06	62.34	19.14	19.93	20.75	20.56	21.26	21.92	23.20	24.12	23.08
安徽	64.37	65.43	67.31	77.34	80.46	86.30	96.71	105.01	66.53	123.69	127.20	133.64	139.86	146.40	150.40	157.91	161.52	156.61
福建	23.50	26.29	27.07	26.18	27.82	28.74	29.30	29.84	70.73	30.12	30.56	31.32	31.56	31.92	32.32	32.44	33.11	32.62
江西	19.01	21.09	22.67	23.52	24.68	25.51	31.94	35.46	74.93	43.38	46.53	49.95	50.88	53.54	54.57	55.81	56.76	55.71
山东	119.55	125.85	130.05	137.28	149.35	154.82	164.11	175.45	79.13	200.31	203.63	209.96	216.42	219.68	224.36	221.61	223.45	223.14
河南	65.68	73.78	79.86	88.75	98.74	104.98	121.90	134.07	83.32	165.19	194.30	212.91	231.72	244.06	252.65	267.85	280.31	266.94
湖北	40.47	44.00	45.73	46.42	47.68	50.71	54.80	60.80	87.52	69.57	84.14	90.94	98.27	99.32	99.32	103.24	106.51	103.02

续表

省份	1998年	1999年	2000年	2001年	2002年	2003年	2004年	2005年	2006年	2007年	2008年	2009年	2010年	2011年	2012年	2013年	2014年	2015年
湖南	27.20	28.02	29.94	31.29	33.08	35.96	40.04	43.42	91.72	48.78	52.71	57.01	59.04	61.78	66.26	67.02	68.66	67.31
广东	19.38	24.77	26.12	39.04	40.88	43.77	46.71	50.33	95.91	61.00	62.63	66.21	68.79	70.67	72.46	73.09	75.62	73.72
广西	37.28	40.84	42.27	47.91	51.13	55.66	60.74	64.80	100.11	74.19	76.67	81.47	85.15	87.50	90.09	93.34	95.38	92.94
海南	7.76	9.48	10.96	9.43	13.76	15.77	17.60	17.59	104.31	21.10	21.86	22.34	22.41	23.24	20.07	21.61	22.26	21.31
重庆	6.23	7.02	7.23	7.04	7.84	8.07	10.04	11.17	108.51	13.43	15.45	18.05	19.13	21.39	22.48	23.64	24.05	23.39
四川	32.56	36.43	37.47	37.91	37.82	37.46	39.29	40.62	112.70	46.61	47.97	50.33	51.13	53.16	55.11	55.00	56.88	55.66
贵州	9.71	11.35	13.14	11.74	14.11	14.51	14.92	16.86	116.90	18.71	19.01	21.21	21.60	24.38	25.43	25.70	27.81	26.31
云南	17.28	14.47	18.48	20.21	21.18	22.82	24.60	28.01	121.10	33.24	34.53	37.16	41.96	47.79	50.82	53.11	55.37	53.10
西藏	0.60	0.86	0.63	0.84	0.85	0.76	1.01	1.02	125.29	1.18	1.82	1.76	1.31	1.56	1.72	1.94	1.65	1.77
陕西	28.23	32.40	33.25	34.42	29.80	40.24	34.07	42.95	129.49	51.48	55.48	43.52	56.43	76.34	100.04	101.26	91.82	97.71
甘肃	12.83	12.83	13.54	14.67	15.26	17.10	18.40	19.47	133.69	21.43	22.46	23.30	24.68	25.56	27.49	28.72	29.70	28.64
青海	2.15	2.24	2.16	2.01	1.97	1.85	1.83	1.97	137.89	2.58	3.75	2.97	4.03	2.98	3.91	4.15	3.79	3.95
宁夏	4.39	4.81	6.59	6.82	6.95	7.42	9.10	11.36	142.08	12.64	12.12	12.75	13.86	13.98	14.67	15.08	14.82	14.86
新疆	15.29	15.14	16.28	16.97	18.21	20.50	23.06	23.44	146.28	27.54	31.50	34.18	36.38	40.13	41.74	45.78	50.20	45.91

资料来源：国家统计局网站的"国家数据"（http：//data. stats. gov. cn/）。

251

表 11　农业面源污染 COD 排放量（1998～2015 年）

单位：万吨

省份	1998 年	1999 年	2000 年	2001 年	2002 年	2003 年	2004 年	2005 年	2006 年	2007 年	2008 年	2009 年	2010 年	2011 年	2012 年	2013 年	2014 年	2015 年
北京	6.87	7.67	9.16	11.27	11.08	11.21	11.33	10.69	7.20	8.00	7.71	7.91	7.61	7.30	7.06	6.55	6.14	6.39
天津	3.34	3.56	4.43	5.68	7.36	8.35	8.33	8.82	5.52	5.24	5.57	5.89	6.38	6.45	6.81	6.82	6.98	6.88
河北	75.48	78.95	81.56	83.87	85.01	91.01	97.12	102.94	64.81	64.94	65.98	65.00	61.32	62.02	65.25	65.10	67.40	66.74
山西	14.39	14.47	14.58	14.22	14.40	14.46	14.18	14.59	9.05	9.05	9.01	9.21	9.31	9.17	9.92	10.46	11.07	10.81
内蒙古	25.55	26.17	24.73	22.57	24.17	28.62	35.18	38.92	37.13	37.81	41.74	41.01	41.84	40.03	40.23	39.58	40.71	42.72
辽宁	32.84	34.54	36.24	37.58	40.75	45.42	50.69	53.83	49.07	54.22	56.54	60.05	62.50	63.04	64.19	64.15	64.80	65.75
吉林	32.41	34.97	35.69	37.09	36.48	39.11	40.64	42.94	39.41	41.55	36.82	38.24	37.93	36.86	38.54	38.89	38.39	39.43
黑龙江	31.89	32.54	32.99	33.49	34.03	36.05	37.32	37.59	34.39	35.42	36.02	37.89	38.67	38.52	39.79	38.96	39.67	39.73
上海	9.31	9.29	9.79	9.98	9.22	8.61	2.27	5.25	3.77	3.69	4.00	3.97	3.95	4.03	3.74	3.22	3.07	3.33
江苏	30.15	31.35	33.25	34.43	35.43	36.10	35.45	36.08	32.79	31.24	32.97	34.67	36.89	37.84	39.50	37.66	36.88	38.01
浙江	16.64	17.06	17.97	19.94	20.79	21.83	21.98	22.24	20.64	19.39	23.04	22.74	23.06	22.36	22.54	21.08	18.82	20.70
安徽	68.60	68.02	66.27	65.13	69.18	64.88	63.69	59.01	43.11	43.66	46.14	48.66	50.32	50.67	53.28	54.31	54.78	54.90
福建	24.61	25.46	24.97	26.01	25.11	25.74	26.74	28.26	24.28	22.82	25.54	25.99	26.47	26.95	29.90	31.86	32.76	31.45
江西	53.32	51.64	50.79	51.45	50.57	50.95	53.55	56.20	45.73	46.67	49.50	53.69	56.03	57.07	59.73	61.41	63.41	62.42
山东	119.47	128.11	134.65	139.24	143.93	150.30	153.58	162.32	128.49	115.13	118.11	118.68	121.83	125.30	133.38	133.37	129.66	132.59
河南	117.05	122.43	124.06	127.27	130.25	138.28	143.87	149.85	119.84	114.14	120.06	123.55	124.31	121.91	122.97	124.78	126.57	126.28
湖北	56.46	55.85	54.82	54.73	56.19	58.72	60.02	60.75	54.45	54.13	58.08	62.30	63.34	63.17	67.23	69.73	70.87	70.38

续表

省份	1998年	1999年	2000年	2001年	2002年	2003年	2004年	2005年	2006年	2007年	2008年	2009年	2010年	2011年	2012年	2013年	2014年	2015年
湖南	85.32	85.80	88.28	89.65	93.33	98.80	102.79	102.98	79.36	77.12	80.87	86.00	87.80	86.47	89.99	90.99	93.94	93.62
广东	72.91	81.15	83.20	85.44	85.46	87.03	85.98	87.45	73.43	74.20	79.02	81.75	82.46	81.72	82.60	80.13	77.84	80.52
广西	71.51	74.38	77.36	73.18	72.08	70.54	68.43	72.60	61.79	61.81	65.96	69.70	71.77	71.67	74.36	75.20	74.01	74.09
海南	8.36	9.13	9.79	10.15	9.94	10.43	10.89	10.79	7.68	7.76	8.71	9.45	9.63	9.83	10.20	10.29	9.69	10.09
重庆	17.44	17.99	18.90	18.79	18.98	19.83	20.20	21.11	15.57	16.00	17.78	19.36	20.35	20.54	21.26	22.03	22.59	22.56
四川	109.33	112.60	117.62	113.04	118.45	120.57	124.76	132.83	120.39	116.57	120.24	123.78	124.48	124.04	124.63	126.70	129.97	128.85
贵州	34.53	35.32	36.39	37.54	38.90	40.98	42.49	44.94	31.73	31.80	33.09	34.11	34.78	31.54	31.80	32.32	33.91	35.57
云南	47.07	49.10	51.42	49.25	48.02	49.43	51.77	53.34	49.25	49.03	49.33	52.16	53.54	53.64	55.00	54.94	56.73	56.28
西藏	37.03	38.32	38.21	40.09	41.84	42.81	44.33	45.56	44.26	44.85	46.33	46.37	43.96	44.28	43.19	44.41	43.95	44.21
陕西	16.34	16.62	17.07	17.05	17.76	18.99	20.26	20.72	13.96	13.94	15.07	15.13	14.64	13.67	13.99	14.13	14.76	14.32
甘肃	18.86	19.15	19.79	20.35	21.93	22.70	22.33	27.02	22.99	23.68	24.10	24.67	24.90	24.84	24.72	25.15	26.42	26.09
青海	29.90	28.84	29.72	30.67	31.39	31.10	29.67	31.27	33.84	33.32	33.37	33.62	34.03	33.52	32.30	34.21	34.28	34.38
宁夏	3.63	3.88	4.16	3.77	4.27	4.81	5.43	6.13	5.25	5.58	5.61	5.62	5.59	5.56	5.74	5.83	6.23	6.39
新疆	28.69	29.38	30.08	30.45	32.89	36.06	38.80	41.30	30.48	30.63	27.23	27.08	27.00	27.31	30.94	31.69	33.20	33.69

资料来源：笔者测算整理，详细测算方法见第3章。

表12　　农业面源污染 TN 排放量（1998～2015 年）

单位：万吨

省份	1998 年	1999 年	2000 年	2001 年	2002 年	2003 年	2004 年	2005 年	2006 年	2007 年	2008 年	2009 年	2010 年	2011 年	2012 年	2013 年	2014 年	2015 年
北京	5.63	5.69	5.64	5.55	5.27	5.11	5.16	5.04	4.27	4.22	4.09	4.16	4.05	3.99	3.88	3.58	3.29	3.54
天津	3.90	4.01	4.30	4.58	4.94	5.13	5.90	6.04	5.58	5.72	5.70	5.90	5.79	5.62	5.64	5.65	5.50	5.60
河北	49.80	50.50	50.36	50.84	51.16	52.43	54.05	56.53	48.65	49.37	49.53	49.44	49.15	49.43	50.12	50.03	50.70	50.46
山西	7.79	7.68	7.73	7.43	7.66	7.62	7.71	7.90	6.82	6.88	6.97	6.89	7.15	7.24	7.46	7.60	7.52	7.61
内蒙古	15.80	16.30	15.52	15.50	16.07	18.22	20.53	22.66	23.01	24.17	26.63	28.31	28.75	28.45	29.46	30.74	33.10	31.65
辽宁	23.16	23.80	22.91	23.06	23.68	24.60	26.08	26.74	25.23	26.86	27.63	29.19	30.24	30.82	30.93	31.47	31.41	31.59
吉林	23.22	24.03	23.16	23.21	23.10	23.81	29.97	25.48	25.55	26.66	26.50	27.63	28.70	29.60	30.90	31.78	32.17	31.77
黑龙江	15.26	15.41	15.37	15.55	15.74	15.87	17.07	17.30	15.73	16.58	16.97	18.22	19.19	20.00	21.04	21.05	21.46	21.24
上海	5.51	7.01	6.82	6.93	6.08	5.29	3.99	4.33	3.94	3.80	4.00	3.29	3.18	3.26	2.89	2.74	2.63	2.75
江苏	75.55	74.60	74.83	75.23	74.94	74.49	74.54	75.03	73.64	73.44	73.25	74.03	73.74	72.53	71.39	70.14	69.52	70.35
浙江	24.15	24.54	24.02	23.80	23.93	23.43	23.79	24.17	27.36	22.45	23.76	23.78	23.54	23.14	23.14	22.77	21.61	22.48
安徽	32.37	32.12	31.64	32.53	32.84	32.30	31.56	30.89	24.91	26.91	27.84	28.80	29.49	30.14	30.79	31.29	31.32	31.31
福建	17.94	18.54	18.34	17.80	17.73	17.74	17.92	18.20	19.58	16.43	16.75	17.00	17.10	17.20	17.71	18.04	18.43	18.05
江西	19.25	19.09	18.33	18.57	18.33	18.31	19.29	20.03	18.82	17.84	18.34	19.62	20.16	20.51	20.97	21.31	21.66	21.51
山东	74.01	77.07	78.09	79.43	79.34	79.57	81.49	84.79	70.95	76.39	72.87	72.25	72.88	73.13	75.18	74.65	73.30	74.49
河南	47.06	48.58	49.68	50.94	52.97	54.18	56.49	58.78	50.05	52.27	54.85	56.50	57.63	57.77	58.21	58.95	59.55	59.24
湖北	51.20	43.85	44.83	43.88	45.70	47.34	48.93	49.29	48.37	47.74	50.98	53.61	54.87	55.53	56.34	55.81	54.95	55.94

续表

省份	1998年	1999年	2000年	2001年	2002年	2003年	2004年	2005年	2006年	2007年	2008年	2009年	2010年	2011年	2012年	2013年	2014年	2015年
湖南	40.59	40.75	41.51	42.04	42.81	44.04	46.64	47.45	45.15	42.07	42.82	44.65	45.50	45.98	47.11	46.95	47.17	47.52
广东	48.19	49.71	50.47	52.69	52.56	53.41	53.01	52.86	54.15	51.02	53.35	54.77	55.19	55.77	56.50	55.41	55.55	55.89
广西	22.62	22.74	23.48	22.96	23.22	22.98	23.07	24.11	22.05	21.92	22.90	23.83	24.50	24.67	25.42	25.85	25.75	25.59
海南	3.11	2.87	3.55	3.38	3.55	3.89	4.08	4.06	6.07	3.31	3.82	4.03	4.06	4.13	4.12	4.19	4.11	4.15
重庆	8.12	8.13	8.30	8.39	8.34	8.40	8.76	8.96	10.89	8.00	8.66	9.05	9.38	9.59	9.76	9.94	10.11	10.06
四川	35.29	36.15	37.06	36.15	36.87	37.27	38.48	40.16	39.46	37.69	38.46	39.36	39.33	39.33	39.38	39.59	40.28	40.14
贵州	14.75	15.48	16.00	16.11	16.80	17.43	17.48	18.35	22.30	15.99	16.42	16.90	16.95	17.45	17.99	17.93	18.53	18.69
云南	22.38	20.87	24.19	24.68	24.90	25.71	27.06	27.78	33.33	28.26	29.41	30.56	32.34	33.97	35.14	36.08	37.11	36.26
西藏	8.84	8.98	8.93	9.41	9.79	10.02	10.37	10.62	14.45	10.48	10.80	10.80	10.28	10.31	10.06	10.37	10.24	10.30
陕西	19.48	20.34	20.08	20.05	19.65	21.87	21.60	22.11	26.28	22.07	23.51	23.94	24.10	26.04	29.05	29.22	28.22	28.84
甘肃	7.14	7.25	7.30	7.72	8.20	8.35	8.44	9.50	12.49	9.09	9.17	9.36	9.42	9.44	9.66	9.84	10.17	10.03
青海	7.38	7.16	7.35	7.89	8.04	7.97	7.63	8.00	12.94	8.08	8.13	8.42	8.59	8.49	8.25	8.69	8.70	8.71
宁夏	5.35	5.48	4.04	4.14	4.29	4.31	4.61	4.82	13.62	5.35	5.45	5.53	5.89	5.91	6.10	6.24	6.17	6.26
新疆	12.46	12.29	12.55	12.59	13.20	14.17	15.30	16.27	18.85	15.45	15.14	15.46	15.97	16.79	18.02	18.69	20.53	19.53

资料来源：笔者测算整理，详细测算方法见第3章。

表13　农业面源污染 TP 排放量（1998~2015 年）

单位：万吨

省份	1998年	1999年	2000年	2001年	2002年	2003年	2004年	2005年	2006年	2007年	2008年	2009年	2010年	2011年	2012年	2013年	2014年	2015年
北京	0.52	0.57	0.66	0.79	0.76	0.77	0.78	0.75	0.53	0.57	0.54	0.56	0.54	0.51	0.50	0.45	0.42	0.45
天津	0.23	0.25	0.30	0.37	0.45	0.50	0.52	0.55	0.40	0.39	0.41	0.43	0.45	0.45	0.48	0.47	0.48	0.48
河北	4.30	4.47	4.60	4.73	4.82	5.12	5.39	5.72	4.17	4.21	4.34	4.32	4.18	4.26	4.47	4.49	4.63	4.55
山西	0.85	0.85	0.86	0.85	0.87	0.87	0.88	0.90	0.78	0.79	0.83	0.86	0.90	0.92	0.96	0.99	1.00	0.99
内蒙古	1.12	1.14	1.12	1.08	1.13	1.30	1.55	1.70	1.65	1.72	1.87	1.97	2.04	1.98	2.09	2.15	2.28	2.24
辽宁	1.98	2.03	2.09	2.18	2.38	2.59	2.85	3.02	2.83	3.08	3.25	3.46	3.60	3.66	3.76	3.77	3.83	3.83
吉林	1.43	1.54	1.55	1.58	1.59	1.70	1.80	1.91	1.87	1.97	1.87	1.97	2.05	2.10	2.22	2.29	2.34	2.30
黑龙江	2.38	2.44	2.41	2.42	2.51	2.48	2.75	2.82	2.71	2.84	2.93	3.18	3.38	3.51	3.69	3.70	3.79	3.73
上海	0.65	0.66	0.69	0.72	0.66	0.63	0.22	0.40	0.29	0.28	0.29	0.29	0.28	0.28	0.26	0.23	0.21	0.24
江苏	3.81	4.04	4.14	4.22	4.30	4.27	4.26	4.32	4.16	4.11	4.20	4.29	4.39	4.46	4.49	4.37	4.29	4.38
浙江	1.25	1.29	1.34	1.44	1.50	1.57	1.57	1.61	1.74	1.43	1.70	1.69	1.70	1.66	1.67	1.58	1.44	1.56
安徽	4.31	4.36	4.34	4.46	4.52	4.54	4.50	4.41	3.59	3.94	4.12	4.32	4.45	4.54	4.72	4.81	4.86	4.82
福建	2.04	2.15	2.14	2.18	2.13	2.16	2.24	2.32	2.57	2.08	2.24	2.28	2.31	2.36	2.56	2.70	2.82	2.69
江西	3.05	3.04	3.02	3.08	3.08	3.14	3.34	3.54	3.43	3.25	3.37	3.62	3.76	3.84	3.98	4.07	4.19	4.11
山东	8.80	9.33	9.73	10.05	10.44	10.88	11.39	12.21	9.68	10.25	10.55	10.62	10.86	11.15	11.69	11.62	11.33	11.57
河南	7.83	8.24	8.60	9.00	9.44	9.77	10.17	10.73	9.20	9.81	10.50	11.10	11.44	11.65	11.90	12.14	12.28	12.15
湖北	4.71	5.11	4.78	4.90	5.08	5.41	5.54	5.60	5.66	5.48	5.95	6.30	6.41	6.41	6.61	6.76	6.81	6.76

续表

省份	1998年	1999年	2000年	2001年	2002年	2003年	2004年	2005年	2006年	2007年	2008年	2009年	2010年	2011年	2012年	2013年	2014年	2015年
湖南	4.70	4.75	4.90	4.99	5.18	5.49	5.74	5.75	4.97	4.59	4.81	5.10	5.23	5.23	5.47	5.51	5.64	5.61
广东	4.43	4.97	5.12	5.34	5.40	5.53	5.47	5.62	5.29	5.23	5.53	5.74	5.80	5.76	5.83	5.63	5.47	5.66
广西	3.46	3.58	3.75	3.53	3.52	3.47	3.44	3.71	3.93	3.88	4.09	4.30	4.46	4.51	4.67	4.73	4.68	4.68
海南	0.34	0.36	0.40	0.48	0.42	0.46	0.56	0.49	0.92	0.43	0.48	0.52	0.53	0.55	0.55	0.57	0.55	0.56
重庆	0.87	0.89	0.93	0.94	0.96	0.99	1.03	1.08	1.49	0.95	1.01	1.08	1.14	1.18	1.22	1.25	1.28	1.26
四川	5.31	5.52	5.80	5.41	5.65	5.76	5.98	6.38	6.37	5.90	6.11	6.31	6.37	6.40	6.50	6.59	6.72	6.66
贵州	1.05	1.08	1.12	1.15	1.19	1.25	1.28	1.36	1.67	1.08	1.14	1.18	1.21	1.16	1.21	1.23	1.29	1.30
云南	1.61	1.60	1.74	1.74	1.77	1.82	1.91	1.98	2.43	1.92	1.97	2.09	2.22	2.31	2.40	2.45	2.54	2.48
西藏	1.27	1.31	1.30	1.37	1.43	1.45	1.51	1.55	2.26	1.53	1.57	1.57	1.50	1.51	1.47	1.51	1.49	1.50
陕西	0.93	0.96	0.96	0.96	0.94	1.03	1.03	1.11	1.46	0.96	1.14	1.13	1.10	1.19	1.36	1.38	1.34	1.36
甘肃	0.86	0.88	0.90	0.87	0.93	0.92	0.93	1.05	1.64	0.99	1.01	1.02	1.05	1.07	1.08	1.11	1.16	1.13
青海	1.08	1.05	1.08	1.14	1.17	1.16	1.12	1.17	2.05	1.19	1.19	1.23	1.24	1.23	1.20	1.26	1.27	1.26
宁夏	0.19	0.20	0.22	0.21	0.22	0.24	0.27	0.31	1.06	0.30	0.31	0.32	0.33	0.34	0.35	0.36	0.37	0.37
新疆	1.57	1.55	1.57	1.65	1.74	1.90	2.05	2.21	2.64	1.99	1.92	1.98	2.02	2.14	2.33	2.43	2.71	2.55

资料来源：笔者测算整理，详细测算方法见第3章。

表 14   分省 COD、NH 排放量（2011～2015 年）

单位：吨

省份	COD					NH				
	2011 年	2012 年	2013 年	2014 年	2015 年	2011 年	2012 年	2013 年	2014 年	2015 年
北京	81692	78292	74717	72201	72181	4813	4732	4504	4243	4111
天津	114674	113889	109934	105058	102467	5961	5946	5633	5278	5104
河北	940830	918344	894825	870899	829326	45871	44864	43060	41842	39094
山西	184473	180623	174570	169091	159198	12644	12553	12145	11889	11355
内蒙古	647266	619236	608634	593185	591160	12634	12213	12024	11563	11290
辽宁	883488	863316	849828	838288	816595	35510	34226	33559	32548	31516
吉林	528297	503950	491501	484071	472595	18237	17686	16993	16483	15653
黑龙江	1107126	1051771	1039828	1030634	1018193	35635	34465	33320	32688	31690
上海	33932	33090	31112	30331	29017	3500	3469	3204	3057	2955
江苏	399292	387692	376111	364090	350749	39925	39144	38204	37534	36225
浙江	213002	203995	197659	192467	174266	27702	27041	25906	24936	22659
安徽	398791	384905	370704	364833	354761	39299	37823	36828	36275	35149
福建	225214	214105	208054	204819	200285	34027	33266	32035	31314	30533
江西	249935	239025	232479	227721	219494	31290	29694	28698	27857	27588
山东	1379733	1344093	1294985	1260559	1208566	75800	74135	71038	68624	64962
河南	823045	802598	781510	767318	753170	66202	64011	61065	59388	57681

续表

省份	COD					NH				
	2011年	2012年	2013年	2014年	2015年	2011年	2012年	2013年	2014年	2015年
湖北	481159	475521	461417	448078	419880	47451	46623	45167	43821	40258
湖南	585668	567301	557025	549951	543869	64370	62631	61306	60006	59094
广东	620268	600064	581323	557958	541291	59265	58273	55381	50981	48300
广西	222786	215683	210770	204676	201116	27825	26746	26079	25045	24513
海南	107203	103069	101489	100187	99192	9445	9174	8656	8530	8421
重庆	127357	123595	121034	119739	117482	13612	12962	12517	12252	12007
四川	549240	539793	528814	518638	492963	58700	57449	55949	54233	52272
贵州	55802	63205	61542	59281	56948	7501	7883	7876	7593	7372
云南	72896	74243	72356	71448	68183	11822	11797	11454	11301	10994
西藏	4635	3855	4051	5389	5493	485	457	491	512	514
陕西	201321	196624	192494	189456	185112	15625	15443	15027	14827	14600
甘肃	146599	144776	141636	138930	133788	5914	5704	5496	5435	5305
青海	21501	22423	22066	21821	21353	856	889	867	829	809
宁夏	102803	101704	101232	101191	101962	2302	2165	2105	2068	1954
新疆	351028	367218	363875	361597	345128	12305	12752	12612	12518	12074

资料来源：《中国环境统计年鉴》。

表15　考虑农业面源污染的双向 CRS 农业用水效率测度结果

省份	1998年	1999年	2000年	2001年	2002年	2003年	2004年	2005年	2006年	2007年	2008年	2009年	2010年	2011年	2012年	2013年	2014年	2015年
北京	0.10	0.10	0.13	0.14	0.17	0.23	0.26	0.30	0.35	0.41	0.46	0.51	0.59	0.68	0.80	0.88	0.99	1.00
天津	0.09	0.08	0.10	0.14	0.14	0.16	0.17	0.17	0.20	0.22	0.28	0.33	0.45	0.50	0.56	0.59	0.69	0.70
河北	0.02	0.02	0.02	0.02	0.03	0.03	0.04	0.04	0.05	0.05	0.06	0.07	0.08	0.09	0.09	0.10	0.11	0.12
山西	0.03	0.04	0.04	0.04	0.05	0.06	0.07	0.08	0.08	0.10	0.11	0.11	0.11	0.11	0.12	0.13	0.15	0.14
内蒙古	0.01	0.01	0.01	0.01	0.01	0.01	0.01	0.02	0.02	0.02	0.03	0.03	0.04	0.05	0.05	0.06	0.06	0.06
辽宁	0.03	0.03	0.04	0.04	0.05	0.05	0.06	0.06	0.07	0.08	0.09	0.10	0.12	0.13	0.14	0.16	0.17	0.18
吉林	0.01	0.02	0.02	0.02	0.02	0.03	0.03	0.03	0.04	0.04	0.05	0.06	0.06	0.06	0.07	0.07	0.07	0.08
黑龙江	0.01	0.01	0.01	0.01	0.02	0.02	0.02	0.02	0.02	0.02	0.02	0.03	0.03	0.03	0.03	0.03	0.03	0.03
上海	0.12	0.17	0.22	0.27	0.35	0.29	0.28	0.32	0.36	0.47	0.50	0.54	0.60	0.66	0.67	0.77	1.00	1.00
江苏	0.02	0.02	0.02	0.02	0.03	0.04	0.04	0.04	0.05	0.06	0.06	0.06	0.07	0.08	0.09	0.10	0.11	0.12
浙江	0.03	0.03	0.04	0.04	0.05	0.06	0.07	0.08	0.09	0.11	0.12	0.13	0.15	0.17	0.19	0.20	0.22	0.25
安徽	0.01	0.01	0.02	0.02	0.02	0.03	0.03	0.03	0.03	0.04	0.03	0.04	0.04	0.05	0.05	0.06	0.07	0.07
福建	0.02	0.02	0.02	0.03	0.03	0.04	0.04	0.05	0.05	0.06	0.07	0.08	0.09	0.10	0.12	0.13	0.14	0.15
江西	0.01	0.01	0.01	0.01	0.01	0.02	0.02	0.02	0.02	0.02	0.02	0.03	0.03	0.03	0.04	0.04	0.04	0.05
山东	0.03	0.03	0.04	0.04	0.04	0.05	0.06	0.07	0.08	0.09	0.11	0.12	0.14	0.16	0.17	0.19	0.21	0.23
河南	0.02	0.02	0.03	0.03	0.03	0.04	0.04	0.06	0.05	0.07	0.07	0.07	0.09	0.10	0.11	0.11	0.14	0.15
湖北	0.02	0.01	0.02	0.02	0.02	0.03	0.03	0.03	0.03	0.04	0.04	0.05	0.06	0.07	0.07	0.07	0.08	0.09

续表

省份	1998年	1999年	2000年	2001年	2002年	2003年	2004年	2005年	2006年	2007年	2008年	2009年	2010年	2011年	2012年	2013年	2014年	2015年
湖南	0.01	0.01	0.01	0.01	0.01	0.02	0.02	0.02	0.02	0.03	0.03	0.04	0.04	0.05	0.05	0.06	0.06	0.07
广东	0.02	0.03	0.03	0.03	0.04	0.04	0.05	0.06	0.07	0.08	0.09	0.10	0.11	0.12	0.13	0.15	0.16	0.17
广西	0.01	0.01	0.01	0.01	0.01	0.01	0.01	0.01	0.01	0.02	0.02	0.02	0.03	0.03	0.03	0.03	0.04	0.04
海南	0.01	0.01	0.01	0.01	0.01	0.01	0.01	0.02	0.02	0.02	0.02	0.03	0.03	0.04	0.04	0.05	0.05	0.05
重庆	0.06	0.06	0.07	0.07	0.08	0.09	0.10	0.11	0.14	0.16	0.18	0.20	0.23	0.22	0.24	0.28	0.32	0.32
四川	0.02	0.02	0.02	0.03	0.03	0.03	0.04	0.04	0.05	0.05	0.06	0.07	0.07	0.08	0.08	0.10	0.10	0.10
贵州	0.01	0.01	0.01	0.02	0.02	0.02	0.02	0.02	0.02	0.03	0.03	0.04	0.04	0.05	0.06	0.06	0.07	0.07
云南	0.01	0.01	0.01	0.01	0.02	0.02	0.01	0.02	0.02	0.03	0.03	0.04	0.04	0.05	0.05	0.06	0.06	0.07
西藏	0.08	0.00	0.00	0.00	0.00	0.01	0.01	0.00	0.01	0.01	0.01	0.01	0.01	0.01	0.01	0.01	0.01	0.02
陕西	0.02	0.02	0.02	0.03	0.03	0.03	0.04	0.04	0.04	0.05	0.06	0.07	0.08	0.09	0.10	0.11	0.12	0.13
甘肃	0.01	0.01	0.01	0.01	0.01	0.01	0.01	0.01	0.02	0.02	0.02	0.02	0.02	0.03	0.03	0.03	0.03	0.04
青海	0.01	0.01	0.01	0.02	0.02	0.02	0.01	0.02	0.02	0.02	0.02	0.02	0.03	0.03	0.03	0.04	0.04	0.05
宁夏	0.00	0.00	0.00	0.00	0.00	0.01	0.00	0.00	0.01	0.01	0.01	0.01	0.01	0.01	0.01	0.01	0.02	0.02
新疆	0.00	0.00	0.00	0.00	0.00	0.00	0.00	0.00	0.00	0.00	0.00	0.00	0.01	0.01	0.01	0.01	0.01	0.01

资料来源：笔者测算整理，详细测算方法见第3章。

261

表16 考虑农业面源污染的双向 VRS 农业用水效率测度结果

省份	1998年	1999年	2000年	2001年	2002年	2003年	2004年	2005年	2006年	2007年	2008年	2009年	2010年	2011年	2012年	2013年	2014年	2015年
北京	0.82	0.78	0.87	0.82	0.93	0.99	1.00	1.00	1.00	1.00	1.00	1.00	1.00	1.00	1.00	1.00	1.00	1.00
天津	1.00	1.00	1.00	1.00	1.00	1.00	1.00	1.00	1.00	1.00	1.00	1.00	1.00	1.00	1.00	1.00	1.00	1.00
河北	0.04	0.04	0.04	0.04	0.04	0.02	0.03	0.03	0.03	0.04	0.04	0.05	0.06	0.08	0.09	0.11	0.17	0.24
山西	0.40	0.40	0.41	0.39	0.18	0.19	0.19	0.20	0.19	0.19	0.19	0.19	0.17	0.15	0.15	0.15	0.15	0.14
内蒙古	0.10	0.10	0.09	0.09	0.09	0.10	0.17	0.10	0.11	0.10	0.11	0.10	0.11	0.11	0.11	0.11	0.10	0.10
辽宁	0.16	0.15	0.16	0.17	0.17	0.17	0.17	0.07	0.07	0.07	0.07	0.07	0.10	0.12	0.14	0.17	0.25	0.30
吉林	0.18	0.18	0.17	0.18	0.17	0.21	0.22	0.22	0.20	0.21	0.21	0.20	0.19	0.18	0.08	0.07	0.07	0.07
黑龙江	0.06	0.07	0.08	0.08	0.08	0.08	0.08	0.07	0.07	0.07	0.07	0.06	0.06	0.05	0.05	0.05	0.05	0.05
上海	0.63	0.81	0.93	1.00	1.00	0.88	1.00	0.91	1.00	1.00	1.00	1.00	1.00	1.00	0.89	1.00	1.00	1.00
江苏	0.06	0.06	0.05	0.05	0.05	0.06	0.05	0.05	0.05	0.09	0.15	0.20	0.27	0.34	0.46	0.63	0.79	1.00
浙江	0.11	0.11	0.12	0.12	0.12	0.06	0.06	0.06	0.07	0.09	0.09	0.12	0.16	0.29	0.42	0.55	0.78	1.00
安徽	0.11	0.10	0.12	0.05	0.05	0.03	0.05	0.02	0.05	0.05	0.05	0.04	0.04	0.04	0.04	0.04	0.06	0.06
福建	0.12	0.12	0.13	0.13	0.13	0.14	0.14	0.14	0.15	0.14	0.14	0.14	0.15	0.07	0.10	0.11	0.13	0.16
江西	0.10	0.09	0.09	0.10	0.10	0.14	0.11	0.11	0.11	0.09	0.09	0.09	0.09	0.08	0.04	0.08	0.08	0.09
山东	0.02	0.02	0.03	0.03	0.03	0.04	0.05	0.06	0.07	0.13	0.23	0.35	0.49	0.65	0.76	0.93	1.00	1.00
河南	0.01	0.02	0.02	0.02	0.02	0.03	0.03	0.04	0.05	0.05	0.05	0.06	0.08	0.10	0.11	0.18	0.32	0.40
湖北	0.11	0.09	0.09	0.08	0.11	0.10	0.11	0.10	0.10	0.10	0.05	0.04	0.05	0.05	0.06	0.06	0.07	0.08

续表

省份	1998年	1999年	2000年	2001年	2002年	2003年	2004年	2005年	2006年	2007年	2008年	2009年	2010年	2011年	2012年	2013年	2014年	2015年
湖南	0.06	0.06	0.06	0.06	0.07	0.07	0.02	0.02	0.03	0.03	0.02	0.03	0.03	0.03	0.04	0.05	0.06	0.06
广东	0.05	0.03	0.03	0.03	0.04	0.05	0.05	0.06	0.13	0.23	0.31	0.38	0.49	0.60	0.68	0.80	0.90	1.00
广西	0.07	0.07	0.06	0.07	0.06	0.07	0.07	0.06	0.06	0.07	0.07	0.07	0.07	0.02	0.02	0.02	0.03	0.03
海南	0.37	0.39	0.40	0.41	0.40	0.40	0.38	0.41	0.39	0.40	0.40	0.42	0.42	0.42	0.41	0.44	0.43	0.42
重庆	0.75	0.73	0.77	0.71	0.69	0.31	0.31	0.30	0.35	0.34	0.34	0.34	0.32	0.27	0.25	0.26	0.27	0.25
四川	0.11	0.02	0.03	0.03	0.03	0.04	0.04	0.04	0.05	0.06	0.06	0.07	0.05	0.07	0.08	0.09	0.11	0.17
贵州	0.30	0.30	0.28	0.28	0.28	0.27	0.28	0.28	0.26	0.29	0.28	0.28	0.13	0.13	0.13	0.13	0.13	0.12
云南	0.13	0.13	0.13	0.13	0.13	0.13	0.13	0.13	0.14	0.13	0.14	0.14	0.03	0.04	0.04	0.04	0.04	0.05
西藏	1.00	0.03	1.00	0.04	0.05	1.00	0.09	0.09	0.09	0.09	0.09	0.12	0.11	0.13	0.15	0.18	0.17	0.20
陕西	0.25	0.25	0.26	0.26	0.26	0.28	0.29	0.27	0.25	0.26	0.11	0.11	0.12	0.11	0.11	0.11	0.11	0.11
甘肃	0.15	0.15	0.15	0.15	0.15	0.15	0.15	0.15	0.15	0.15	0.15	0.15	0.15	0.15	0.15	0.14	0.15	0.15
青海	0.41	0.45	0.43	0.44	0.45	0.39	0.37	0.42	0.42	0.48	0.49	0.49	0.52	0.48	0.58	0.62	0.66	0.68
宁夏	1.00	0.58	0.18	0.50	0.19	0.24	0.21	0.20	0.20	0.22	0.21	0.22	0.22	0.22	0.23	0.23	0.23	0.23
新疆	0.03	0.03	0.03	0.03	0.03	0.03	0.03	0.03	0.03	0.03	0.03	0.03	0.03	0.03	0.03	0.03	0.03	0.03

资料来源：笔者测算整理，详细测算方法见第3章。

表17　考虑农业面源污染的投入角度 CRS 农业用水效率测度结果

省份	1998年	1999年	2000年	2001年	2002年	2003年	2004年	2005年	2006年	2007年	2008年	2009年	2010年	2011年	2012年	2013年	2014年	2015年
北京	0.10	0.10	0.13	0.14	0.17	0.23	0.26	0.30	0.35	0.41	0.46	0.51	0.59	0.68	0.80	0.88	0.99	1.00
天津	0.09	0.08	0.10	0.14	0.14	0.16	0.17	0.17	0.20	0.22	0.28	0.33	0.45	0.50	0.56	0.59	0.69	0.70
河北	0.02	0.02	0.02	0.02	0.03	0.03	0.04	0.04	0.05	0.05	0.06	0.07	0.08	0.09	0.09	0.10	0.11	0.12
山西	0.03	0.04	0.04	0.04	0.05	0.06	0.07	0.08	0.08	0.10	0.11	0.11	0.11	0.11	0.12	0.13	0.15	0.14
内蒙古	0.01	0.01	0.01	0.01	0.01	0.01	0.01	0.02	0.02	0.02	0.03	0.03	0.04	0.05	0.05	0.06	0.06	0.06
辽宁	0.03	0.03	0.04	0.04	0.05	0.05	0.06	0.06	0.07	0.08	0.09	0.10	0.12	0.13	0.14	0.16	0.17	0.18
吉林	0.01	0.02	0.02	0.02	0.02	0.03	0.03	0.03	0.04	0.04	0.05	0.06	0.06	0.06	0.07	0.07	0.07	0.08
黑龙江	0.01	0.01	0.02	0.01	0.02	0.02	0.02	0.02	0.02	0.02	0.02	0.03	0.03	0.03	0.03	0.03	0.03	0.03
上海	0.12	0.17	0.22	0.27	0.35	0.29	0.28	0.32	0.36	0.47	0.50	0.54	0.60	0.66	0.67	0.77	1.00	1.00
江苏	0.02	0.02	0.02	0.02	0.04	0.04	0.04	0.04	0.05	0.06	0.06	0.06	0.07	0.08	0.09	0.10	0.11	0.12
浙江	0.03	0.03	0.04	0.04	0.05	0.06	0.07	0.08	0.09	0.11	0.12	0.13	0.15	0.17	0.19	0.20	0.22	0.25
安徽	0.01	0.01	0.02	0.02	0.02	0.03	0.03	0.03	0.03	0.04	0.03	0.04	0.04	0.05	0.05	0.06	0.07	0.07
福建	0.02	0.02	0.02	0.03	0.03	0.04	0.04	0.05	0.05	0.06	0.07	0.08	0.09	0.10	0.12	0.13	0.14	0.15
江西	0.01	0.01	0.01	0.01	0.01	0.02	0.02	0.02	0.02	0.02	0.02	0.03	0.03	0.03	0.04	0.04	0.04	0.05
山东	0.03	0.03	0.04	0.04	0.04	0.05	0.06	0.07	0.08	0.09	0.11	0.12	0.14	0.16	0.17	0.19	0.21	0.23
河南	0.02	0.02	0.03	0.03	0.04	0.04	0.04	0.06	0.05	0.07	0.07	0.07	0.09	0.10	0.11	0.11	0.14	0.15
湖北	0.02	0.01	0.02	0.02	0.02	0.03	0.03	0.03	0.03	0.04	0.04	0.05	0.06	0.07	0.07	0.07	0.08	0.09

续表

省份	1998年	1999年	2000年	2001年	2002年	2003年	2004年	2005年	2006年	2007年	2008年	2009年	2010年	2011年	2012年	2013年	2014年	2015年
湖南	0.01	0.01	0.01	0.01	0.01	0.02	0.02	0.02	0.02	0.03	0.03	0.04	0.04	0.05	0.05	0.06	0.06	0.07
广东	0.02	0.03	0.03	0.03	0.04	0.04	0.05	0.06	0.07	0.08	0.09	0.10	0.11	0.12	0.13	0.15	0.16	0.17
广西	0.01	0.01	0.01	0.01	0.01	0.01	0.01	0.01	0.01	0.02	0.02	0.02	0.03	0.03	0.03	0.03	0.04	0.04
海南	0.01	0.01	0.01	0.01	0.01	0.01	0.01	0.02	0.02	0.02	0.02	0.03	0.03	0.04	0.04	0.05	0.05	0.05
重庆	0.06	0.06	0.07	0.07	0.08	0.09	0.10	0.11	0.14	0.16	0.18	0.20	0.23	0.22	0.24	0.28	0.32	0.32
四川	0.02	0.02	0.02	0.03	0.03	0.03	0.04	0.04	0.05	0.05	0.06	0.07	0.07	0.08	0.08	0.10	0.10	0.10
贵州	0.01	0.01	0.01	0.02	0.02	0.02	0.02	0.02	0.02	0.03	0.03	0.04	0.04	0.05	0.06	0.06	0.07	0.07
云南	0.01	0.01	0.01	0.01	0.02	0.02	0.02	0.02	0.02	0.03	0.03	0.04	0.04	0.05	0.05	0.06	0.06	0.07
西藏	0.08	0.00	0.00	0.00	0.00	0.01	0.01	0.00	0.01	0.01	0.01	0.01	0.01	0.01	0.01	0.01	0.01	0.02
陕西	0.02	0.02	0.02	0.03	0.03	0.03	0.04	0.04	0.04	0.05	0.06	0.07	0.08	0.09	0.10	0.11	0.12	0.13
甘肃	0.01	0.01	0.01	0.01	0.01	0.01	0.01	0.01	0.02	0.02	0.02	0.02	0.02	0.03	0.03	0.03	0.03	0.04
青海	0.01	0.01	0.01	0.01	0.00	0.01	0.01	0.02	0.02	0.02	0.02	0.02	0.03	0.03	0.03	0.04	0.04	0.05
宁夏	0.00	0.00	0.00	0.00	0.00	0.00	0.00	0.00	0.00	0.00	0.00	0.01	0.01	0.01	0.01	0.01	0.02	0.02
新疆	0.00	0.00	0.00	0.00	0.00	0.00	0.00	0.00	0.00	0.00	0.00	0.00	0.01	0.01	0.01	0.01	0.01	0.01

资料来源：笔者测算整理，详细测算方法见第3章。

表18　考虑农业面源污染的投入角度 VRS 农业用水效率测度结果

省份	1998年	1999年	2000年	2001年	2002年	2003年	2004年	2005年	2006年	2007年	2008年	2009年	2010年	2011年	2012年	2013年	2014年	2015年
北京	0.36	0.33	0.36	0.31	0.36	0.47	0.49	0.49	0.52	0.52	0.54	0.54	0.57	0.61	0.73	0.70	1.00	1.00
天津	1.00	1.00	0.97	0.93	0.61	0.54	0.50	0.44	0.64	0.67	0.65	0.59	0.59	0.55	0.54	0.51	0.54	0.50
河北	0.01	0.02	0.02	0.02	0.02	0.02	0.03	0.03	0.03	0.04	0.04	0.05	0.06	0.08	0.09	0.11	0.17	0.24
山西	0.14	0.14	0.14	0.14	0.14	0.15	0.15	0.15	0.17	0.17	0.18	0.17	0.15	0.14	0.13	0.13	0.13	0.12
内蒙古	0.04	0.03	0.04	0.04	0.04	0.03	0.02	0.02	0.02	0.03	0.03	0.04	0.04	0.05	0.05	0.06	0.04	0.04
辽宁	0.04	0.04	0.02	0.05	0.05	0.06	0.06	0.07	0.07	0.08	0.06	0.07	0.10	0.12	0.14	0.17	0.25	0.30
吉林	0.03	0.02	0.02	0.03	0.02	0.03	0.04	0.04	0.04	0.05	0.04	0.04	0.05	0.05	0.05	0.05	0.05	0.06
黑龙江	0.01	0.01	0.01	0.02	0.02	0.02	0.02	0.02	0.02	0.02	0.03	0.03	0.03	0.03	0.03	0.03	0.03	0.03
上海	0.52	0.68	0.56	0.68	0.86	0.75	1.00	0.87	1.00	1.00	1.00	1.00	1.00	1.00	0.89	1.00	1.00	1.00
江苏	0.02	0.02	0.02	0.03	0.03	0.04	0.04	0.04	0.05	0.09	0.15	0.20	0.27	0.34	0.46	0.63	0.79	1.00
浙江	0.03	0.03	0.03	0.03	0.04	0.06	0.07	0.08	0.07	0.09	0.11	0.12	0.16	0.29	0.42	0.55	0.78	1.00
安徽	0.02	0.02	0.02	0.02	0.02	0.03	0.02	0.02	0.02	0.03	0.03	0.03	0.03	0.03	0.04	0.04	0.06	0.06
福建	0.05	0.05	0.03	0.02	0.03	0.03	0.04	0.05	0.05	0.06	0.07	0.08	0.09	0.10	0.12	0.13	0.14	0.16
江西	0.01	0.01	0.01	0.01	0.01	0.02	0.03	0.02	0.02	0.02	0.03	0.03	0.03	0.03	0.03	0.04	0.04	0.05
山东	0.02	0.02	0.03	0.03	0.03	0.04	0.05	0.06	0.07	0.13	0.23	0.35	0.49	0.65	0.76	0.93	1.00	1.00
河南	0.01	0.02	0.02	0.02	0.03	0.03	0.03	0.04	0.04	0.05	0.06	0.06	0.08	0.10	0.11	0.18	0.32	0.40
湖北	0.02	0.02	0.02	0.02	0.03	0.03	0.03	0.03	0.04	0.04	0.05	0.05	0.04	0.05	0.06	0.06	0.07	0.08

续表

省份	1998 年	1999 年	2000 年	2001 年	2002 年	2003 年	2004 年	2005 年	2006 年	2007 年	2008 年	2009 年	2010 年	2011 年	2012 年	2013 年	2014 年	2015 年
湖南	0.01	0.01	0.01	0.01	0.02	0.02	0.02	0.02	0.03	0.03	0.03	0.04	0.04	0.03	0.04	0.05	0.06	0.06
广东	0.02	0.03	0.03	0.03	0.04	0.05	0.05	0.06	0.13	0.23	0.31	0.38	0.49	0.60	0.68	0.80	0.90	1.00
广西	0.01	0.01	0.01	0.01	0.01	0.01	0.01	0.01	0.02	0.02	0.02	0.02	0.03	0.03	0.03	0.04	0.04	0.03
海南	0.35	0.38	0.35	0.37	0.35	0.33	0.30	0.32	0.17	0.24	0.17	0.17	0.17	0.17	0.17	0.18	0.17	0.17
重庆	0.22	0.21	0.22	0.20	0.19	0.19	0.19	0.17	0.26	0.24	0.22	0.21	0.19	0.17	0.17	0.20	0.22	0.23
四川	0.02	0.02	0.03	0.03	0.03	0.04	0.04	0.04	0.05	0.06	0.06	0.07	0.08	0.08	0.08	0.10	0.11	0.17
贵州	0.07	0.06	0.05	0.04	0.03	0.03	0.03	0.03	0.03	0.04	0.04	0.05	0.05	0.04	0.05	0.05	0.05	0.05
云南	0.02	0.02	0.02	0.02	0.02	0.02	0.02	0.03	0.03	0.03	0.03	0.04	0.05	0.04	0.04	0.04	0.04	0.05
西藏	1.00	0.03	1.00	0.03	0.03	1.00	0.06	0.05	0.04	0.03	0.03	0.03	0.02	0.03	0.03	0.03	0.03	0.04
陕西	0.08	0.08	0.08	0.08	0.08	0.08	0.08	0.07	0.09	0.09	0.08	0.08	0.09	0.09	0.09	0.08	0.09	0.09
甘肃	0.08	0.08	0.08	0.04	0.04	0.03	0.03	0.03	0.03	0.03	0.03	0.03	0.03	0.03	0.03	0.03	0.03	0.03
青海	0.18	0.21	0.19	0.09	0.08	0.08	0.09	0.08	0.05	0.07	0.06	0.06	0.05	0.05	0.07	0.05	0.06	0.07
宁夏	1.00	0.58	0.18	0.50	0.19	0.24	0.20	0.19	0.19	0.21	0.20	0.20	0.21	0.20	0.18	0.21	0.18	0.18
新疆	0.01	0.01	0.01	0.01	0.01	0.00	0.00	0.00	0.01	0.03	0.03	0.03	0.03	0.03	0.03	0.03	0.03	0.03

资料来源：笔者测算整理，详细测算方法见第 3 章。

表19　考虑 COD、NH 的双向 CRS 农业用水效率测度结果

省份	2011 年	2012 年	2013 年	2014 年	2015 年
北京	0.7869	0.8662	0.9202	0.9901	1.0000
天津	0.6778	0.7142	0.7315	0.7952	0.8015
河北	0.4427	0.4456	0.4514	0.4537	0.4587
山西	0.4524	0.4588	0.4629	0.4689	0.4626
内蒙古	0.4131	0.4142	0.4160	0.4152	0.4152
辽宁	0.4704	0.4751	0.4823	0.4882	0.4915
吉林	0.4286	0.4302	0.4303	0.4315	0.4327
黑龙江	0.4100	0.4092	0.4089	0.4088	0.4093
上海	0.7220	0.7208	0.7948	0.9233	1.0000
江苏	0.4185	0.4200	0.4217	0.4236	0.4291
浙江	0.4743	0.4804	0.4852	0.4969	0.5074
安徽	0.4181	0.4220	0.4230	0.4302	0.4279
福建	0.4427	0.4513	0.4540	0.4592	0.4666
江西	0.4092	0.4119	0.4098	0.4115	0.4149
山东	0.4842	0.4887	0.5003	0.5114	0.5232
河南	0.4545	0.4542	0.4558	0.4755	0.4753
湖北	0.4300	0.4321	0.4311	0.4346	0.4362
湖南	0.4228	0.4243	0.4253	0.4266	0.4298
广东	0.4537	0.4565	0.4620	0.4650	0.4678
广西	0.4066	0.4051	0.4055	0.4055	0.4065
海南	0.4165	0.4172	0.4206	0.4212	0.4219
重庆	0.5188	0.5250	0.5447	0.5676	0.5688
四川	0.4417	0.4399	0.4463	0.4474	0.4459
贵州	0.4111	0.4160	0.4173	0.4164	0.4138
云南	0.4039	0.4022	0.4020	0.4014	0.3993
西藏	0.3743	0.3661	0.3644	0.3682	0.3652
陕西	0.4405	0.4435	0.4481	0.4530	0.4568
甘肃	0.4014	0.4008	0.3994	0.3994	0.3990
青海	0.3893	0.3901	0.3879	0.3874	0.3854
宁夏	0.3970	0.3966	0.3957	0.3954	0.3942
新疆	0.3958	0.3951	0.3945	0.3939	0.3930
均值	0.4584	0.4637	0.4707	0.4828	0.4871

资料来源：笔者测算整理，详细测算方法见第 3 章。

表 20　考虑 COD、NH 的双向 VRS 农业用水效率测度结果

省份	2011 年	2012 年	2013 年	2014 年	2015 年	省份	2011 年	2012 年	2013 年	2014 年	2015 年
北京	1.0000	1.0000	1.0000	0.9201	1.0000	湖北	0.3992	0.4079	0.4135	0.4234	0.4316
天津	1.0000	1.0000	1.0000	1.0000	1.0000	湖南	0.3999	0.4040	0.4101	0.4165	0.4247
河北	0.4322	0.4407	0.4527	0.4817	0.5188	广东	0.7026	0.7520	0.8320	0.9082	1.0000
山西	0.5068	0.4899	0.4716	0.4646	0.4466	广西	0.5541	0.5315	0.5148	0.5004	0.4886
内蒙古	0.5552	0.5363	0.5230	0.5078	0.4945	海南	0.8817	0.8712	0.8687	0.8570	0.8458
辽宁	0.4561	0.4682	0.4859	0.5317	0.5580	重庆	0.5507	0.5164	0.5000	0.4891	0.4563
吉林	0.6244	0.6029	0.5860	0.5749	0.5642	四川	0.4215	0.4282	0.4410	0.4522	0.4774
黑龙江	0.5067	0.4892	0.4759	0.4669	0.4588	贵州	0.7605	0.7469	0.7265	0.7033	0.6756
上海	1.0000	1.0000	0.9283	1.0000	1.0000	云南	0.6019	0.5738	0.5516	0.5359	0.5171
江苏	0.4834	0.5051	0.5981	0.7624	1.0000	西藏	1.0000	1.0000	0.9800	0.9752	0.9874
浙江	0.5300	0.5924	0.6637	0.7713	1.0000	陕西	0.4899	0.4650	0.4455	0.4293	0.4154
安徽	0.4129	0.3972	0.3888	0.4012	0.4058	甘肃	0.7222	0.6993	0.6769	0.6609	0.6457
福建	0.5121	0.5022	0.4855	0.4737	0.4695	青海	1.0000	1.0000	1.0000	1.0000	1.0000
江西	0.5778	0.5630	0.5408	0.5265	0.5160	宁夏	0.8728	0.8585	0.8422	0.8328	0.8145
山东	0.7687	0.8384	0.9524	1.0000	1.0000	新疆	0.6688	0.6459	0.6253	0.6064	0.5891
河南	0.4480	0.4541	0.4922	0.5731	0.6156	均值	0.6400	0.6381	0.6411	0.6531	0.6715

资料来源：笔者测算整理，详细测算方法见第 3 章。

269

表21　考虑COD、NH的投入角度CRS农业用水效率测度结果

省份	2011年	2012年	2013年	2014年	2015年
北京	0.6781	0.8001	0.8825	0.9864	1.0000
天津	0.4952	0.5563	0.5886	0.6908	0.7043
河北	0.0861	0.0928	0.1042	0.1098	0.1206
山西	0.1114	0.1246	0.1345	0.1464	0.1391
内蒙古	0.0455	0.0509	0.0567	0.0589	0.0623
辽宁	0.1346	0.1446	0.1583	0.1697	0.1764
吉林	0.0624	0.0674	0.0697	0.0734	0.0776
黑龙江	0.0281	0.0285	0.0294	0.0303	0.0324
上海	0.6556	0.6652	0.7689	0.9181	1.0000
江苏	0.0793	0.0880	0.0975	0.1075	0.1244
浙江	0.1705	0.1857	0.1995	0.2238	0.2517
安徽	0.0455	0.0544	0.0585	0.0725	0.0715
福建	0.0984	0.1166	0.1254	0.1379	0.1541
江西	0.0306	0.0374	0.0365	0.0417	0.0498
山东	0.1572	0.1667	0.1882	0.2088	0.2308
河南	0.1040	0.1053	0.1098	0.1440	0.1457
湖北	0.0652	0.0705	0.0712	0.0794	0.0858
湖南	0.0497	0.0539	0.0571	0.0610	0.0678
广东	0.1237	0.1318	0.1455	0.1564	0.1669
广西	0.0300	0.0305	0.0340	0.0369	0.0413
海南	0.0376	0.0400	0.0473	0.0496	0.0519
重庆	0.2244	0.2391	0.2753	0.3159	0.3226
四川	0.0839	0.0832	0.0958	0.0996	0.0997
贵州	0.0493	0.0583	0.0649	0.0689	0.0708
云南	0.0486	0.0509	0.0576	0.0619	0.0664
西藏	0.0109	0.0123	0.0135	0.0150	0.0169
陕西	0.0893	0.0974	0.1084	0.1193	0.1286
甘肃	0.0260	0.0289	0.0307	0.0340	0.0373
青海	0.0295	0.0346	0.0378	0.0448	0.0487
宁夏	0.0111	0.0133	0.0141	0.0158	0.0169
新疆	0.0057	0.0056	0.0062	0.0069	0.0076
均值	0.1248	0.1366	0.1506	0.1705	0.1797

资料来源：笔者测算整理，详细测算方法见第3章。

表22　考虑 COD、NH 的投入角度 VRS 农业用水效率测度结果

省份	2011 年	2012 年	2013 年	2014 年	2015 年	省份	2011 年	2012 年	2013 年	2014 年	2015 年
北京	0.6275	0.7347	0.7041	0.7824	1.0000	湖北	0.0457	0.0555	0.0610	0.0730	0.0833
天津	0.5541	0.5470	0.5145	0.5489	0.5120	湖南	0.0349	0.0417	0.0482	0.0552	0.0649
河北	0.0775	0.0888	0.1069	0.1662	0.2402	广东	0.6037	0.6846	0.7994	0.8991	1.0000
山西	0.1475	0.1497	0.1485	0.1541	0.1419	广西	0.0331	0.0302	0.0306	0.0306	0.0317
内蒙古	0.0471	0.0473	0.0483	0.0465	0.0457	海南	0.1891	0.1845	0.1981	0.1916	0.1860
辽宁	0.1210	0.1381	0.1652	0.2512	0.3000	重庆	0.2710	0.2542	0.2606	0.2696	0.2481
吉林	0.0784	0.0755	0.0721	0.0713	0.0710	四川	0.0688	0.0751	0.0920	0.1098	0.1677
黑龙江	0.0525	0.0494	0.0464	0.0461	0.0458	贵州	0.1891	0.1685	0.1730	0.1739	0.1692
上海	1.0000	1.0000	0.9274	1.0000	1.0000	云南	0.0666	0.0617	0.0623	0.0633	0.0682
江苏	0.3427	0.4180	0.5564	0.7483	1.0000	西藏	1.0000	1.0000	0.9816	0.9845	1.0000
浙江	0.2922	0.4188	0.5521	0.7181	1.0000	陕西	0.1138	0.1100	0.1102	0.1106	0.1105
安徽	0.0380	0.0405	0.0422	0.0573	0.0608	甘肃	0.0682	0.0673	0.0645	0.0655	0.0665
福建	0.0729	0.0959	0.1122	0.1316	0.1610	青海	1.0000	1.0000	1.0000	1.0000	1.0000
江西	0.0373	0.0411	0.0364	0.0380	0.0415	宁夏	0.2685	0.3009	0.2963	0.3100	0.3161
山东	0.6480	0.7598	0.9314	1.0000	1.0000	新疆	0.0298	0.0259	0.0261	0.0264	0.0267
河南	0.0981	0.1052	0.1807	0.3237	0.4031	均值	0.2651	0.2829	0.3016	0.3370	0.3730

资料来源：笔者测算整理，详细测算方法见第 3 章。

表23　考虑农业面源污染的双向 CRS 地区农业用水效率测度结果

区域	1998年	1999年	2000年	2001年	2002年	2003年	2004年	2005年	2006年	2007年	2008年	2009年	2010年	2011年	2012年	2013年	2014年	2015年
全国	0.02	0.02	0.02	0.02	0.02	0.03	0.03	0.04	0.04	0.05	0.05	0.05	0.06	0.07	0.07	0.08	0.09	0.09
沿海地区	0.03	0.03	0.03	0.04	0.04	0.05	0.05	0.06	0.07	0.08	0.09	0.10	0.11	0.13	0.14	0.15	0.17	0.18
内陆地区	0.01	0.01	0.01	0.01	0.01	0.02	0.02	0.02	0.02	0.03	0.03	0.03	0.04	0.04	0.05	0.05	0.05	0.06
东部地区	0.03	0.03	0.03	0.04	0.04	0.05	0.05	0.06	0.07	0.08	0.09	0.10	0.11	0.13	0.14	0.15	0.17	0.18
中部地区	0.01	0.01	0.02	0.02	0.02	0.03	0.03	0.03	0.03	0.04	0.04	0.04	0.05	0.05	0.06	0.06	0.07	0.07
西部地区	0.01	0.01	0.01	0.01	0.01	0.01	0.01	0.01	0.02	0.02	0.02	0.03	0.03	0.03	0.04	0.04	0.04	0.05
东部地区	0.03	0.03	0.03	0.04	0.04	0.05	0.05	0.06	0.07	0.08	0.09	0.10	0.11	0.13	0.14	0.15	0.17	0.18
中部地区	0.01	0.03	0.02	0.04	0.04	0.04	0.04	0.04	0.04	0.04	0.04	0.05	0.05	0.06	0.07	0.07	0.08	0.08
西部地区	0.01	0.02	0.01	0.03	0.03	0.02	0.02	0.02	0.02	0.02	0.02	0.03	0.03	0.03	0.04	0.04	0.04	0.05
东北地区	0.01	0.01	0.02	0.02	0.02	0.03	0.03	0.04	0.04	0.04	0.05	0.05	0.05	0.06	0.06	0.06	0.06	0.07
北部沿海	0.03	0.02	0.04	0.04	0.04	0.06	0.06	0.07	0.08	0.09	0.11	0.12	0.14	0.15	0.17	0.19	0.20	0.22
东部沿海	0.03	0.03	0.04	0.04	0.04	0.06	0.06	0.07	0.08	0.09	0.09	0.10	0.11	0.12	0.13	0.15	0.17	0.19
南部沿海	0.02	0.02	0.03	0.03	0.03	0.04	0.04	0.05	0.06	0.07	0.08	0.09	0.10	0.11	0.12	0.13	0.14	0.15
长江中游	0.01	0.01	0.01	0.01	0.01	0.02	0.02	0.02	0.03	0.03	0.03	0.04	0.04	0.05	0.05	0.06	0.06	0.07
黄河中游	0.02	0.02	0.02	0.02	0.02	0.03	0.03	0.04	0.04	0.05	0.06	0.06	0.07	0.08	0.09	0.09	0.11	0.11
东北地区	0.01	0.02	0.02	0.02	0.02	0.03	0.03	0.04	0.04	0.04	0.05	0.05	0.05	0.06	0.06	0.06	0.06	0.07
西北地区	0.00	0.00	0.00	0.00	0.00	0.00	0.00	0.01	0.01	0.01	0.01	0.01	0.01	0.01	0.01	0.01	0.01	0.01
西南地区	0.01	0.01	0.02	0.02	0.02	0.02	0.02	0.03	0.03	0.03	0.04	0.04	0.05	0.06	0.06	0.07	0.07	0.08

资料来源：笔者测算整理。

表 24　　考虑 COD、NH 的双向 CRS 地区农业用水效率测度结果

区域		2011 年	2012 年	2013 年	2014 年	2015 年
	全国	0.0691	0.0735	0.0797	0.0873	0.0939
二	沿海地区	0.1277	0.1389	0.1538	0.1673	0.1829
	内陆地区	0.0424	0.0450	0.0485	0.0534	0.0575
三	东部地区	0.1277	0.1389	0.1538	0.1673	0.1829
	中部地区	0.0521	0.0569	0.0589	0.0659	0.0706
	西部地区	0.0341	0.0355	0.0395	0.0431	0.0465
四	东部地区	0.1271	0.1385	0.1534	0.1671	0.1834
	中部地区	0.0589	0.0659	0.0681	0.0786	0.0842
	西部地区	0.0341	0.0355	0.0395	0.0431	0.0465
	东北地区	0.0559	0.0580	0.0608	0.0633	0.0667
	北部沿海	0.1547	0.1663	0.1873	0.2029	0.2171
	东部沿海	0.1223	0.1339	0.1470	0.1626	0.1861
	南部沿海	0.1085	0.1188	0.1310	0.1413	0.1524
	长江中游	0.0470	0.0538	0.0554	0.0629	0.0688
八	黄河中游	0.0805	0.0865	0.0937	0.1072	0.1105
	东北地区	0.0559	0.0580	0.0608	0.0633	0.0667
	西北地区	0.0100	0.0102	0.0112	0.0125	0.0136
	西南地区	0.0590	0.0611	0.0692	0.0744	0.0793

资料来源：笔者测算整理。

表25　标准化的对称邻接空间权重矩阵（W_1）

省份	黑龙江	新疆	山西	宁夏	西藏	山东	河南	江苏	安徽	湖北	浙江	江西	湖南	云南	贵州	福建	广西	广东	海南	吉林	辽宁	天津	青海	甘肃	陕西	内蒙古	重庆	河北	上海	北京	四川
黑龙江	0.00	0.00	0.00	0.00	0.00	0.00	0.00	0.00	0.00	0.00	0.00	0.00	0.00	0.00	0.00	0.00	0.00	0.00	0.00	0.50	0.00	0.00	0.00	0.00	0.00	0.50	0.00	0.00	0.00	0.00	0.00
新疆	0.00	0.00	0.00	0.00	0.33	0.00	0.00	0.00	0.00	0.00	0.00	0.00	0.00	0.00	0.00	0.00	0.00	0.00	0.00	0.00	0.00	0.00	0.33	0.33	0.00	0.00	0.00	0.00	0.00	0.00	0.00
山西	0.00	0.00	0.00	0.00	0.00	0.00	0.25	0.00	0.00	0.00	0.00	0.00	0.00	0.00	0.00	0.00	0.00	0.00	0.00	0.00	0.00	0.00	0.00	0.00	0.25	0.25	0.00	0.25	0.00	0.00	0.00
宁夏	0.00	0.00	0.00	0.00	0.00	0.00	0.00	0.00	0.00	0.00	0.00	0.00	0.00	0.00	0.00	0.00	0.00	0.00	0.00	0.00	0.00	0.00	0.00	0.33	0.33	0.33	0.00	0.00	0.00	0.00	0.00
西藏	0.00	0.25	0.00	0.00	0.00	0.00	0.00	0.00	0.00	0.00	0.00	0.00	0.00	0.25	0.00	0.00	0.00	0.00	0.00	0.00	0.00	0.00	0.25	0.00	0.00	0.00	0.00	0.00	0.00	0.00	0.25
山东	0.00	0.00	0.00	0.00	0.00	0.00	0.25	0.25	0.25	0.00	0.00	0.00	0.00	0.00	0.00	0.00	0.00	0.00	0.00	0.00	0.00	0.00	0.00	0.00	0.00	0.00	0.00	0.25	0.00	0.00	0.00
河南	0.00	0.00	0.17	0.00	0.00	0.17	0.00	0.00	0.17	0.17	0.00	0.00	0.00	0.00	0.00	0.00	0.00	0.00	0.00	0.00	0.00	0.00	0.00	0.00	0.17	0.00	0.00	0.17	0.00	0.00	0.00
江苏	0.00	0.00	0.00	0.00	0.00	0.25	0.00	0.00	0.25	0.00	0.25	0.00	0.00	0.00	0.00	0.00	0.00	0.00	0.00	0.00	0.00	0.00	0.00	0.00	0.00	0.00	0.00	0.00	0.25	0.00	0.00
安徽	0.00	0.00	0.00	0.00	0.00	0.17	0.17	0.17	0.00	0.17	0.17	0.17	0.00	0.00	0.00	0.00	0.00	0.00	0.00	0.00	0.00	0.00	0.00	0.00	0.00	0.00	0.00	0.00	0.00	0.00	0.00
湖北	0.00	0.00	0.00	0.00	0.00	0.00	0.17	0.00	0.17	0.00	0.00	0.17	0.17	0.00	0.00	0.00	0.00	0.00	0.00	0.00	0.00	0.00	0.00	0.00	0.17	0.00	0.17	0.00	0.00	0.00	0.00
浙江	0.00	0.00	0.00	0.00	0.00	0.00	0.00	0.20	0.20	0.00	0.00	0.20	0.00	0.00	0.00	0.20	0.00	0.00	0.00	0.00	0.00	0.00	0.00	0.00	0.00	0.00	0.00	0.00	0.20	0.00	0.00
江西	0.00	0.00	0.00	0.00	0.00	0.00	0.00	0.00	0.17	0.17	0.17	0.00	0.17	0.00	0.00	0.17	0.00	0.17	0.00	0.00	0.00	0.00	0.00	0.00	0.00	0.00	0.00	0.00	0.00	0.00	0.00
湖南	0.00	0.00	0.00	0.00	0.00	0.00	0.00	0.00	0.00	0.17	0.00	0.17	0.00	0.00	0.17	0.00	0.17	0.17	0.00	0.00	0.00	0.00	0.00	0.00	0.00	0.00	0.17	0.00	0.00	0.00	0.00
云南	0.00	0.00	0.00	0.00	0.25	0.00	0.00	0.00	0.00	0.00	0.00	0.00	0.00	0.00	0.25	0.00	0.25	0.00	0.00	0.00	0.00	0.00	0.00	0.00	0.00	0.00	0.00	0.00	0.00	0.00	0.25
贵州	0.00	0.00	0.00	0.00	0.00	0.00	0.00	0.00	0.00	0.00	0.00	0.00	0.20	0.20	0.00	0.00	0.20	0.00	0.00	0.00	0.00	0.00	0.00	0.00	0.00	0.00	0.20	0.00	0.00	0.00	0.20
福建	0.00	0.00	0.00	0.00	0.00	0.00	0.00	0.00	0.00	0.00	0.33	0.33	0.00	0.00	0.00	0.00	0.00	0.33	0.00	0.00	0.00	0.00	0.00	0.00	0.00	0.00	0.00	0.00	0.00	0.00	0.00
广西	0.00	0.00	0.00	0.00	0.00	0.00	0.00	0.00	0.00	0.00	0.00	0.00	0.25	0.25	0.25	0.00	0.00	0.25	0.00	0.00	0.00	0.00	0.00	0.00	0.00	0.00	0.00	0.00	0.00	0.00	0.00

续表

省份	黑龙江	新疆	山西	宁夏	西藏	山东	河南	江苏	安徽	湖北	浙江	江西	湖南	云南	贵州	福建	广西	广东	海南	吉林	辽宁	天津	青海	甘肃	陕西	内蒙古	重庆	河北	上海	北京	四川
广东	0.00	0.00	0.00	0.00	0.00	0.00	0.00	0.00	0.00	0.00	0.00	0.20	0.20	0.00	0.00	0.20	0.20	0.00	0.20	0.00	0.00	0.00	0.00	0.00	0.00	0.00	0.00	0.00	0.00	0.00	0.00
海南	0.00	0.00	0.00	0.00	0.00	0.00	0.00	0.00	0.00	0.00	0.00	0.00	0.00	0.00	0.00	0.00	0.00	1.00	0.00	0.00	0.00	0.00	0.00	0.00	0.00	0.00	0.00	0.00	0.00	0.00	0.00
吉林	0.33	0.33	0.00	0.00	0.00	0.00	0.00	0.00	0.00	0.00	0.00	0.00	0.00	0.00	0.00	0.00	0.00	0.00	0.00	0.00	0.33	0.00	0.00	0.00	0.00	0.33	0.00	0.00	0.00	0.00	0.00
辽宁	0.00	0.00	0.00	0.00	0.00	0.00	0.00	0.00	0.00	0.00	0.00	0.00	0.00	0.00	0.00	0.00	0.00	0.00	0.00	0.33	0.00	0.00	0.00	0.00	0.00	0.33	0.00	0.33	0.00	0.00	0.00
天津	0.00	0.00	0.00	0.00	0.00	0.00	0.00	0.00	0.00	0.00	0.00	0.00	0.00	0.00	0.00	0.00	0.00	0.00	0.00	0.00	0.00	0.00	0.00	0.00	0.00	0.00	0.00	0.50	0.00	0.50	0.00
青海	0.00	0.25	0.00	0.00	0.25	0.00	0.00	0.00	0.00	0.00	0.00	0.00	0.00	0.00	0.00	0.00	0.00	0.00	0.00	0.00	0.00	0.00	0.17	0.25	0.00	0.00	0.00	0.00	0.00	0.00	0.25
甘肃	0.00	0.17	0.00	0.17	0.00	0.00	0.13	0.00	0.00	0.13	0.00	0.00	0.00	0.00	0.00	0.00	0.00	0.00	0.00	0.00	0.00	0.00	0.00	0.00	0.17	0.17	0.00	0.00	0.00	0.00	0.17
陕西	0.00	0.00	0.13	0.13	0.00	0.00	0.00	0.00	0.00	0.00	0.00	0.00	0.00	0.00	0.00	0.00	0.00	0.00	0.00	0.13	0.13	0.00	0.00	0.13	0.00	0.13	0.13	0.00	0.00	0.00	0.13
内蒙古	0.13	0.00	0.13	0.13	0.00	0.14	0.14	0.00	0.00	0.20	0.50	0.00	0.20	0.00	0.20	0.00	0.00	0.00	0.00	0.00	0.14	0.14	0.00	0.13	0.13	0.00	0.00	0.13	0.00	0.00	0.00
重庆	0.00	0.00	0.00	0.00	0.00	0.00	0.00	0.00	0.00	0.00	0.00	0.00	0.14	0.00	0.00	0.00	0.00	0.00	0.00	0.00	0.00	0.00	0.00	0.00	0.20	0.00	0.00	0.00	0.00	0.00	0.20
河北	0.00	0.00	0.14	0.00	0.00	0.00	0.00	0.50	0.00	0.00	0.00	0.00	0.00	0.00	0.00	0.00	0.00	0.00	0.00	0.00	0.00	0.50	0.00	0.00	0.00	0.14	0.00	0.00	0.00	0.14	0.00
上海	0.00	0.00	0.00	0.00	0.00	0.00	0.00	0.00	0.00	0.00	0.00	0.00	0.00	0.00	0.00	0.00	0.00	0.00	0.00	0.00	0.00	0.00	0.00	0.00	0.00	0.00	0.00	0.00	0.00	0.00	0.00
北京	0.00	0.00	0.00	0.00	0.00	0.00	0.00	0.00	0.00	0.00	0.00	0.00	0.00	0.00	0.00	0.00	0.00	0.00	0.00	0.00	0.00	0.00	0.00	0.00	0.00	0.00	0.00	0.50	0.00	0.00	0.00
四川	0.00	0.00	0.00	0.00	0.14	0.00	0.00	0.00	0.00	0.00	0.00	0.00	0.00	0.14	0.14	0.00	0.00	0.00	0.00	0.00	0.00	0.00	0.14	0.14	0.14	0.00	0.14	0.00	0.00	0.00	0.00

注：受页面限制，此处权重仅保留两位小数。

资料来源：笔者测算整理。

表26　标准化的对称地理距离权重矩阵（W_2）

省份	四川	北京	上海	河北	重庆	内蒙古	陕西	甘肃	青海	天津	辽宁	吉林	海南	广东	广西	福建	贵州	云南	湖南	江西	浙江	湖北	安徽	江苏	河南	山东	西藏	宁夏	山西	新疆	黑龙江
黑龙江	0.01	0.05	0.02	0.05	0.01	0.05	0.02	0.01	0.01	0.05	0.11	0.35	0.01	0.01	0.01	0.01	0.01	0.01	0.01	0.01	0.02	0.01	0.02	0.02	0.02	0.03	0.01	0.02	0.03	0.01	0.00
新疆	0.04	0.03	0.01	0.03	0.03	0.03	0.04	0.08	0.14	0.02	0.02	0.02	0.01	0.01	0.02	0.01	0.03	0.03	0.01	0.01	0.01	0.02	0.02	0.02	0.02	0.02	0.14	0.05	0.03	0.00	0.01
山西	0.01	0.09	0.02	0.12	0.02	0.04	0.12	0.02	0.01	0.02	0.02	0.01	0.00	0.01	0.01	0.01	0.01	0.01	0.02	0.02	0.01	0.04	0.03	0.03	0.11	0.07	0.14	0.07	0.09	0.00	0.01
宁夏	0.04	0.03	0.01	0.03	0.04	0.04	0.24	0.14	0.03	0.03	0.01	0.01	0.01	0.01	0.01	0.01	0.02	0.01	0.01	0.01	0.01	0.03	0.02	0.02	0.04	0.02	0.00	0.00	0.09	0.01	0.01
西藏	0.07	0.02	0.01	0.03	0.04	0.02	0.02	0.07	0.18	0.16	0.04	0.02	0.00	0.01	0.01	0.00	0.01	0.06	0.02	0.01	0.01	0.02	0.07	0.01	0.04	0.02	0.00	0.04	0.02	0.11	0.00
山东	0.01	0.09	0.04	0.11	0.01	0.01	0.02	0.01	0.00	0.04	0.04	0.02	0.00	0.01	0.01	0.01	0.01	0.00	0.01	0.03	0.03	0.03	0.10	0.11	0.07	0.10	0.00	0.02	0.10	0.00	0.01
河南	0.01	0.03	0.03	0.04	0.04	0.01	0.08	0.01	0.01	0.01	0.01	0.01	0.01	0.01	0.01	0.01	0.02	0.01	0.03	0.03	0.03	0.15	0.25	0.06	0.00	0.06	0.00	0.03	0.01	0.00	0.00
江苏	0.01	0.02	0.20	0.02	0.01	0.01	0.02	0.01	0.01	0.02	0.02	0.01	0.01	0.02	0.01	0.04	0.01	0.01	0.03	0.07	0.09	0.06	0.00	0.00	0.09	0.03	0.00	0.01	0.01	0.00	0.00
安徽	0.01	0.02	0.09	0.02	0.02	0.01	0.02	0.00	0.00	0.01	0.01	0.01	0.01	0.06	0.03	0.03	0.04	0.01	0.12	0.08	0.03	0.00	0.08	0.25	0.15	0.03	0.00	0.01	0.02	0.00	0.00
湖北	0.02	0.02	0.04	0.01	0.09	0.01	0.06	0.00	0.00	0.01	0.01	0.00	0.01	0.08	0.07	0.11	0.02	0.02	0.12	0.00	0.03	0.03	0.12	0.04	0.09	0.03	0.01	0.02	0.03	0.00	0.00
浙江	0.01	0.01	0.29	0.01	0.01	0.01	0.01	0.00	0.00	0.01	0.01	0.01	0.01	0.03	0.09	0.23	0.16	0.00	0.05	0.13	0.09	0.07	0.08	0.10	0.15	0.03	0.01	0.01	0.02	0.00	0.01
江西	0.01	0.01	0.04	0.01	0.03	0.01	0.02	0.03	0.03	0.01	0.01	0.00	0.04	0.04	0.16	0.05	0.08	0.07	0.10	0.03	0.03	0.14	0.06	0.04	0.03	0.03	0.03	0.01	0.01	0.01	0.01
湖南	0.02	0.01	0.02	0.01	0.09	0.01	0.03	0.00	0.00	0.01	0.01	0.01	0.04	0.08	0.09	0.02	0.16	0.00	0.05	0.03	0.03	0.03	0.02	0.02	0.03	0.02	0.02	0.01	0.02	0.00	0.00
云南	0.13	0.01	0.01	0.01	0.08	0.01	0.03	0.01	0.01	0.01	0.01	0.01	0.01	0.07	0.06	0.02	0.07	0.05	0.06	0.07	0.01	0.05	0.02	0.01	0.07	0.00	0.07	0.03	0.02	0.00	0.00
贵州	0.07	0.01	0.01	0.01	0.18	0.01	0.03	0.01	0.01	0.00	0.01	0.01	0.01	0.03	0.16	0.02	0.20	0.01	0.10	0.29	0.01	0.04	0.02	0.01	0.07	0.01	0.00	0.02	0.02	0.00	0.00
福建	0.01	0.01	0.06	0.01	0.02	0.01	0.01	0.00	0.00	0.01	0.01	0.01	0.01	0.04	0.00	0.01	0.00	0.01	0.06	0.04	0.15	0.04	0.02	0.04	0.03	0.02	0.05	0.01	0.01	0.00	0.00
广西	0.03	0.01	0.01	0.01	0.06	0.01	0.02	0.01	0.01	0.01	0.01	0.00	0.10	0.13	0.00	0.03	0.20	0.11	0.11	0.04	0.02	0.04	0.02	0.01	0.02	0.01	0.00	0.01	0.01	0.00	0.00

续表

省份	四川	北京	上海	河北	重庆	内蒙古	陕西	甘肃	青海	天津	辽宁	吉林	海南	广东	广西	福建	贵州	云南	湖南	江西	浙江	湖北	安徽	江苏	河南	山东	西藏	宁夏	山西	新疆	黑龙江
广东	0.02	0.01	0.02	0.01	0.04	0.01	0.02	0.01	0.01	0.01	0.01	0.01	0.08	0.00	0.14	0.10	0.05	0.02	0.13	0.11	0.04	0.04	0.03	0.02	0.02	0.01	0.00	0.01	0.01	0.00	0.00
海南	0.03	0.01	0.02	0.01	0.04	0.01	0.02	0.01	0.01	0.01	0.01	0.01	0.00	0.16	0.20	0.04	0.07	0.05	0.06	0.05	0.02	0.03	0.02	0.02	0.02	0.01	0.01	0.01	0.01	0.01	0.00
吉林	0.01	0.06	0.02	0.05	0.01	0.04	0.01	0.01	0.01	0.06	0.29	0.00	0.00	0.01	0.01	0.01	0.01	0.00	0.01	0.01	0.02	0.01	0.02	0.03	0.02	0.04	0.00	0.01	0.02	0.00	0.20
辽宁	0.01	0.11	0.02	0.09	0.01	0.05	0.02	0.01	0.01	0.13	0.00	0.20	0.00	0.01	0.01	0.01	0.01	0.00	0.01	0.01	0.02	0.01	0.02	0.03	0.02	0.07	0.00	0.01	0.03	0.00	0.05
天津	0.00	0.35	0.01	0.45	0.00	0.01	0.01	0.00	0.00	0.02	0.02	0.01	0.00	0.00	0.00	0.00	0.00	0.00	0.00	0.00	0.02	0.01	0.01	0.01	0.01	0.05	0.00	0.01	0.02	0.00	0.00
青海	0.08	0.02	0.01	0.02	0.04	0.02	0.05	0.23	0.16	0.02	0.01	0.01	0.01	0.01	0.02	0.01	0.03	0.03	0.02	0.01	0.01	0.02	0.02	0.01	0.03	0.02	0.09	0.07	0.03	0.05	0.01
甘肃	0.06	0.02	0.01	0.02	0.04	0.03	0.08	0.00	0.02	0.02	0.01	0.01	0.01	0.01	0.01	0.01	0.01	0.02	0.02	0.01	0.01	0.03	0.02	0.01	0.03	0.02	0.01	0.22	0.04	0.02	0.01
陕西	0.04	0.03	0.02	0.03	0.06	0.02	0.00	0.04	0.01	0.03	0.01	0.01	0.01	0.01	0.01	0.01	0.02	0.01	0.03	0.02	0.02	0.07	0.03	0.02	0.05	0.03	0.01	0.19	0.13	0.00	0.00
内蒙古	0.01	0.16	0.01	0.13	0.02	0.00	0.04	0.03	0.01	0.10	0.06	0.04	0.01	0.01	0.01	0.01	0.01	0.01	0.01	0.01	0.00	0.02	0.02	0.02	0.01	0.04	0.01	0.04	0.08	0.01	0.03
重庆	0.09	0.01	0.00	0.01	0.00	0.01	0.07	0.02	0.00	0.01	0.01	0.00	0.00	0.02	0.04	0.02	0.16	0.03	0.10	0.03	0.28	0.12	0.03	0.02	0.03	0.02	0.00	0.03	0.03	0.00	0.00
河北	0.00	0.57	0.00	0.00	0.00	0.01	0.01	0.00	0.00	0.30	0.01	0.00	0.01	0.00	0.00	0.00	0.00	0.00	0.00	0.00	0.00	0.00	0.00	0.01	0.01	0.02	0.00	0.00	0.02	0.00	0.00
上海	0.01	0.02	0.00	0.02	0.01	0.01	0.01	0.00	0.00	0.02	0.01	0.01	0.01	0.01	0.01	0.04	0.01	0.00	0.02	0.04	0.00	0.02	0.11	0.23	0.01	0.04	0.00	0.01	0.02	0.00	0.00
北京	0.00	0.00	0.00	0.62	0.00	0.02	0.01	0.00	0.00	0.25	0.01	0.00	0.00	0.00	0.00	0.00	0.00	0.00	0.00	0.00	0.00	0.00	0.00	0.01	0.01	0.02	0.00	0.00	0.02	0.00	0.00
四川	0.00	0.01	0.01	0.02	0.15	0.01	0.06	0.06	0.05	0.01	0.01	0.01	0.02	0.02	0.04	0.01	0.11	0.09	0.04	0.02	0.01	0.04	0.02	0.01	0.03	0.02	0.02	0.06	0.03	0.00	0.00

注：受页面限制，此处权重仅保留两位小数。

资料来源：笔者测算整理。

表27　标准化的对称经济空间权重矩阵（W₃）

省份	四川	北京	上海	河北	重庆	内蒙古	陕西	甘肃	青海	天津	辽宁	吉林	海南	广东	广西	福建	贵州	云南	湖南	江西	浙江	湖北	安徽	江苏	河南	山东	西藏	宁夏	山西	新疆	黑龙江
黑龙江	0.00	0.04	0.00	0.05	0.00	0.08	0.01	0.00	0.00	0.01	0.07	0.41	0.00	0.02	0.00	0.02	0.00	0.00	0.00	0.01	0.12	0.06	0.01	0.01	0.01	0.04	0.00	0.01	0.01	0.00	0.00
新疆	0.02	0.18	0.01	0.02	0.01	0.03	0.02	0.03	0.05	0.03	0.19	0.05	0.02	0.02	0.01	0.04	0.01	0.01	0.01	0.01	0.02	0.03	0.01	0.03	0.01	0.02	0.06	0.03	0.01	0.00	0.02
山西	0.01	0.01	0.00	0.01	0.02	0.02	0.09	0.73	0.01	0.00	0.00	0.00	0.00	0.00	0.00	0.00	0.00	0.00	0.00	0.00	0.00	0.00	0.00	0.00	0.04	0.00	0.00	0.02	0.00	0.00	0.00
宁夏	0.09	0.01	0.00	0.01	0.04	0.01	0.26	0.09	0.02	0.00	0.00	0.00	0.00	0.00	0.01	0.00	0.01	0.01	0.01	0.02	0.00	0.01	0.11	0.00	0.20	0.01	0.00	0.00	0.06	0.00	0.00
西藏	0.02	0.01	0.00	0.94	0.01	0.01	0.01	0.09	0.69	0.00	0.00	0.00	0.00	0.00	0.00	0.00	0.00	0.08	0.00	0.00	0.00	0.01	0.00	0.00	0.00	0.00	0.00	0.00	0.03	0.00	0.00
山东	0.00	0.00	0.00	0.01	0.00	0.00	0.00	0.00	0.00	0.17	0.00	0.00	0.00	0.00	0.00	0.00	0.00	0.00	0.00	0.03	0.09	0.03	0.78	0.00	0.03	0.08	0.00	0.04	0.00	0.00	0.00
河南	0.02	0.00	0.17	0.07	0.02	0.00	0.04	0.00	0.00	0.00	0.05	0.00	0.04	0.12	0.01	0.04	0.00	0.00	0.04	0.04	0.01	0.01	0.14	0.00	0.83	0.05	0.00	0.01	0.02	0.00	0.00
江苏	0.00	0.04	0.00	0.03	0.01	0.02	0.01	0.01	0.00	0.00	0.00	0.00	0.00	0.08	0.01	0.00	0.01	0.01	0.08	0.05	0.36	0.00	0.00	0.01	0.07	0.04	0.00	0.03	0.01	0.00	0.01
安徽	0.01	0.01	0.05	0.02	0.01	0.01	0.01	0.01	0.00	0.00	0.00	0.00	0.00	0.06	0.04	0.03	0.02	0.05	0.08	0.00	0.00	0.38	0.04	0.04	0.00	0.03	0.11	0.01	0.01	0.00	0.02
湖北	0.01	0.00	0.01	0.01	0.04	0.01	0.00	0.06	0.00	0.00	0.01	0.00	0.00	0.02	0.07	0.15	0.46	0.00	0.47	0.06	0.07	0.06	0.06	0.01	0.09	0.01	0.01	0.03	0.01	0.00	0.04
浙江	0.00	0.01	0.00	0.01	0.01	0.01	0.02	0.01	0.02	0.00	0.00	0.00	0.00	0.01	0.07	0.12	0.18	0.11	0.02	0.01	0.01	0.04	0.21	0.00	0.03	0.00	0.00	0.01	0.03	0.00	0.00
江西	0.02	0.00	0.00	0.00	0.04	0.00	0.03	0.00	0.22	0.00	0.00	0.09	0.00	0.00	0.00	0.01	0.00	0.00	0.06	0.01	0.28	0.01	0.03	0.00	0.01	0.02	0.01	0.01	0.04	0.00	0.00
湖南	0.02	0.00	0.00	0.00	0.09	0.01	0.03	0.01	0.02	0.00	0.00	0.00	0.00	0.00	0.00	0.01	0.00	0.11	0.47	0.00	0.00	0.01	0.01	0.00	0.00	0.00	0.00	0.00	0.02	0.00	0.00
云南	0.08	0.00	0.00	0.00	0.07	0.00	0.02	0.00	0.00	0.00	0.00	0.00	0.00	0.00	0.00	0.00	0.00	0.00	0.00	0.00	0.00	0.07	0.01	0.03	0.01	0.00	0.00	0.02	0.02	0.00	0.01
贵州	0.04	0.00	0.00	0.00	0.12	0.00	0.00	0.00	0.00	0.00	0.00	0.00	0.00	0.00	0.00	0.00	0.00	0.00	0.00	0.18	0.00	0.01	0.03	0.00	0.04	0.00	0.00	0.00	0.00	0.00	0.00
福建	0.00	0.03	0.02	0.00	0.01	0.00	0.12	0.01	0.01	0.00	0.00	0.00	0.01	0.10	0.10	0.01	0.00	0.00	0.00	0.00	0.00	0.00	0.04	0.00	0.00	0.00	0.00	0.00	0.00	0.00	0.00
广西	0.10	0.00	0.00	0.00	0.33	0.00	0.00	0.00	0.00	0.00	0.00	0.00	0.01	0.03	0.00	0.00	0.10	0.04	0.06	0.00	0.00	0.00	0.00	0.00	0.00	0.00	0.00	0.00	0.00	0.00	0.00

续表

省份	黑龙江	新疆	山西	宁夏	西藏	山东	河南	江苏	安徽	湖北	浙江	江西	福建	贵州	云南	广西	广东	海南	吉林	辽宁	天津	青海	甘肃	陕西	内蒙古	重庆	河北	上海	北京	四川
广东	0.01	0.00	0.01	0.01	0.00	0.04	0.01	0.01	0.02	0.25	0.15	0.09	0.11	0.02	0.01	0.07	0.00	0.03	0.01	0.00	0.00	0.00	0.00	0.01	0.03	0.02	0.03	0.00	0.01	0.01
海南	0.00	0.01	0.01	0.01	0.00	0.01	0.01	0.17	0.01	0.03	0.02	0.03	0.06	0.03	0.02	0.11	0.14	0.00	0.01	0.02	0.17	0.01	0.01	0.01	0.03	0.02	0.03	0.02	0.02	0.01
吉林	0.24	0.01	0.01	0.00	0.00	0.02	0.01	0.01	0.01	0.01	0.02	0.00	0.10	0.00	0.00	0.00	0.01	0.00	0.00	0.33	0.02	0.00	0.00	0.00	0.03	0.00	0.01	0.00	0.02	0.00
辽宁	0.03	0.02	0.01	0.00	0.00	0.03	0.01	0.04	0.01	0.01	0.02	0.00	0.01	0.00	0.00	0.00	0.00	0.01	0.30	0.00	0.10	0.00	0.00	0.00	0.03	0.00	0.05	0.01	0.14	0.00
天津	0.00	0.00	0.01	0.00	0.00	0.03	0.04	0.06	0.00	0.00	0.00	0.00	0.00	0.00	0.00	0.00	0.00	0.01	0.01	0.04	0.00	0.00	0.00	0.00	0.01	0.00	0.31	0.01	0.30	0.00
青海	0.00	0.00	0.01	0.00	0.43	0.00	0.01	0.00	0.00	0.00	0.00	0.00	0.00	0.00	0.00	0.00	0.00	0.00	0.01	0.00	0.00	0.00	0.29	0.02	0.01	0.02	0.00	0.00	0.48	0.00
甘肃	0.00	0.00	0.75	0.03	0.02	0.00	0.02	0.00	0.01	0.00	0.00	0.00	0.00	0.00	0.00	0.00	0.00	0.00	0.00	0.00	0.00	0.11	0.00	0.03	0.00	0.02	0.00	0.00	0.00	0.02
陕西	0.00	0.00	0.05	0.05	0.00	0.00	0.00	0.00	0.01	0.00	0.00	0.00	0.00	0.00	0.00	0.00	0.00	0.00	0.01	0.00	0.00	0.00	0.03	0.78	0.02	0.76	0.00	0.00	0.12	0.01
内蒙古	0.03	0.05	0.02	0.02	0.00	0.17	0.02	0.00	0.00	0.03	0.00	0.03	0.04	0.00	0.01	0.00	0.00	0.00	0.03	0.02	0.03	0.00	0.01	0.01	0.00	0.00	0.01	0.00	0.06	0.02
重庆	0.00	0.00	0.01	0.01	0.00	0.00	0.00	0.00	0.01	0.01	0.00	0.01	0.01	0.02	0.00	0.06	0.00	0.00	0.00	0.06	0.04	0.00	0.01	0.01	0.02	0.00	0.00	0.00	0.00	0.04
河北	0.00	0.00	0.01	0.00	0.00	0.80	0.02	0.00	0.00	0.00	0.00	0.00	0.00	0.00	0.00	0.00	0.00	0.00	0.01	0.02	0.23	0.00	0.00	0.00	0.02	0.00	0.47	0.00	0.06	0.00
上海	0.00	0.00	0.01	0.00	0.00	0.03	0.00	0.37	0.07	0.02	0.24	0.03	0.04	0.00	0.01	0.00	0.00	0.00	0.00	0.02	0.00	0.00	0.00	0.00	0.01	0.01	0.00	0.00	0.00	0.00
北京	0.00	0.00	0.02	0.00	0.00	0.02	0.00	0.01	0.00	0.00	0.00	0.00	0.01	0.00	0.00	0.00	0.00	0.00	0.03	0.06	0.00	0.00	0.00	0.00	0.02	0.00	0.59	0.00	0.00	0.00
四川	0.00	0.00	0.11	0.11	0.00	0.00	0.12	0.00	0.06	0.01	0.00	0.02	0.00	0.04	0.05	0.10	0.00	0.00	0.00	0.00	0.00	0.03	0.04	0.11	0.00	0.24	0.00	0.00	0.00	0.00

注：受页面限制，此处权重仅保留两位小数。
资料来源：笔者测算整理。

表28　标准化的非对称经济空间权重矩阵：1998～2015 年（W₄）

省份	黑龙江	新疆	山西	宁夏	西藏	山东	河南	江苏	安徽	湖北	浙江	江西	湖南	云南	贵州	福建	广西
黑龙江	0.00	0.01	0.03	0.02	0.01	0.03	0.02	0.02	0.02	0.01	0.02	0.01	0.01	0.01	0.01	0.01	0.01
新疆	0.01	0.00	0.03	0.05	0.01	0.02	0.02	0.02	0.02	0.02	0.01	0.02	0.02	0.03	0.03	0.03	0.02
山西	0.01	0.00	0.00	0.07	0.14	0.07	0.11	0.03	0.03	0.04	0.01	0.01	0.02	0.03	0.01	0.01	0.02
宁夏	0.01	0.01	0.09	0.00	0.00	0.04	0.04	0.02	0.02	0.03	0.01	0.02	0.02	0.06	0.02	0.01	0.01
西藏	0.01	0.00	0.02	0.04	0.00	0.02	0.02	0.02	0.02	0.03	0.03	0.02	0.03	0.01	0.04	0.04	0.03
山东	0.01	0.01	0.06	0.02	0.01	0.00	0.07	0.11	0.07	0.03	0.08	0.03	0.03	0.01	0.02	0.03	0.01
河南	0.00	0.01	0.10	0.03	0.00	0.10	0.00	0.06	0.10	0.15	0.09	0.06	0.12	0.01	0.04	0.11	0.01
江苏	0.00	0.00	0.02	0.01	0.00	0.06	0.05	0.00	0.25	0.06	0.09	0.07	0.03	0.01	0.02	0.23	0.02
安徽	0.00	0.00	0.01	0.02	0.00	0.03	0.09	0.25	0.00	0.06	0.08	0.08	0.03	0.00	0.08	0.05	0.03
湖北	0.00	0.00	0.03	0.01	0.00	0.03	0.15	0.04	0.05	0.00	0.03	0.13	0.12	0.07	0.16	0.02	0.07
浙江	0.00	0.00	0.01	0.03	0.00	0.02	0.03	0.10	0.12	0.06	0.00	0.29	0.00	0.01	0.02	0.03	0.09
江西	0.00	0.00	0.02	0.01	0.00	0.02	0.04	0.04	0.08	0.00	0.09	0.00	0.05	0.05	0.02	0.03	0.16
湖南	0.00	0.00	0.01	0.01	0.00	0.02	0.04	0.02	0.04	0.07	0.03	0.13	0.00	0.10	0.20	0.02	0.02
云南	0.00	0.00	0.02	0.03	0.01	0.02	0.02	0.04	0.02	0.05	0.01	0.00	0.06	0.00	0.01	0.02	0.00
贵州	0.00	0.00	0.01	0.01	0.01	0.02	0.03	0.04	0.02	0.04	0.15	0.01	0.11	0.07	0.00	0.03	0.07
福建	0.00	0.00	0.01	0.03	0.01	0.02	0.04	0.01	0.06	0.04	0.02	0.29	0.06	0.01	0.01	0.00	0.09
广西	0.00	0.00	0.01	0.01	0.01	0.01	0.02	0.02	0.02	0.04	0.02	0.04	0.11	0.05	0.20	0.03	0.00

续表

省份	黑龙江	新疆	山西	宁夏	西藏	山东	河南	江苏	安徽	湖北	浙江	江西	湖南	云南	贵州	福建	广西	广东	海南	吉林	辽宁	天津	青海	甘肃	陕西	内蒙古	重庆	河北	上海	北京	四川
广东	0.00	0.00	0.01	0.01	0.00	0.01	0.02	0.02	0.03	0.04	0.04	0.11	0.13	0.02	0.05	0.10	0.14	0.00	0.08	0.01	0.01	0.01	0.01	0.01	0.02	0.01	0.04	0.01	0.02	0.01	0.02
海南	0.00	0.01	0.01	0.01	0.01	0.01	0.02	0.02	0.02	0.03	0.02	0.05	0.06	0.05	0.07	0.04	0.20	0.16	0.00	0.01	0.01	0.01	0.01	0.01	0.02	0.01	0.04	0.01	0.02	0.01	0.03
吉林	0.20	0.00	0.01	0.01	0.00	0.04	0.02	0.03	0.02	0.01	0.02	0.01	0.01	0.00	0.01	0.01	0.01	0.01	0.00	0.00	0.29	0.06	0.01	0.01	0.01	0.04	0.01	0.05	0.02	0.06	0.01
辽宁	0.05	0.00	0.02	0.01	0.00	0.07	0.02	0.03	0.02	0.01	0.02	0.01	0.01	0.01	0.01	0.01	0.01	0.01	0.00	0.20	0.00	0.13	0.01	0.01	0.02	0.01	0.00	0.09	0.02	0.11	0.01
天津	0.00	0.00	0.03	0.01	0.00	0.05	0.02	0.01	0.01	0.01	0.00	0.01	0.00	0.00	0.00	0.01	0.00	0.01	0.01	0.01	0.02	0.00	0.00	0.00	0.01	0.05	0.00	0.45	0.01	0.35	0.00
青海	0.00	0.05	0.03	0.07	0.09	0.01	0.02	0.01	0.02	0.02	0.01	0.01	0.02	0.03	0.03	0.01	0.02	0.01	0.01	0.01	0.01	0.02	0.00	0.23	0.05	0.02	0.04	0.02	0.01	0.02	0.08
甘肃	0.01	0.02	0.04	0.22	0.02	0.02	0.03	0.01	0.02	0.02	0.01	0.02	0.02	0.02	0.02	0.01	0.01	0.01	0.01	0.01	0.01	0.02	0.16	0.00	0.08	0.03	0.04	0.02	0.01	0.02	0.06
陕西	0.01	0.00	0.13	0.19	0.01	0.03	0.10	0.02	0.03	0.07	0.01	0.03	0.03	0.01	0.02	0.01	0.01	0.01	0.01	0.01	0.01	0.03	0.02	0.04	0.00	0.02	0.06	0.03	0.01	0.03	0.04
内蒙古	0.03	0.00	0.08	0.04	0.01	0.04	0.01	0.02	0.03	0.02	0.02	0.00	0.10	0.03	0.16	0.02	0.04	0.02	0.01	0.04	0.06	0.10	0.01	0.03	0.04	0.00	0.02	0.13	0.02	0.16	0.01
重庆	0.00	0.00	0.03	0.03	0.01	0.02	0.05	0.01	0.00	0.12	0.00	0.04	0.00	0.00	0.00	0.00	0.00	0.00	0.01	0.01	0.01	0.01	0.01	0.02	0.07	0.01	0.00	0.01	0.01	0.01	0.09
河北	0.00	0.00	0.02	0.03	0.01	0.02	0.02	0.01	0.11	0.00	0.28	0.00	0.02	0.00	0.01	0.04	0.01	0.00	0.00	0.00	0.00	0.30	0.01	0.00	0.01	0.01	0.00	0.00	0.00	0.57	0.00
上海	0.00	0.00	0.02	0.00	0.00	0.02	0.03	0.23	0.00	0.02	0.00	0.02	0.00	0.00	0.00	0.00	0.00	0.00	0.00	0.00	0.01	0.02	0.00	0.00	0.01	0.02	0.01	0.02	0.00	0.02	0.01
北京	0.00	0.00	0.02	0.00	0.00	0.02	0.03	0.01	0.00	0.00	0.01	0.00	0.02	0.00	0.00	0.01	0.00	0.02	0.02	0.00	0.01	0.25	0.00	0.00	0.00	0.01	0.00	0.62	0.01	0.00	0.00
四川	0.00	0.01	0.03	0.06	0.00	0.02	0.01	0.01	0.00	0.04	0.01	0.02	0.04	0.09	0.11	0.01	0.04	0.02	0.02	0.01	0.01	0.01	0.05	0.06	0.06	0.01	0.15	0.02	0.01	0.01	0.00

注：受页面限制，此处权重仅保留两位小数。

资料来源：笔者测算整理。

表29 标准化的非对称经济空间权重矩阵：2011～2015 年（W_4）

省份	四川	北京	上海	河北	重庆	内蒙古	陕西	甘肃	青海	天津	辽宁	吉林	海南	广东	广西	福建	贵州	云南	湖南	江西	浙江	湖北	安徽	江苏	河南	山东	西藏	宁夏	山西	新疆	黑龙江
黑龙江	0.01	0.05	0.02	0.05	0.01	0.05	0.02	0.01	0.01	0.05	0.11	0.35	0.01	0.01	0.01	0.01	0.01	0.01	0.01	0.01	0.02	0.01	0.02	0.02	0.02	0.03	0.01	0.02	0.03	0.01	0.00
新疆	0.04	0.03	0.01	0.03	0.03	0.03	0.04	0.08	0.14	0.02	0.02	0.02	0.01	0.02	0.02	0.00	0.03	0.03	0.02	0.02	0.01	0.02	0.02	0.02	0.02	0.02	0.14	0.05	0.03	0.00	0.01
山西	0.01	0.09	0.02	0.12	0.02	0.04	0.12	0.02	0.01	0.08	0.02	0.01	0.01	0.01	0.01	0.01	0.02	0.01	0.02	0.01	0.01	0.04	0.03	0.03	0.11	0.07		0.07	0.09	0.01	0.01
宁夏	0.04	0.03	0.01	0.03	0.04	0.03	0.24	0.14	0.03	0.03	0.01	0.01	0.01	0.01	0.02	0.01	0.01	0.01	0.02	0.01	0.01	0.03	0.02	0.02	0.04	0.02		0.00	0.06	0.11	0.01
西藏	0.07	0.02	0.04	0.02	0.04	0.02	0.01	0.07	0.18	0.16	0.04	0.01	0.01	0.02	0.01	0.02	0.02	0.06	0.01	0.01	0.03	0.02	0.07	0.01	0.02	0.02		0.04	0.10	0.00	0.00
山东	0.01	0.09	0.01	0.11	0.01	0.02	0.02	0.01	0.00	0.04	0.04	0.02	0.01	0.01	0.01	0.00	0.01	0.00	0.03	0.03	0.03	0.03	0.10	0.11	0.07	0.07		0.02	0.03	0.00	0.00
河南	0.01	0.03	0.03	0.04	0.04	0.01	0.08	0.01	0.01	0.01	0.01	0.01	0.01	0.01	0.01	0.01	0.02	0.01	0.01	0.03	0.03	0.15	0.25	0.06	0.05	0.10		0.03	0.01	0.00	0.00
江苏	0.01	0.02	0.20	0.03	0.01	0.01	0.01	0.01	0.01	0.02	0.01	0.01	0.01	0.01	0.01	0.02	0.01	0.00	0.12	0.06	0.09	0.06	0.08	0.25	0.09	0.06		0.01	0.01	0.00	0.00
安徽	0.01	0.02	0.09	0.02	0.02	0.01	0.02	0.01	0.01	0.02	0.01	0.01	0.01	0.02	0.03	0.04	0.04	0.01	0.03	0.07	0.03	0.00	0.12	0.04	0.15	0.03		0.01	0.01	0.00	0.00
湖北	0.02	0.02	0.02	0.02	0.09	0.01	0.06	0.01	0.01	0.01	0.01	0.01	0.01	0.02	0.07	0.03	0.08	0.00	0.12	0.08	0.01	0.03	0.08	0.10	0.03	0.03		0.02	0.02	0.00	0.00
浙江	0.01	0.01	0.29	0.01	0.01	0.01	0.01	0.00	0.00	0.01	0.01	0.01	0.01	0.06	0.09	0.11	0.16	0.01	0.00	0.00	0.01	0.07	0.04	0.04	0.04	0.02		0.01	0.01	0.00	0.00
江西	0.01	0.01	0.04	0.01	0.03	0.01	0.02	0.01	0.01	0.01	0.01	0.00	0.01	0.08	0.16	0.23		0.00	0.05	0.13	0.15	0.14	0.06	0.02	0.04	0.01		0.01	0.01	0.01	0.00
湖南	0.02	0.01	0.01	0.01	0.09	0.01	0.03	0.03	0.00	0.01	0.01	0.01	0.04	0.03	0.02	0.05	0.02	0.07	0.10	0.03	0.02	0.03	0.02	0.01	0.03	0.01		0.03	0.01	0.00	0.00
云南	0.13	0.01	0.01	0.01	0.08	0.01	0.03	0.03	0.02	0.01	0.01	0.01	0.02	0.04	0.00	0.02	0.08	0.01	0.06	0.03		0.05		0.01	0.01	0.01		0.02		0.00	0.00
贵州	0.07	0.01	0.01	0.01	0.18	0.01	0.03	0.01	0.01	0.01	0.01	0.00	0.03	0.07		0.02	0.16	0.05	0.11	0.29		0.04		0.04				0.01		0.00	0.00
福建	0.01	0.01	0.01	0.01	0.02	0.01	0.01	0.01	0.00	0.01	0.01	0.01	0.02	0.01						0.04		0.04		0.01				0.01		0.00	0.00
广西	0.03	0.01	0.01	0.01	0.06	0.01	0.02	0.01	0.00	0.01	0.01	0.00	0.10	0.13		0.03	0.20		0.11			0.04								0.00	0.00

续表

省份	黑龙江	新疆	山西	宁夏	西藏	山东	河南	江苏	安徽	湖北	浙江	江西	湖南	云南	贵州	福建	广西	广东	海南	吉林	辽宁	天津	青海	甘肃	陕西	内蒙古	重庆	河北	上海	北京	四川
广东	0.00	0.00	0.01	0.00	0.00	0.01	0.02	0.02	0.03	0.04	0.04	0.11	0.13	0.02	0.05	0.10	0.14	0.00	0.08	0.01	0.01	0.01	0.01	0.01	0.02	0.01	0.04	0.01	0.02	0.01	0.02
海南	0.00	0.01	0.01	0.01	0.01	0.01	0.02	0.02	0.02	0.03	0.02	0.05	0.06	0.05	0.07	0.04	0.20	0.16	0.00	0.00	0.01	0.01	0.01	0.01	0.02	0.01	0.04	0.01	0.02	0.01	0.03
吉林	0.20	0.00	0.02	0.01	0.00	0.04	0.02	0.03	0.02	0.01	0.02	0.01	0.01	0.00	0.01	0.01	0.01	0.01	0.00	0.00	0.29	0.06	0.01	0.01	0.01	0.04	0.01	0.05	0.02	0.06	0.01
辽宁	0.05	0.00	0.03	0.01	0.00	0.07	0.02	0.03	0.02	0.01	0.02	0.01	0.01	0.00	0.01	0.01	0.01	0.01	0.00	0.20	0.00	0.13	0.01	0.01	0.02	0.05	0.00	0.09	0.02	0.11	0.01
天津	0.00	0.00	0.02	0.01	0.00	0.05	0.02	0.03	0.01	0.01	0.02	0.02	0.01	0.00	0.00	0.00	0.01	0.01	0.00	0.01	0.02	0.13	0.01	0.00	0.02	0.05	0.00	0.45	0.02	0.35	0.00
青海	0.01	0.05	0.03	0.07	0.09	0.02	0.02	0.01	0.02	0.02	0.01	0.01	0.02	0.03	0.03	0.01	0.02	0.01	0.01	0.01	0.01	0.02	0.00	0.23	0.05	0.01	0.04	0.02	0.01	0.02	0.08
甘肃	0.01	0.02	0.04	0.22	0.02	0.02	0.02	0.01	0.03	0.03	0.01	0.02	0.03	0.02	0.02	0.01	0.01	0.01	0.01	0.01	0.01	0.02	0.16	0.00	0.08	0.03	0.06	0.02	0.01	0.02	0.06
陕西	0.00	0.00	0.13	0.19	0.01	0.03	0.10	0.02	0.03	0.07	0.01	0.01	0.03	0.01	0.01	0.04	0.04	0.01	0.01	0.04	0.01	0.03	0.02	0.04	0.07	0.02	0.06	0.03	0.01	0.03	0.04
内蒙古	0.03	0.01	0.08	0.04	0.00	0.04	0.05	0.06	0.00	0.02	0.02	0.03	0.00	0.03	0.16	0.02	0.00	0.01	0.01	0.00	0.06	0.10	0.01	0.03	0.01	0.00	0.02	0.13	0.02	0.16	0.01
重庆	0.00	0.00	0.03	0.03	0.00	0.02	0.01	0.03	0.03	0.00	0.02	0.00	0.02	0.00	0.00	0.00	0.04	0.02	0.01	0.00	0.01	0.01	0.01	0.02	0.01	0.01	0.02	0.01	0.02	0.01	0.09
河北	0.00	0.00	0.02	0.02	0.00	0.02	0.05	0.00	0.00	0.02	0.00	0.04	0.00	0.00	0.01	0.00	0.00	0.00	0.01	0.00	0.01	0.30	0.00	0.00	0.01	0.01	0.00	0.00	0.00	0.57	0.00
上海	0.00	0.00	0.01	0.02	0.00	0.02	0.01	0.01	0.02	0.00	0.28	0.00	0.02	0.00	0.00	0.04	0.01	0.01	0.01	0.01	0.01	0.02	0.00	0.00	0.01	0.02	0.01	0.02	0.00	0.02	0.01
北京	0.00	0.00	0.02	0.00	0.00	0.02	0.03	0.01	0.02	0.00	0.00	0.00	0.00	0.00	0.00	0.00	0.00	0.00	0.02	0.00	0.01	0.25	0.00	0.00	0.01	0.01	0.00	0.62	0.00	0.02	0.00
四川	0.00	0.01	0.03	0.06	0.01	0.02	0.03	0.01	0.02	0.04	0.01	0.02	0.04	0.09	0.11	0.01	0.04	0.02	0.02	0.01	0.01	0.01	0.05	0.06	0.06	0.01	0.15	0.02	0.01	0.01	0.00

注：受页面限制，此处权重仅保留两位小数。

资料来源：笔者测算整理。

表30　标准化的非对称经济空间权重矩阵：1998~2015 年（W_5）

省份	四川	北京	上海	河北	重庆	内蒙古	陕西	甘肃	青海	天津	辽宁	吉林	海南	广东	广西	福建	贵州	云南	湖南	江西	浙江	湖北	安徽	江苏	河南	山东	西藏	宁夏	山西	新疆	黑龙江
黑龙江	0.01	0.06	0.03	0.04	0.01	0.05	0.01	0.01	0.01	0.06	0.13	0.37	0.01	0.01	0.01	0.01	0.00	0.00	0.01	0.01	0.02	0.01	0.01	0.03	0.02	0.03	0.00	0.01	0.02	0.01	0.00
新疆	0.04	0.04	0.03	0.03	0.03	0.04	0.03	0.07	0.11	0.04	0.03	0.02	0.02	0.02	0.02	0.02	0.02	0.02	0.01	0.02	0.02	0.03	0.01	0.03	0.02	0.02	0.11	0.05	0.03	0.00	0.02
山西	0.01	0.11	0.03	0.13	0.02	0.04	0.09	0.01	0.01	0.12	0.03	0.01	0.01	0.02	0.01	0.01	0.01	0.01	0.01	0.02	0.02	0.04	0.02	0.04	0.09	0.07	0.01	0.06	0.04	0.00	0.01
宁夏	0.04	0.04	0.04	0.04	0.04	0.04	0.21	0.11	0.02	0.04	0.02	0.01	0.01	0.01	0.01	0.01	0.01	0.01	0.01	0.01	0.01	0.04	0.02	0.02	0.04	0.03	0.01	0.00	0.08	0.01	0.01
西藏	0.06	0.02	0.02	0.02	0.03	0.02	0.03	0.06	0.14	0.04	0.02	0.01	0.01	0.02	0.02	0.02	0.04	0.04	0.02	0.01	0.03	0.03	0.02	0.02	0.05	0.02	0.00	0.04	0.02	0.15	0.01
山东	0.01	0.10	0.06	0.11	0.01	0.02	0.02	0.01	0.00	0.20	0.05	0.02	0.01	0.01	0.01	0.01	0.00	0.00	0.01	0.03	0.03	0.03	0.05	0.14	0.00	0.08	0.00	0.01	0.07	0.00	0.01
河南	0.01	0.04	0.05	0.03	0.03	0.01	0.06	0.01	0.01	0.04	0.02	0.01	0.01	0.01	0.01	0.01	0.01	0.01	0.01	0.05	0.08	0.16	0.09	0.08	0.14	0.09	0.00	0.03	0.03	0.00	0.01
江苏	0.00	0.02	0.29	0.02	0.01	0.01	0.01	0.00	0.00	0.03	0.01	0.01	0.01	0.01	0.01	0.02	0.01	0.01	0.08	0.07	0.09	0.03	0.19	0.00	0.07	0.05	0.00	0.01	0.03	0.00	0.00
安徽	0.01	0.02	0.13	0.02	0.01	0.01	0.01	0.01	0.01	0.03	0.01	0.01	0.02	0.02	0.02	0.04	0.01	0.01	0.01	0.06	0.04	0.06	0.06	0.30	0.02	0.03	0.00	0.01	0.01	0.00	0.00
湖北	0.02	0.02	0.04	0.01	0.08	0.01	0.05	0.00	0.00	0.02	0.01	0.01	0.01	0.03	0.02	0.04	0.01	0.01	0.07	0.00	0.09	0.00	0.07	0.05	0.03	0.02	0.00	0.02	0.01	0.00	0.00
浙江	0.00	0.01	0.40	0.01	0.01	0.01	0.01	0.01	0.01	0.01	0.01	0.01	0.02	0.02	0.06	0.11	0.05	0.03	0.03	0.12	0.03	0.03	0.08	0.12	0.03	0.02	0.00	0.01	0.01	0.00	0.00
江西	0.01	0.01	0.01	0.01	0.02	0.01	0.01	0.01	0.01	0.01	0.01	0.01	0.03	0.07	0.09	0.27	0.11	0.07	0.07	0.03	0.02	0.08	0.04	0.05	0.03	0.02	0.00	0.01	0.01	0.01	0.00
湖南	0.02	0.01	0.06	0.02	0.08	0.01	0.02	0.02	0.03	0.01	0.01	0.01	0.07	0.09	0.15	0.01	0.01	0.03	0.03	0.03	0.16	0.16	0.05	0.03	0.02	0.02	0.00	0.03	0.01	0.01	0.01
云南	0.13	0.02	0.03	0.01	0.07	0.01	0.03	0.01	0.01	0.02	0.01	0.01	0.05	0.04	0.02	0.03	0.04	0.06	0.07	0.26	0.02	0.04	0.05	0.02	0.02	0.01	0.00	0.02	0.01	0.01	0.01
贵州	0.07	0.01	0.02	0.01	0.16	0.01	0.01	0.00	0.01	0.01	0.01	0.01	0.02	0.05	0.00	0.03	0.00	0.01	0.03	0.04	0.02	0.06	0.02	0.02	0.02	0.01	0.00	0.01	0.01	0.01	0.00
福建	0.01	0.01	0.09	0.01	0.02	0.01	0.02	0.01	0.02	0.01	0.01	0.01	0.16	0.08	0.00	0.00	0.00	0.04	0.03	0.04	0.02	0.04	0.02	0.02	0.02	0.01	0.00	0.01	0.01	0.01	0.00
广西	0.03	0.01	0.02	0.01	0.05	0.01	0.01	0.01	0.02	0.02	0.01	0.01	0.16	0.15	0.00	0.04	0.12	0.00	0.07	0.04	0.02	0.05	0.02	0.02	0.02	0.01	0.00	0.01	0.01	0.01	0.00

续表

省份	黑龙江	新疆	山西	宁夏	西藏	山东	河南	江苏	安徽	湖北	浙江	江西	湖南	云南	贵州	福建	广西	广东	海南	吉林	辽宁	天津	青海	甘肃	陕西	内蒙古	重庆	河北	上海	北京	四川
广东	0.00	0.00	0.01	0.01	0.00	0.02	0.02	0.03	0.03	0.05	0.04	0.11	0.08	0.01	0.03	0.13	0.11	0.00	0.12	0.01	0.01	0.02	0.00	0.01	0.01	0.01	0.03	0.01	0.04	0.01	0.02
海南	0.01	0.01	0.01	0.01	0.01	0.02	0.02	0.03	0.02	0.04	0.03	0.05	0.04	0.04	0.04	0.06	0.18	0.19	0.00	0.01	0.01	0.02	0.00	0.01	0.02	0.01	0.03	0.01	0.03	0.01	0.03
吉林	0.20	0.00	0.02	0.01	0.00	0.04	0.01	0.03	0.01	0.01	0.01	0.01	0.00	0.00	0.00	0.01	0.00	0.01	0.01	0.00	0.32	0.07	0.00	0.01	0.01	0.04	0.01	0.04	0.03	0.06	0.01
辽宁	0.05	0.00	0.02	0.01	0.00	0.06	0.02	0.04	0.02	0.01	0.02	0.01	0.01	0.00	0.00	0.01	0.00	0.01	0.00	0.22	0.00	0.16	0.00	0.01	0.01	0.04	0.01	0.09	0.04	0.12	0.00
天津	0.00	0.00	0.02	0.00	0.00	0.05	0.01	0.01	0.01	0.01	0.00	0.00	0.01	0.00	0.00	0.01	0.00	0.01	0.00	0.01	0.03	0.00	0.00	0.01	0.01	0.04	0.00	0.42	0.01	0.40	0.00
青海	0.00	0.07	0.02	0.07	0.07	0.02	0.03	0.02	0.02	0.03	0.02	0.02	0.02	0.03	0.02	0.03	0.02	0.02	0.02	0.01	0.02	0.03	0.00	0.19	0.04	0.03	0.03	0.02	0.02	0.03	0.08
甘肃	0.01	0.07	0.04	0.21	0.02	0.02	0.05	0.03	0.03	0.03	0.01	0.04	0.07	0.03	0.10	0.01	0.04	0.03	0.01	0.01	0.07	0.14	0.12	0.00	0.07	0.02	0.05	0.04	0.02	0.03	0.06
陕西	0.01	0.03	0.10	0.18	0.00	0.04	0.09	0.03	0.00	0.08	0.00	0.00	0.00	0.01	0.01	0.03	0.00	0.00	0.00	0.04	0.11	0.00	0.01	0.02	0.00	0.06	0.05	0.04	0.02	0.04	0.03
内蒙古	0.03	0.01	0.05	0.04	0.01	0.03	0.09	0.03	0.02	0.02	0.01	0.00	0.00	0.01	0.01	0.03	0.01	0.03	0.01	0.04	0.07	0.04	0.00	0.02	0.06	0.00	0.01	0.13	0.02	0.19	0.01
重庆	0.00	0.01	0.02	0.03	0.00	0.02	0.05	0.03	0.03	0.15	0.02	0.04	0.07	0.02	0.10	0.03	0.04	0.03	0.02	0.01	0.01	0.02	0.01	0.02	0.00	0.01	0.00	0.02	0.02	0.02	0.14
河北	0.00	0.01	0.02	0.00	0.01	0.04	0.01	0.01	0.00	0.00	0.00	0.00	0.00	0.00	0.00	0.00	0.00	0.00	0.00	0.01	0.01	0.33	0.00	0.00	0.00	0.01	0.00	0.00	0.00	0.56	0.00
上海	0.01	0.01	0.01	0.00	0.00	0.02	0.02	0.29	0.08	0.02	0.29	0.03	0.00	0.02	0.00	0.04	0.01	0.03	0.01	0.01	0.02	0.02	0.00	0.00	0.01	0.01	0.01	0.02	0.00	0.02	0.00
北京	0.01	0.01	0.01	0.00	0.00	0.04	0.02	0.02	0.02	0.06	0.02	0.02	0.03	0.07	0.07	0.00	0.00	0.03	0.00	0.01	0.02	0.32	0.00	0.00	0.00	0.01	0.00	0.57	0.00	0.00	0.00
四川	0.01	0.02	0.02	0.01	0.00	0.02	0.01	0.01	0.01	0.06	0.02	0.02	0.03	0.07	0.07	0.02	0.04	0.03	0.03	0.01	0.01	0.02	0.04	0.05	0.06	0.02	0.14	0.02	0.02	0.02	0.00

注：受页面限制，此处权重仅保留两位小数。

资料来源：笔者测算整理。

表 31　标准化的非对称经济空间权重矩阵: 2011～2015 年 (W₅)

省份	四川	北京	上海	河北	重庆	内蒙古	陕西	甘肃	青海	天津	辽宁	吉林	海南	广东	广西	福建	贵州	云南	湖南	江西	浙江	湖北	安徽	江苏	河南	山东	西藏	宁夏	山西	新疆	黑龙江
黑龙江	0.01	0.06	0.03	0.04	0.01	0.05	0.01	0.01	0.01	0.05	0.13	0.37	0.01	0.01	0.01		0.00	0.00	0.01		0.02	0.02	0.01	0.03	0.02	0.03	0.01	0.01	0.02	0.01	
新疆	0.04	0.04	0.02	0.03	0.03	0.04	0.04	0.07	0.12	0.03	0.03	0.02	0.02	0.02	0.02	0.02	0.02	0.02	0.02	0.02	0.02	0.03	0.02	0.03	0.02	0.03	0.14	0.05	0.03		0.02
山西	0.01	0.12	0.02	0.12	0.02	0.04	0.10	0.01	0.01	0.04	0.03	0.01	0.01	0.01	0.01	0.01	0.01		0.02	0.02	0.03	0.03	0.02	0.02	0.09	0.07	0.00	0.06		0.00	0.01
宁夏	0.04	0.04	0.02	0.04	0.03	0.04	0.23	0.11	0.03	0.04	0.02	0.01	0.02	0.02	0.02	0.04		0.01	0.01	0.01	0.01	0.04	0.03	0.04	0.04	0.03	0.06		0.02	0.01	0.01
西藏	0.06	0.03	0.02	0.02	0.01	0.02	0.03	0.05	0.15	0.17	0.01	0.01	0.00						0.02			0.04	0.03	0.02	0.02	0.03		0.04	0.02	0.14	0.01
山东	0.01	0.11	0.06	0.11	0.01	0.02	0.02	0.01	0.00	0.04	0.05	0.02	0.01	0.01	0.00	0.01	0.01		0.01	0.03	0.03	0.03	0.05	0.14	0.06		0.00	0.01	0.04	0.00	0.00
河南	0.01		0.04		0.03	0.02	0.07	0.01	0.01	0.02	0.02	0.02	0.01	0.01	0.02	0.11	0.01	0.01	0.03	0.03	0.03	0.17	0.09	0.08		0.03	0.00	0.03	0.07	0.00	0.00
江苏	0.00	0.03	0.27	0.02	0.01	0.01	0.01	0.01	0.01	0.01	0.02	0.01	0.01	0.01		0.25	0.01		0.03	0.08	0.09	0.07	0.20		0.04	0.03	0.00	0.01	0.03	0.01	0.00
安徽	0.01	0.02	0.12	0.02	0.08	0.01	0.02	0.01	0.00	0.01			0.02	0.06	0.02	0.06	0.01	0.02	0.08	0.12	0.09	0.09		0.12	0.07	0.02	0.00	0.01	0.02	0.00	0.00
湖北	0.02		0.04	0.02	0.01		0.06	0.00	0.00	0.01			0.03	0.08	0.09	0.03	0.10	0.11	0.09	0.03	0.09		0.07	0.05	0.14	0.02	0.00	0.01	0.03	0.00	0.00
浙江	0.00	0.01	0.37	0.01	0.02	0.01	0.01	0.00	0.00	0.01			0.06	0.04	0.15	0.03	0.10	0.02	0.09	0.02		0.18	0.08	0.02	0.03	0.01	0.00	0.01	0.02	0.00	0.00
江西	0.01		0.06		0.08		0.01	0.00	0.00	0.01			0.04	0.04	0.02	0.26	0.03	0.10	0.07		0.02	0.05	0.06	0.05	0.03	0.01	0.00	0.01	0.02	0.00	0.00
湖南	0.02	0.01	0.03	0.01	0.07	0.01	0.02	0.01	0.03	0.01	0.01	0.01		0.07	0.00	0.04	0.10	0.05		0.02	0.02	0.05	0.04	0.02	0.02	0.01	0.00	0.01	0.02	0.00	0.00
云南	0.13	0.01	0.02	0.01	0.16	0.01	0.03	0.01	0.01	0.01							0.12		0.03	0.16	0.16		0.02		0.02	0.01	0.00	0.01	0.01	0.00	0.00
贵州	0.07	0.02	0.02	0.01	0.02	0.01	0.01	0.00	0.01	0.01	0.01	0.01	0.14	0.13				0.10	0.09		0.05		0.05	0.05	0.02	0.01	0.00	0.01	0.02	0.00	0.00
福建	0.01	0.01	0.08	0.01	0.05	0.01		0.01	0.01	0.01								0.10	0.18		0.05		0.05	0.02	0.02	0.01	0.00	0.01	0.01	0.00	0.00
广西	0.03		0.02	0.01	0.01	0.01	0.02	0.01	0.01	0.01						0.04		0.01	0.05				0.02			0.01	0.00	0.01	0.01	0.00	0.00

续表

省份	黑龙江	新疆	山西	宁夏	西藏	山东	河南	江苏	安徽	湖北	浙江	江西	湖南	云南	贵州	福建	广西	广东	海南	吉林	辽宁	天津	青海	甘肃	陕西	内蒙古	重庆	河北	上海	北京	四川
广东	0.00	0.00	0.01	0.01	0.00	0.02	0.02	0.03	0.03	0.06	0.04	0.11	0.11	0.01	0.03	0.12	0.12	0.00	0.11	0.01	0.01	0.01	0.01	0.01	0.01	0.01	0.03	0.01	0.04	0.01	0.02
海南	0.01	0.01	0.01	0.02	0.01	0.02	0.02	0.03	0.02	0.04	0.03	0.05	0.06	0.04	0.04	0.06	0.18	0.17	0.00	0.01	0.01	0.01	0.01	0.01	0.02	0.01	0.03	0.01	0.03	0.02	0.03
吉林	0.21	0.00	0.02	0.01	0.00	0.04	0.01	0.03	0.01	0.01	0.01	0.01	0.01	0.00	0.00	0.01	0.00	0.01	0.00	0.00	0.32	0.06	0.00	0.01	0.02	0.00	0.01	0.04	0.03	0.06	0.01
辽宁	0.05	0.00	0.02	0.01	0.00	0.07	0.02	0.04	0.02	0.02	0.02	0.01	0.01	0.00	0.00	0.01	0.00	0.01	0.00	0.21	0.00	0.14	0.00	0.01	0.01	0.04	0.01	0.08	0.03	0.13	0.01
天津	0.00	0.00	0.02	0.00	0.00	0.05	0.01	0.01	0.01	0.01	0.02	0.00	0.00	0.00	0.00	0.00	0.00	0.00	0.00	0.01	0.03	0.00	0.00	0.00	0.01	0.05	0.00	0.40	0.01	0.41	0.00
青海	0.01	0.07	0.03	0.08	0.06	0.02	0.02	0.02	0.01	0.03	0.01	0.01	0.02	0.03	0.02	0.01	0.02	0.01	0.02	0.01	0.02	0.02	0.13	0.19	0.05	0.01	0.03	0.02	0.02	0.03	0.08
甘肃	0.01	0.03	0.04	0.22	0.00	0.02	0.03	0.02	0.01	0.03	0.01	0.01	0.02	0.01	0.01	0.01	0.00	0.01	0.01	0.01	0.02	0.03	0.01	0.00	0.07	0.03	0.03	0.03	0.02	0.03	0.06
陕西	0.01	0.01	0.10	0.19	0.00	0.03	0.09	0.03	0.03	0.09	0.02	0.02	0.02	0.06	0.00	0.01	0.01	0.01	0.01	0.01	0.02	0.03	0.01	0.03	0.00	0.03	0.05	0.04	0.02	0.04	0.03
内蒙古	0.03	0.01	0.05	0.04	0.00	0.04	0.04	0.03	0.02	0.02	0.01	0.01	0.02	0.02	0.01	0.01	0.00	0.01	0.01	0.04	0.07	0.11	0.01	0.02	0.03	0.02	0.01	0.12	0.02	0.20	0.01
重庆	0.00	0.00	0.02	0.04	0.00	0.02	0.01	0.03	0.02	0.16	0.28	0.03	0.09	0.00	0.10	0.02	0.04	0.03	0.02	0.01	0.01	0.02	0.00	0.00	0.07	0.01	0.00	0.02	0.02	0.02	0.08
河北	0.00	0.00	0.02	0.01	0.00	0.02	0.01	0.01	0.01	0.00	0.00	0.00	0.00	0.00	0.00	0.00	0.00	0.00	0.00	0.00	0.01	0.28	0.00	0.00	0.00	0.01	0.00	0.00	0.00	0.61	0.00
上海	0.01	0.00	0.01	0.00	0.00	0.04	0.01	0.29	0.08	0.03	0.02	0.03	0.00	0.00	0.00	0.04	0.00	0.00	0.00	0.01	0.02	0.02	0.00	0.00	0.01	0.01	0.01	0.02	0.00	0.02	0.00
北京	0.00	0.01	0.02	0.00	0.00	0.02	0.02	0.01	0.00	0.00	0.00	0.00	0.00	0.00	0.00	0.00	0.02	0.02	0.00	0.01	0.01	0.28	0.00	0.00	0.00	0.02	0.00	0.59	0.00	0.00	0.00
四川	0.01	0.01	0.06	0.06	0.00	0.02	0.02	0.02	0.02	0.06	0.06	0.02	0.04	0.07	0.07	0.02	0.04	0.02	0.02	0.01	0.01	0.02	0.05	0.05	0.07	0.02	0.14	0.02	0.02	0.02	0.00

注：受页面限制，此处权重仅保留两位小数。
资料来源：笔者测算整理。

表32 人均实际农业增加值的对数（1998～2015年）

省份	1998年	1999年	2000年	2001年	2002年	2003年	2004年	2005年	2006年	2007年	2008年	2009年	2010年	2011年	2012年	2013年	2014年	2015年
北京	0.34	0.36	0.47	0.57	0.71	0.82	0.87	0.88	0.83	0.82	0.85	0.91	0.91	0.94	1.00	1.02	1.01	0.90
天津	0.68	0.67	0.71	0.79	0.84	0.91	0.95	1.00	1.05	1.08	1.13	1.17	1.22	1.28	1.32	1.36	1.38	1.41
河北	-0.08	-0.04	0.01	0.05	0.11	0.17	0.25	0.35	0.43	0.49	0.55	0.59	0.63	0.68	0.73	0.76	0.80	0.83
山西	-0.57	-0.68	-0.61	-0.68	-0.53	-0.48	-0.40	-0.42	-0.36	-0.36	-0.27	-0.22	-0.16	-0.11	-0.06	-0.01	0.02	0.03
内蒙古	0.04	0.04	0.06	0.08	0.12	0.18	0.33	0.43	0.48	0.51	0.59	0.63	0.67	0.72	0.76	0.80	0.84	0.86
辽宁	0.45	0.47	0.45	0.51	0.58	0.63	0.69	0.75	0.75	0.82	0.95	0.99	1.04	1.10	1.15	1.19	1.21	1.25
吉林	0.25	0.27	0.21	0.29	0.42	0.49	0.56	0.67	0.67	0.76	0.87	0.91	0.94	0.97	1.03	1.07	1.11	1.15
黑龙江	-0.07	0.01	0.01	0.08	0.15	0.19	0.39	0.52	0.59	0.62	0.72	0.77	0.83	0.88	0.96	1.00	1.05	1.11
上海	1.02	0.93	0.92	1.04	1.09	1.17	1.21	1.19	1.37	1.46	1.44	1.50	1.61	1.76	1.62	1.54	1.63	1.52
江苏	0.19	0.25	0.31	0.38	0.46	0.55	0.72	0.84	0.96	1.05	1.14	1.22	1.28	1.35	1.44	1.46	1.48	1.51
浙江	-0.10	-0.03	0.05	0.13	0.18	0.28	0.38	0.46	0.55	0.64	0.73	0.78	0.84	0.90	0.94	0.94	0.95	0.96
安徽	-0.48	-0.40	-0.39	-0.36	-0.30	-0.33	-0.21	-0.17	-0.09	-0.02	0.09	0.17	0.23	0.30	0.37	0.40	0.44	0.49
福建	0.23	0.29	0.32	0.37	0.41	0.47	0.54	0.59	0.66	0.74	0.82	0.88	0.92	0.96	1.01	1.06	1.10	1.14
江西	-0.39	-0.33	-0.25	-0.18	-0.14	-0.11	-0.03	0.05	0.12	0.19	0.27	0.33	0.39	0.44	0.50	0.54	0.58	0.63
山东	-0.11	-0.05	0.00	0.04	0.07	0.16	0.26	0.36	0.46	0.51	0.57	0.60	0.63	0.67	0.73	0.77	0.80	0.85
河南	-0.47	-0.46	-0.50	-0.48	-0.41	-0.40	-0.26	-0.16	-0.05	0.02	0.11	0.18	0.25	0.31	0.37	0.41	0.45	0.50
湖北	-0.02	0.04	0.10	0.16	0.19	0.26	0.32	0.37	0.42	0.49	0.59	0.68	0.78	0.86	0.93	0.98	1.03	1.09

续表

省份	1998 年	1999 年	2000 年	2001 年	2002 年	2003 年	2004 年	2005 年	2006 年	2007 年	2008 年	2009 年	2010 年	2011 年	2012 年	2013 年	2014 年	2015 年
湖南	-1.10	-1.07	-1.03	-0.99	-0.95	-0.90	-0.81	-0.75	-0.68	-0.62	-0.56	-0.50	-0.45	-0.41	-0.38	-0.35	-0.31	-0.27
广东	0.12	0.17	0.19	0.22	0.30	0.34	0.39	0.44	0.48	0.51	0.55	0.60	0.67	0.75	0.82	0.83	0.86	0.89
广西	-0.61	-0.54	-0.52	-0.46	-0.39	-0.34	-0.27	-0.18	-0.11	-0.05	-0.01	0.03	0.07	0.12	0.17	0.21	0.25	0.28
海南	0.40	0.52	0.61	0.71	0.75	0.81	0.88	0.93	1.00	1.07	1.13	1.18	1.23	1.29	1.33	1.39	1.45	1.49
重庆	-0.79	-0.78	-0.76	-0.70	-0.61	-0.50	-0.42	-0.35	-0.35	-0.21	-0.09	0.01	0.10	0.19	0.27	0.31	0.34	0.40
四川	-0.67	-0.61	-0.53	-0.48	-0.38	-0.29	-0.19	-0.11	-0.05	0.01	0.06	0.12	0.17	0.23	0.29	0.32	0.36	0.40
贵州	-1.24	-1.22	-1.17	-1.14	-1.11	-1.04	-0.99	-0.91	-0.85	-0.79	-0.70	-0.66	-0.60	-0.57	-0.46	-0.40	-0.35	-0.27
云南	-0.98	-0.93	-0.87	-0.85	-0.81	-0.74	-0.68	-0.61	-0.53	-0.46	-0.38	-0.32	-0.27	-0.21	-0.13	-0.06	-0.01	0.05
西藏	-0.75	-0.69	-0.67	-0.60	-0.56	-0.49	-0.40	-0.38	-0.39	-0.35	-0.30	-0.28	-0.26	-0.23	-0.20	-0.16	-0.12	-0.08
陕西	-0.78	-0.77	-0.70	-0.66	-0.60	-0.54	-0.43	-0.33	-0.26	-0.18	-0.08	0.00	0.08	0.17	0.26	0.31	0.35	0.40
甘肃	-0.71	-0.73	-0.69	-0.62	-0.59	-0.58	-0.53	-0.46	-0.41	-0.35	-0.27	-0.20	-0.15	-0.08	0.00	0.05	0.09	0.15
青海	-0.82	-0.84	-0.88	-0.82	-0.76	-0.71	-0.64	-0.57	-0.50	-0.39	-0.33	-0.27	-0.21	-0.16	-0.08	-0.02	0.02	0.05
宁夏	-0.62	-0.60	-0.58	-0.50	-0.42	-0.34	-0.24	-0.16	-0.07	0.01	0.11	0.23	0.33	0.40	0.47	0.52	0.57	0.62
新疆	0.49	0.53	0.57	0.59	0.63	0.67	0.71	0.76	0.82	0.86	0.91	0.95	0.97	0.99	1.00	1.08	1.16	1.21

资料来源：笔者测算整理。

表 33 人均实际农业增加值对数的平方 (1998～2015 年)

省份	1998 年	1999 年	2000 年	2001 年	2002 年	2003 年	2004 年	2005 年	2006 年	2007 年	2008 年	2009 年	2010 年	2011 年	2012 年	2013 年	2014 年	2015 年
北京	0.12	0.13	0.22	0.32	0.51	0.67	0.76	0.78	0.69	0.67	0.73	0.84	0.83	0.89	1.01	1.05	1.03	0.80
天津	0.46	0.44	0.50	0.62	0.71	0.82	0.90	1.00	1.10	1.17	1.27	1.37	1.49	1.64	1.75	1.85	1.92	2.00
河北	0.01	0.00	0.00	0.00	0.01	0.03	0.06	0.12	0.18	0.24	0.31	0.34	0.39	0.46	0.54	0.58	0.64	0.69
山西	0.33	0.47	0.37	0.47	0.28	0.23	0.16	0.18	0.13	0.13	0.07	0.05	0.02	0.01	0.00	0.00	0.00	0.00
内蒙古	0.00	0.00	0.00	0.01	0.01	0.03	0.11	0.18	0.23	0.26	0.35	0.39	0.45	0.51	0.58	0.65	0.70	0.74
辽宁	0.20	0.22	0.20	0.26	0.34	0.40	0.48	0.56	0.67	0.76	0.90	0.98	1.09	1.21	1.32	1.42	1.47	1.57
吉林	0.06	0.07	0.05	0.08	0.18	0.24	0.31	0.45	0.55	0.58	0.75	0.83	0.88	0.95	1.06	1.14	1.22	1.32
黑龙江	0.01	0.00	0.00	0.01	0.02	0.04	0.15	0.27	0.35	0.39	0.52	0.59	0.68	0.78	0.91	1.01	1.11	1.22
上海	1.04	0.87	0.85	1.08	1.18	1.37	1.46	1.43	1.87	2.12	2.08	2.25	2.58	3.11	2.63	2.38	2.66	2.32
江苏	0.04	0.06	0.10	0.14	0.21	0.30	0.52	0.70	0.91	1.11	1.30	1.48	1.64	1.83	2.07	2.14	2.19	2.30
浙江	0.01	0.00	0.00	0.02	0.03	0.08	0.14	0.21	0.30	0.41	0.54	0.61	0.71	0.81	0.88	0.89	0.89	0.93
安徽	0.23	0.16	0.15	0.13	0.09	0.11	0.04	0.03	0.01	0.00	0.01	0.03	0.05	0.09	0.14	0.16	0.20	0.24
福建	0.05	0.08	0.10	0.14	0.17	0.22	0.29	0.35	0.44	0.55	0.67	0.77	0.85	0.93	1.03	1.12	1.21	1.30
江西	0.15	0.11	0.06	0.03	0.01	0.01	0.07	0.00	0.01	0.04	0.07	0.11	0.15	0.19	0.25	0.30	0.34	0.39
山东	0.01	0.00	0.00	0.00	0.01	0.03	0.07	0.13	0.21	0.26	0.32	0.36	0.40	0.45	0.53	0.59	0.64	0.71
河南	0.22	0.21	0.26	0.23	0.17	0.16	0.07	0.02	0.00	0.00	0.01	0.03	0.06	0.09	0.14	0.17	0.20	0.25
湖北	0.00	0.00	0.01	0.03	0.04	0.07	0.10	0.13	0.18	0.24	0.35	0.47	0.60	0.75	0.86	0.96	1.07	1.18

续表

省份	1998年	1999年	2000年	2001年	2002年	2003年	2004年	2005年	2006年	2007年	2008年	2009年	2010年	2011年	2012年	2013年	2014年	2015年
湖南	1.22	1.14	1.06	0.97	0.90	0.80	0.66	0.56	0.47	0.38	0.31	0.25	0.21	0.17	0.14	0.12	0.09	0.07
广东	0.02	0.03	0.04	0.05	0.09	0.12	0.16	0.20	0.23	0.26	0.30	0.36	0.45	0.56	0.67	0.69	0.73	0.80
广西	0.37	0.29	0.27	0.21	0.15	0.11	0.07	0.03	0.01	0.00	0.00	0.00	0.00	0.01	0.03	0.04	0.06	0.08
海南	0.16	0.27	0.38	0.50	0.56	0.66	0.77	0.86	1.00	1.13	1.28	1.39	1.51	1.66	1.77	1.93	2.09	2.23
重庆	0.62	0.61	0.58	0.49	0.37	0.25	0.18	0.12	0.12	0.04	0.01	0.00	0.01	0.03	0.07	0.10	0.12	0.16
四川	0.45	0.37	0.28	0.23	0.14	0.08	0.04	0.01	0.00	0.00	0.00	0.01	0.03	0.05	0.08	0.10	0.13	0.16
贵州	1.53	1.48	1.38	1.30	1.23	1.08	0.98	0.83	0.72	0.62	0.50	0.44	0.37	0.33	0.21	0.16	0.12	0.08
云南	0.97	0.87	0.76	0.72	0.65	0.55	0.46	0.37	0.28	0.21	0.15	0.10	0.08	0.04	0.02	0.00	0.00	0.00
西藏	0.57	0.47	0.45	0.37	0.31	0.24	0.16	0.15	0.15	0.12	0.09	0.08	0.07	0.05	0.04	0.03	0.01	0.01
陕西	0.61	0.59	0.49	0.44	0.36	0.29	0.19	0.11	0.07	0.03	0.01	0.00	0.01	0.03	0.07	0.10	0.12	0.16
甘肃	0.50	0.53	0.47	0.38	0.35	0.33	0.28	0.21	0.17	0.12	0.07	0.04	0.02	0.01	0.00	0.00	0.01	0.02
青海	0.67	0.71	0.78	0.67	0.58	0.50	0.41	0.32	0.25	0.15	0.11	0.07	0.04	0.02	0.01	0.00	0.00	0.00
宁夏	0.38	0.36	0.34	0.25	0.17	0.12	0.06	0.03	0.00	0.00	0.01	0.05	0.11	0.16	0.22	0.27	0.33	0.38
新疆	0.24	0.28	0.33	0.35	0.39	0.45	0.51	0.59	0.68	0.74	0.83	0.89	0.94	0.98	1.01	1.16	1.34	1.46

资料来源：笔者测算整理。

表34　　　　人均实际农业增加值的对数及其平方项（2011~2015年）

省份	人均实际农业增加值的对数					人均实际农业增加值对数的平方项				
	2011年	2012年	2013年	2014年	2015年	2011年	2012年	2013年	2014年	2015年
北京	1.82	1.88	1.90	1.89	1.77	3.30	3.52	3.60	3.56	3.13
天津	1.56	1.60	1.64	1.66	1.69	2.43	2.56	2.69	2.77	2.86
河北	1.22	1.27	1.30	1.34	1.37	1.49	1.62	1.70	1.79	1.87
山西	0.64	0.69	0.73	0.77	0.78	0.41	0.47	0.54	0.60	0.61
内蒙古	1.40	1.45	1.49	1.53	1.55	1.97	2.10	2.22	2.33	2.40
辽宁	1.70	1.75	1.79	1.81	1.85	2.89	3.07	3.21	3.29	3.43
吉林	1.50	1.56	1.60	1.64	1.68	2.26	2.43	2.55	2.67	2.81
黑龙江	1.56	1.63	1.68	1.73	1.78	2.43	2.66	2.82	2.99	3.18
上海	2.23	2.09	2.01	2.10	1.99	4.99	4.37	4.04	4.41	3.97
江苏	1.83	1.91	1.94	1.96	1.99	3.35	3.67	3.76	3.83	3.96
浙江	1.40	1.44	1.45	1.45	1.47	1.97	2.08	2.09	2.10	2.15
安徽	0.83	0.90	0.94	0.98	1.02	0.69	0.82	0.88	0.95	1.04
福建	1.48	1.53	1.57	1.61	1.65	2.19	2.34	2.47	2.61	2.74
江西	0.95	1.01	1.06	1.10	1.14	0.91	1.02	1.12	1.21	1.30
山东	1.32	1.37	1.41	1.44	1.49	1.73	1.88	1.98	2.08	2.22
河南	0.84	0.90	0.95	0.98	1.03	0.71	0.82	0.90	0.96	1.06

续表

省份	人均实际农业增加值的对数					人均实际农业增加值对数的平方项				
	2011年	2012年	2013年	2014年	2015年	2011年	2012年	2013年	2014年	2015年
湖北	1.56	1.62	1.68	1.73	1.78	2.44	2.64	2.81	2.99	3.18
湖南	0.88	0.91	0.94	0.99	1.02	0.78	0.84	0.89	0.97	1.05
广东	1.12	1.19	1.20	1.22	1.26	1.25	1.41	1.45	1.50	1.59
广西	0.76	0.81	0.85	0.89	0.93	0.58	0.66	0.73	0.80	0.86
海南	1.58	1.62	1.68	1.73	1.78	2.49	2.62	2.82	3.00	3.18
重庆	0.72	0.80	0.85	0.88	0.93	0.52	0.65	0.72	0.77	0.87
四川	0.85	0.91	0.94	0.98	1.02	0.72	0.83	0.89	0.95	1.03
贵州	-0.01	0.10	0.16	0.22	0.29	0.00	0.01	0.03	0.05	0.08
云南	0.34	0.41	0.48	0.54	0.60	0.11	0.17	0.23	0.29	0.36
西藏	0.18	0.21	0.25	0.29	0.33	0.03	0.04	0.06	0.08	0.11
陕西	0.90	1.00	1.04	1.08	1.14	0.81	0.99	1.09	1.17	1.29
甘肃	0.50	0.58	0.63	0.68	0.74	0.25	0.34	0.40	0.46	0.54
青海	0.66	0.74	0.79	0.83	0.86	0.43	0.54	0.63	0.70	0.74
宁夏	1.05	1.12	1.17	1.22	1.27	1.10	1.26	1.38	1.50	1.62
新疆	1.61	1.63	1.70	1.79	1.84	2.61	2.66	2.90	3.19	3.37

资料来源：笔者测算整理。

表35　人均供水量的对数（1998～2015年）

省份	1998年	1999年	2000年	2001年	2002年	2003年	2004年	2005年	2006年	2007年	2008年	2009年	2010年	2011年	2012年	2013年	2014年	2015年
北京	5.53	5.52	5.53	5.53	5.51	5.49	5.46	5.43	5.39	5.36	5.32	5.28	5.22	5.20	5.17	5.16	5.17	5.17
天津	5.37	5.37	5.36	5.37	5.38	5.32	5.38	5.41	5.38	5.36	5.27	5.27	5.18	5.16	5.12	5.10	5.08	5.12
河北	5.69	5.69	5.70	5.69	5.69	5.69	5.66	5.69	5.69	5.68	5.63	5.62	5.61	5.60	5.59	5.57	5.57	5.53
山西	5.15	5.14	5.15	5.15	5.14	5.14	5.12	5.12	5.17	5.16	5.12	5.10	5.21	5.33	5.32	5.32	5.28	5.30
内蒙古	6.57	6.57	6.57	6.57	6.58	6.55	6.58	6.59	6.61	6.61	6.58	6.61	6.60	6.61	6.61	6.60	6.59	6.61
辽宁	5.74	5.74	5.73	5.74	5.74	5.72	5.73	5.76	5.81	5.81	5.80	5.80	5.80	5.80	5.78	5.78	5.78	5.77
吉林	5.93	5.93	5.94	5.93	5.92	5.95	5.90	5.89	5.94	5.91	5.94	5.93	5.94	5.90	5.89	5.89	5.86	5.82
黑龙江	6.50	6.51	6.50	6.51	6.52	6.47	6.52	6.57	6.62	6.64	6.65	6.72	6.74	6.82	6.84	6.85	6.86	6.83
上海	6.54	6.54	6.54	6.55	6.53	6.44	6.49	6.48	6.42	6.39	6.35	6.36	6.33	6.28	6.20	6.24	6.08	6.06
江苏	6.48	6.49	6.46	6.49	6.50	6.37	6.55	6.53	6.57	6.59	6.58	6.56	6.56	6.56	6.55	6.59	6.61	6.58
浙江	6.09	6.09	6.09	6.09	6.08	6.06	6.05	6.05	6.03	6.02	6.04	5.93	5.94	5.90	5.89	5.89	5.86	5.82
安徽	5.76	5.77	5.75	5.77	5.78	5.67	5.82	5.82	5.98	5.94	6.07	6.17	6.18	6.20	6.19	6.20	6.11	6.16
福建	6.29	6.28	6.29	6.29	6.28	6.26	6.27	6.27	6.26	6.30	6.30	6.31	6.31	6.33	6.28	6.30	6.30	6.27
江西	6.11	6.12	6.10	6.12	6.14	6.01	6.17	6.18	6.16	6.12	6.30	6.30	6.29	6.38	6.29	6.37	6.35	6.29
山东	5.48	5.48	5.48	5.48	5.47	5.48	5.46	5.43	5.49	5.46	5.46	5.45	5.45	5.45	5.44	5.41	5.39	5.38
河南	5.31	5.32	5.31	5.32	5.32	5.27	5.33	5.33	5.49	5.41	5.49	5.51	5.47	5.50	5.54	5.54	5.40	5.46
湖北	6.07	6.07	6.07	6.07	6.08	6.07	6.06	6.10	6.12	6.12	6.16	6.20	6.22	6.25	6.25	6.22	6.21	6.25

续表

省份	1998 年	1999 年	2000 年	2001 年	2002 年	2003 年	2004 年	2005 年	2006 年	2007 年	2008 年	2009 年	2010 年	2011 年	2012 年	2013 年	2014 年	2015 年
湖南	6.19	6.19	6.19	6.19	6.19	6.17	6.18	6.22	6.25	6.24	6.23	6.22	6.22	6.21	6.21	6.21	6.20	6.19
广东	6.27	6.27	6.27	6.27	6.26	6.24	6.24	6.22	6.20	6.18	6.16	6.14	6.12	6.09	6.06	6.03	6.03	6.02
广西	6.40	6.41	6.40	6.40	6.42	6.35	6.39	6.49	6.51	6.48	6.47	6.44	6.46	6.48	6.48	6.49	6.48	6.44
海南	6.36	6.36	6.36	6.36	6.35	6.35	6.34	6.28	6.33	6.32	6.31	6.25	6.24	6.23	6.24	6.18	6.22	6.22
重庆	5.45	5.45	5.44	5.45	5.47	5.42	5.49	5.54	5.57	5.62	5.68	5.70	5.71	5.70	5.65	5.65	5.60	5.57
四川	5.54	5.55	5.54	5.54	5.56	5.55	5.56	5.56	5.57	5.57	5.54	5.61	5.65	5.67	5.72	5.70	5.68	5.78
贵州	5.52	5.52	5.52	5.52	5.52	5.49	5.49	5.54	5.60	5.59	5.64	5.64	5.67	5.62	5.67	5.57	5.61	5.62
云南	5.84	5.84	5.84	5.84	5.83	5.82	5.81	5.80	5.78	5.81	5.82	5.81	5.77	5.76	5.79	5.77	5.76	5.76
西藏	6.96	6.96	6.95	6.95	6.99	6.84	6.93	7.08	7.12	7.15	7.16	6.96	7.07	6.93	6.88	6.89	6.87	6.87
陕西	5.34	5.34	5.34	5.33	5.34	5.32	5.33	5.36	5.43	5.39	5.44	5.42	5.41	5.46	5.46	5.47	5.47	5.48
甘肃	6.18	6.18	6.18	6.18	6.18	6.17	6.17	6.18	6.17	6.18	6.17	6.16	6.17	6.17	6.17	6.16	6.14	6.13
青海	6.35	6.34	6.34	6.35	6.34	6.30	6.33	6.34	6.38	6.34	6.43	6.25	6.31	6.31	6.17	6.19	6.12	6.13
宁夏	7.13	7.13	7.11	7.13	7.15	7.01	7.15	7.18	7.17	7.06	7.10	7.06	7.05	7.05	6.98	7.01	6.97	6.96
新疆	7.89	7.89	7.90	7.90	7.88	7.87	7.84	7.85	7.84	7.82	7.82	7.81	7.81	7.78	7.88	7.87	7.84	7.82

资料来源：笔者测算整理。

表36 节水农业灌溉面积/农作物总播种面积（1998～2015年）

省份	1998年	1999年	2000年	2001年	2002年	2003年	2004年	2005年	2006年	2007年	2008年	2009年	2010年	2011年	2012年	2013年	2014年	2015年
北京	0.57	0.58	0.67	0.79	0.90	1.01	0.96	0.97	1.00	1.03	0.89	0.86	0.90	0.94	1.01	0.84	0.99	1.14
天津	0.31	0.32	0.34	0.33	0.36	0.35	0.37	0.39	0.46	0.49	0.51	0.55	0.57	0.59	0.61	0.37	0.40	0.44
河北	0.26	0.26	0.26	0.26	0.26	0.27	0.27	0.27	0.28	0.29	0.29	0.30	0.31	0.32	0.34	0.33	0.35	0.36
山西	0.18	0.19	0.18	0.20	0.19	0.20	0.20	0.20	0.23	0.22	0.22	0.22	0.22	0.23	0.20	0.22	0.23	0.24
内蒙古	0.22	0.22	0.22	0.23	0.23	0.21	0.23	0.24	0.25	0.27	0.29	0.31	0.33	0.35	0.38	0.29	0.31	0.33
辽宁	0.10	0.10	0.10	0.09	0.10	0.10	0.10	0.10	0.11	0.11	0.12	0.12	0.12	0.14	0.18	0.14	0.17	0.19
吉林	0.06	0.06	0.06	0.05	0.06	0.05	0.05	0.06	0.06	0.06	0.05	0.05	0.05	0.06	0.08	0.09	0.09	0.12
黑龙江	0.14	0.14	0.13	0.13	0.13	0.12	0.13	0.14	0.14	0.15	0.17	0.19	0.22	0.24	0.27	0.12	0.12	0.14
上海	0.27	0.27	0.29	0.30	0.31	0.39	0.35	0.34	0.35	0.38	0.37	0.38	0.37	0.37	0.39	0.37	0.39	0.42
江苏	0.17	0.17	0.17	0.17	0.18	0.17	0.18	0.19	0.20	0.21	0.20	0.21	0.21	0.23	0.25	0.26	0.29	0.30
浙江	0.21	0.21	0.23	0.25	0.27	0.28	0.30	0.31	0.36	0.38	0.39	0.40	0.42	0.43	0.47	0.45	0.47	0.48
安徽	0.08	0.08	0.07	0.08	0.08	0.07	0.07	0.08	0.08	0.08	0.09	0.09	0.09	0.09	0.10	0.09	0.10	0.10
福建	0.13	0.13	0.14	0.14	0.15	0.14	0.16	0.17	0.21	0.23	0.23	0.23	0.24	0.24	0.26	0.27	0.28	0.25
江西	0.04	0.04	0.04	0.04	0.04	0.05	0.04	0.04	0.04	0.05	0.05	0.05	0.05	0.06	0.07	0.08	0.08	0.09
山东	0.16	0.16	0.16	0.16	0.17	0.16	0.17	0.18	0.18	0.19	0.19	0.20	0.21	0.22	0.24	0.23	0.25	0.26
河南	0.10	0.10	0.09	0.09	0.09	0.09	0.09	0.09	0.06	0.10	0.10	0.10	0.11	0.11	0.12	0.09	0.10	0.12
湖北	0.03	0.03	0.03	0.03	0.03	0.03	0.03	0.04	0.04	0.05	0.05	0.05	0.05	0.06	0.06	0.04	0.04	0.05

续表

省份	1998年	1999年	2000年	2001年	2002年	2003年	2004年	2005年	2006年	2007年	2008年	2009年	2010年	2011年	2012年	2013年	2014年	2015年
湖南	0.03	0.03	0.03	0.03	0.03	0.03	0.03	0.03	0.04	0.04	0.04	0.04	0.04	0.04	0.04	0.04	0.04	0.04
广东	0.02	0.03	0.03	0.03	0.03	0.03	0.03	0.03	0.04	0.04	0.04	0.04	0.04	0.05	0.05	0.05	0.06	0.05
广西	0.10	0.10	0.10	0.10	0.10	0.11	0.10	0.10	0.12	0.12	0.12	0.12	0.12	0.12	0.13	0.13	0.15	0.16
海南	0.09	0.09	0.09	0.10	0.10	0.09	0.10	0.11	0.13	0.14	0.13	0.13	0.14	0.15	0.16	0.09	0.10	0.10
重庆	0.03	0.03	0.03	0.03	0.03	0.03	0.03	0.03	0.04	0.04	0.04	0.04	0.04	0.05	0.05	0.05	0.05	0.06
四川	0.09	0.09	0.09	0.09	0.10	0.09	0.10	0.10	0.11	0.11	0.12	0.12	0.13	0.14	0.15	0.15	0.15	0.16
贵州	0.07	0.07	0.07	0.07	0.07	0.07	0.07	0.07	0.08	0.08	0.08	0.08	0.08	0.08	0.08	0.06	0.06	0.06
云南	0.07	0.07	0.06	0.06	0.06	0.06	0.06	0.07	0.07	0.08	0.08	0.08	0.09	0.09	0.09	0.09	0.09	0.10
西藏	0.04	0.04	0.03	0.03	0.05	0.01	0.04	0.10	0.11	0.11	0.14	0.17	0.22	0.22	0.26	0.26	0.26	0.09
陕西	0.16	0.16	0.16	0.17	0.18	0.17	0.18	0.19	0.20	0.21	0.20	0.20	0.20	0.21	0.21	0.19	0.20	0.20
甘肃	0.21	0.21	0.21	0.21	0.22	0.22	0.22	0.22	0.22	0.21	0.21	0.21	0.22	0.22	0.23	0.19	0.20	0.22
青海	0.10	0.10	0.10	0.11	0.11	0.12	0.12	0.12	0.12	0.13	0.14	0.15	0.16	0.17	0.18	0.19	0.21	0.24
宁夏	0.17	0.17	0.17	0.17	0.15	0.14	0.16	0.16	0.18	0.17	0.19	0.20	0.24	0.31	0.30	0.15	0.22	0.25
新疆	0.56	0.55	0.54	0.54	0.55	0.50	0.53	0.55	0.52	0.57	0.57	0.60	0.63	0.65	0.68	0.60	0.63	0.64

资料来源：笔者测算整理。

表37　地方农林水事务支出/地方财政一般预算支出（1998～2015年）

省份	1998年	1999年	2000年	2001年	2002年	2003年	2004年	2005年	2006年	2007年	2008年	2009年	2010年	2011年	2012年	2013年	2014年	2015年
北京	0.03	0.03	0.03	0.03	0.03	0.04	0.04	0.04	0.05	0.06	0.06	0.06	0.06	0.06	0.06	0.07	0.08	0.07
天津	0.03	0.03	0.02	0.02	0.03	0.03	0.03	0.03	0.03	0.04	0.04	0.06	0.05	0.05	0.05	0.05	0.05	0.05
河北	0.02	0.02	0.02	0.01	0.01	0.00	0.03	0.03	0.03	0.07	0.08	0.11	0.11	0.10	0.11	0.12	0.12	0.13
山西	0.19	0.19	0.18	0.16	0.10	0.11	0.12	0.11	0.08	0.08	0.08	0.13	0.10	0.10	0.11	0.11	0.11	0.12
内蒙古	0.44	0.38	0.31	0.24	0.19	0.17	0.13	0.11	0.10	0.10	0.11	0.12	0.12	0.13	0.13	0.13	0.13	0.16
辽宁	0.08	0.10	0.09	0.08	0.09	0.08	0.08	0.08	0.09	0.07	0.07	0.09	0.08	0.08	0.09	0.09	0.09	0.10
吉林	0.12	0.11	0.12	0.12	0.14	0.15	0.15	0.14	0.14	0.09	0.09	0.14	0.13	0.12	0.12	0.12	0.11	0.13
黑龙江	0.07	0.06	0.06	0.05	0.05	0.05	0.04	0.04	0.04	0.09	0.10	0.10	0.15	0.13	0.14	0.14	0.14	0.17
上海	0.08	0.08	0.07	0.07	0.06	0.06	0.05	0.06	0.06	0.03	0.03	0.04	0.05	0.04	0.05	0.04	0.04	0.04
江苏	0.06	0.13	0.10	0.09	0.09	0.08	0.06	0.06	0.05	0.08	0.09	0.10	0.10	0.10	0.11	0.11	0.11	0.10
浙江	0.07	0.06	0.06	0.06	0.06	0.05	0.05	0.04	0.04	0.08	0.08	0.12	0.09	0.10	0.10	0.11	0.10	0.11
安徽	0.02	0.01	0.01	0.01	0.01	0.01	0.02	0.02	0.01	0.08	0.08	0.12	0.11	0.11	0.11	0.11	0.11	0.11
福建	0.05	0.04	0.04	0.05	0.05	0.06	0.09	0.08	0.07	0.07	0.07	0.09	0.09	0.09	0.09	0.10	0.10	0.11
江西	0.10	0.11	0.10	0.12	0.11	0.12	0.17	0.13	0.13	0.11	0.12	0.13	0.12	0.12	0.13	0.13	0.13	0.13
山东	0.04	0.03	0.03	0.03	0.02	0.02	0.03	0.03	0.03	0.07	0.09	0.11	0.09	0.11	0.11	0.11	0.11	0.12
河南	0.09	0.08	0.09	0.09	0.08	0.06	0.07	0.05	0.06	0.08	0.09	0.12	0.12	0.12	0.11	0.11	0.11	0.12
湖北	0.07	0.06	0.06	0.05	0.06	0.06	0.08	0.06	0.05	0.10	0.11	0.12	0.12	0.12	0.11	0.11	0.10	0.10

续表

省份	1998年	1999年	2000年	2001年	2002年	2003年	2004年	2005年	2006年	2007年	2008年	2009年	2010年	2011年	2012年	2013年	2014年	2015年
湖南	0.03	0.03	0.02	0.02	0.02	0.04	0.06	0.05	0.05	0.09	0.10	0.12	0.12	0.11	0.11	0.11	0.11	0.12
广东	0.03	0.03	0.03	0.03	0.03	0.03	0.04	0.04	0.04	0.05	0.05	0.06	0.06	0.06	0.07	0.07	0.06	0.06
广西	0.10	0.08	0.08	0.07	0.08	0.06	0.06	0.09	0.08	0.09	0.11	0.13	0.13	0.12	0.12	0.12	0.11	0.12
海南	0.39	0.38	0.35	0.32	0.44	0.34	0.58	0.48	0.48	0.09	0.15	0.17	0.15	0.14	0.14	0.14	0.13	0.13
重庆	0.10	0.10	0.11	0.11	0.10	0.08	0.08	0.06	0.07	0.07	0.08	0.10	0.09	0.08	0.08	0.09	0.09	0.09
四川	0.07	0.06	0.09	0.07	0.08	0.08	0.12	0.12	0.00	0.10	0.08	0.09	0.09	0.12	0.12	0.12	0.12	0.12
贵州	0.11	0.11	0.16	0.15	0.15	0.14	0.13	0.10	0.10	0.11	0.12	0.15	0.15	0.12	0.13	0.13	0.13	0.14
云南	0.11	0.10	0.09	0.09	0.09	0.08	0.13	0.11	0.11	0.11	0.12	0.14	0.14	0.14	0.15	0.13	0.13	0.14
西藏	1.22	1.04	0.93	0.52	0.40	0.39	0.39	0.30	0.31	0.15	0.17	0.18	0.16	0.17	0.16	0.15	0.14	0.14
陕西	0.09	0.08	0.08	0.09	0.14	0.07	0.14	0.10	0.10	0.09	0.10	0.12	0.12	0.11	0.11	0.11	0.11	0.12
甘肃	0.11	0.10	0.12	0.13	0.13	0.12	0.13	0.10	0.12	0.13	0.11	0.13	0.13	0.13	0.15	0.15	0.14	0.17
青海	0.10	0.11	0.13	0.19	0.13	0.11	0.15	0.11	0.11	0.10	0.12	0.12	0.09	0.11	0.12	0.13	0.14	0.13
宁夏	0.10	0.09	0.08	0.07	0.07	0.08	0.15	0.11	0.11	0.12	0.14	0.16	0.17	0.16	0.16	0.16	0.16	0.15
新疆	0.08	0.08	0.07	0.08	0.05	0.06	0.08	0.07	0.07	0.12	0.14	0.15	0.13	0.13	0.13	0.13	0.14	0.16

资料来源：笔者测算整理。

表 38 农业面源污染 COD 排放量/实际农业增加值（对数）

省份	1998年	1999年	2000年	2001年	2002年	2003年	2004年	2005年	2006年	2007年	2008年	2009年	2010年	2011年	2012年	2013年	2014年	2015年
北京	-2.43	-2.35	-2.20	-2.03	-2.07	-2.05	-2.03	-2.07	-2.47	-2.39	-2.44	-2.45	-2.48	-2.53	-2.59	-2.70	-2.76	-2.61
天津	-3.10	-3.04	-2.86	-2.67	-2.47	-2.40	-2.45	-2.44	-2.94	-3.00	-2.97	-2.95	-2.90	-2.93	-2.91	-2.94	-2.95	-2.98
河北	-2.35	-2.35	-2.36	-2.39	-2.43	-2.42	-2.42	-2.42	-2.93	-2.97	-3.00	-3.05	-3.14	-3.17	-3.16	-3.19	-3.19	-3.23
山西	-2.67	-2.48	-2.57	-2.56	-2.68	-2.74	-2.80	-2.72	-3.25	-3.24	-3.27	-3.29	-3.34	-3.42	-3.40	-3.39	-3.38	-3.41
内蒙古	-2.59	-2.58	-2.66	-2.77	-2.75	-2.64	-2.54	-2.53	-2.60	-2.62	-2.60	-2.64	-2.68	-2.78	-2.83	-2.89	-2.90	-2.88
辽宁	-2.78	-2.78	-2.72	-2.75	-2.75	-2.71	-2.67	-2.69	-2.84	-2.78	-2.80	-2.77	-2.79	-2.84	-2.88	-2.92	-2.93	-2.96
吉林	-2.58	-2.52	-2.55	-2.55	-2.63	-2.62	-2.67	-2.71	-2.84	-2.79	-3.01	-3.00	-3.04	-3.12	-3.13	-3.16	-3.21	-3.23
黑龙江	-2.60	-2.61	-2.56	-2.61	-2.67	-2.63	-2.71	-2.79	-2.96	-2.97	-3.03	-3.03	-3.07	-3.14	-3.17	-3.24	-3.28	-3.32
上海	-2.07	-2.09	-2.08	-2.08	-2.19	-2.28	-3.57	-2.63	-2.96	-3.01	-2.93	-2.93	-2.87	-2.84	-2.92	-3.03	-3.08	-2.86
江苏	-3.55	-3.55	-3.53	-3.53	-3.53	-3.51	-3.58	-3.59	-3.74	-3.82	-3.80	-3.80	-3.78	-3.80	-3.80	-3.87	-3.93	-3.93
浙江	-3.60	-3.61	-3.60	-3.54	-3.55	-3.53	-3.57	-3.58	-3.68	-3.77	-3.64	-3.68	-3.70	-3.76	-3.78	-3.85	-3.98	-3.89
安徽	-2.38	-2.47	-2.51	-2.55	-2.50	-2.50	-2.60	-2.70	-3.05	-3.08	-3.08	-3.08	-3.09	-3.12	-3.12	-3.14	-3.17	-3.21
福建	-3.21	-3.23	-3.28	-3.27	-3.33	-3.34	-3.35	-3.32	-3.48	-3.58	-3.51	-3.54	-3.56	-3.58	-3.52	-3.50	-3.51	-3.59
江西	-2.72	-2.22	-2.31	-2.33	-2.40	-2.41	-2.44	-2.46	-2.73	-2.75	-2.73	-2.70	-2.69	-2.72	-2.71	-2.73	-2.74	-2.80
山东	-2.32	-2.30	-2.28	-2.28	-2.29	-2.29	-2.31	-2.33	-2.62	-2.76	-2.79	-2.82	-2.83	-2.84	-2.83	-2.86	-2.93	-2.95
河南	-2.21	-2.24	-2.27	-2.30	-2.32	-2.23	-2.31	-2.35	-2.64	-2.73	-2.73	-2.74	-2.78	-2.83	-2.87	-2.90	-2.92	-2.97
湖北	-2.62	-2.65	-2.70	-2.72	-2.72	-2.73	-2.77	-2.80	-2.96	-3.01	-3.00	-2.98	-3.00	-3.05	-3.03	-3.04	-3.07	-3.12

续表

省份	1998 年	1999 年	2000 年	2001 年	2002 年	2003 年	2004 年	2005 年	2006 年	2007 年	2008 年	2009 年	2010 年	2011 年	2012 年	2013 年	2014 年	2015 年
湖南	-2.27	-2.30	-2.31	-2.33	-2.32	-2.30	-2.33	-2.38	-2.69	-2.76	-2.76	-2.75	-2.77	-2.83	-2.81	-2.83	-2.84	-2.88
广东	-2.61	-2.54	-2.54	-2.54	-2.58	-2.58	-2.63	-2.67	-2.88	-2.90	-2.88	-2.89	-2.93	-2.98	-3.00	-3.06	-3.12	-3.12
广西	-2.10	-2.14	-2.10	-2.19	-2.28	-2.34	-2.42	-2.43	-2.65	-2.71	-2.69	-2.68	-2.70	-2.75	-2.77	-2.80	-2.85	-2.89
海南	-2.93	-2.94	-2.97	-3.02	-3.13	-3.17	-3.21	-3.27	-3.70	-3.77	-3.72	-3.71	-3.75	-3.79	-3.82	-3.87	-3.98	-3.99
重庆	-2.85	-2.82	-2.79	-2.81	-2.84	-2.84	-2.87	-2.87	-3.12	-3.18	-3.14	-3.11	-3.12	-3.16	-3.18	-3.19	-3.21	-3.25
四川	-2.12	-2.14	-2.12	-2.22	-2.22	-2.25	-2.28	-2.27	-2.40	-2.48	-2.45	-2.46	-2.50	-2.55	-2.59	-2.61	-2.62	-2.66
贵州	-2.04	-2.05	-2.05	-2.03	-2.02	-2.01	-2.03	-2.02	-2.42	-2.45	-2.47	-2.48	-2.51	-2.62	-2.69	-2.74	-2.75	-2.77
云南	-2.15	-2.15	-2.16	-2.24	-2.30	-2.33	-2.33	-2.35	-2.48	-2.53	-2.58	-2.58	-2.59	-2.65	-2.69	-2.76	-2.78	-2.85
西藏	0.17	0.15	0.12	0.14	0.14	0.13	0.11	0.09	0.03	0.00	-0.03	-0.06	-0.14	-0.17	-0.23	-0.24	-0.29	-0.32
陕西	-2.79	-2.75	-2.77	-2.79	-2.78	-2.75	-2.77	-2.82	-3.29	-3.34	-3.33	-3.38	-3.47	-3.59	-3.63	-3.66	-3.67	-3.75
甘肃	-2.37	-2.35	-2.34	-2.38	-2.37	-2.38	-2.46	-2.32	-2.54	-2.55	-2.60	-2.63	-2.67	-2.73	-2.80	-2.84	-2.84	-2.91
青海	-0.36	-0.41	-0.34	-0.36	-0.38	-0.43	-0.51	-0.51	-0.47	-0.52	-0.56	-0.60	-0.65	-0.71	-0.80	-0.79	-0.84	-0.89
宁夏	-2.60	-2.57	-2.48	-2.65	-2.58	-2.48	-2.40	-2.31	-2.53	-2.53	-2.60	-2.66	-2.74	-2.79	-2.82	-2.85	-2.83	-2.85
新疆	-2.32	-2.32	-2.34	-2.36	-2.33	-2.32	-2.33	-2.33	-2.69	-2.76	-2.94	-2.99	-3.03	-3.09	-3.03	-3.07	-3.08	-3.12

资料来源：笔者测算整理。

301

表39　农业面源源污染 TN 排放量/实际农业增加值（对数）

省份	1998 年	1999 年	2000 年	2001 年	2002 年	2003 年	2004 年	2005 年	2006 年	2007 年	2008 年	2009 年	2010 年	2011 年	2012 年	2013 年	2014 年	2015 年
北京	-2.63	-2.64	-2.68	-2.74	-2.81	-2.83	-2.82	-2.82	-3.00	-3.03	-3.07	-3.10	-3.11	-3.13	-3.19	-3.30	-3.39	-3.20
天津	-2.94	-2.92	-2.88	-2.88	-2.87	-2.89	-2.80	-2.82	-2.93	-2.92	-2.95	-2.95	-3.00	-3.07	-3.09	-3.13	-3.18	-3.19
河北	-2.76	-2.79	-2.85	-2.89	-2.93	-2.97	-3.00	-3.02	-3.22	-3.24	-3.29	-3.32	-3.36	-3.40	-3.42	-3.46	-3.48	-3.51
山西	-3.28	-3.11	-3.21	-3.21	-3.31	-3.38	-3.41	-3.33	-3.53	-3.52	-3.53	-3.58	-3.61	-3.65	-3.68	-3.71	-3.77	-3.76
内蒙古	-3.07	-3.05	-3.13	-3.15	-3.16	-3.09	-3.08	-3.07	-3.08	-3.07	-3.05	-3.01	-3.05	-3.12	-3.14	-3.15	-3.10	-3.18
辽宁	-3.13	-3.16	-3.18	-3.24	-3.29	-3.32	-3.34	-3.39	-3.51	-3.49	-3.52	-3.49	-3.52	-3.56	-3.61	-3.63	-3.66	-3.69
吉林	-2.92	-2.90	-2.98	-3.02	-3.09	-3.11	-2.97	-3.23	-3.27	-3.24	-3.33	-3.32	-3.32	-3.34	-3.35	-3.36	-3.39	-3.45
黑龙江	-3.34	-3.36	-3.33	-3.38	-3.44	-3.45	-3.50	-3.57	-3.74	-3.73	-3.79	-3.77	-3.77	-3.79	-3.81	-3.85	-3.89	-3.95
上海	-2.60	-2.38	-2.44	-2.45	-2.61	-2.77	-3.00	-2.82	-2.92	-2.98	-2.93	-3.12	-3.08	-3.05	-3.18	-3.20	-3.24	-3.05
江苏	-2.63	-2.69	-2.72	-2.75	-2.78	-2.78	-2.84	-2.86	-2.93	-2.96	-3.00	-3.04	-3.09	-3.15	-3.21	-3.25	-3.29	-3.31
浙江	-3.23	-3.24	-3.31	-3.37	-3.40	-3.46	-3.50	-3.49	-3.40	-3.62	-3.61	-3.64	-3.68	-3.73	-3.75	-3.77	-3.84	-3.81
安徽	-3.13	-3.22	-3.25	-3.25	-3.25	-3.20	-3.30	-3.34	-3.60	-3.56	-3.59	-3.60	-3.62	-3.64	-3.67	-3.69	-3.73	-3.77
福建	-3.53	-3.55	-3.59	-3.65	-3.68	-3.71	-3.75	-3.76	-3.69	-3.90	-3.93	-3.97	-3.99	-4.03	-4.04	-4.07	-4.09	-4.14
江西	-3.15	-3.22	-3.33	-3.35	-3.41	-3.44	-3.46	-3.49	-3.61	-3.71	-3.73	-3.70	-3.71	-3.74	-3.76	-3.79	-3.82	-3.86
山东	-2.80	-2.80	-2.83	-2.85	-2.88	-2.93	-2.97	-2.98	-3.21	-3.17	-3.27	-3.32	-3.35	-3.38	-3.40	-3.44	-3.50	-3.52
河南	-3.13	-3.16	-3.18	-3.21	-3.22	-3.17	-3.25	-3.01	-3.51	-3.51	-3.51	-3.52	-3.55	-3.58	-3.62	-3.65	-3.68	-3.72
湖北	-2.72	-2.90	-2.90	-2.94	-2.92	-2.94	-2.97	-3.01	-3.07	-3.13	-3.13	-3.13	-3.15	-3.18	-3.21	-3.26	-3.33	-3.35

续表

省份	1998 年	1999 年	2000 年	2001 年	2002 年	2003 年	2004 年	2005 年	2006 年	2007 年	2008 年	2009 年	2010 年	2011 年	2012 年	2013 年	2014 年	2015 年
湖南	-3.02	-3.04	-3.06	-3.09	-3.10	-3.11	-3.12	-3.16	-3.25	-3.36	-3.40	-3.40	-3.43	-3.46	-3.46	-3.49	-3.53	-3.56
广东	-3.03	-3.03	-3.04	-3.02	-3.07	-3.07	-3.12	-3.17	-3.19	-3.28	-3.27	-3.29	-3.33	-3.36	-3.38	-3.43	-3.46	-3.48
广西	-3.26	-3.32	-3.29	-3.35	-3.41	-3.46	-3.51	-3.53	-3.68	-3.74	-3.75	-3.76	-3.78	-3.82	-3.84	-3.86	-3.91	-3.95
海南	-3.91	-4.10	-3.98	-4.12	-4.16	-4.16	-4.19	-4.25	-3.93	-4.62	-4.55	-4.56	-4.62	-4.66	-4.72	-4.77	-4.84	-4.88
重庆	-3.61	-3.62	-3.61	-3.62	-3.67	-3.70	-3.71	-3.73	-3.48	-3.88	-3.86	-3.87	-3.90	-3.92	-3.96	-3.99	-4.01	-4.06
四川	-3.25	-3.28	-3.27	-3.36	-3.39	-3.43	-3.46	-3.47	-3.51	-3.61	-3.59	-3.61	-3.65	-3.70	-3.74	-3.77	-3.79	-3.83
贵州	-2.89	-2.87	-2.88	-2.88	-2.86	-2.87	-2.92	-2.92	-2.77	-3.13	-3.17	-3.19	-3.23	-3.21	-3.26	-3.32	-3.36	-3.41
云南	-2.89	-3.01	-2.91	-2.93	-2.96	-2.98	-2.98	-3.00	-2.87	-3.08	-3.10	-3.11	-3.10	-3.11	-3.14	-3.18	-3.21	-3.29
西藏	-1.27	-1.30	-1.33	-1.31	-1.31	-1.32	-1.34	-1.37	-1.09	-1.45	-1.49	-1.51	-1.60	-1.63	-1.68	-1.69	-1.74	-1.78
陕西	-2.62	-2.55	-2.60	-2.62	-2.68	-2.61	-2.71	-2.76	-2.66	-2.88	-2.89	-2.92	-2.97	-2.95	-2.90	-2.94	-3.02	-3.05
甘肃	-3.35	-3.33	-3.33	-3.35	-3.35	-3.38	-3.43	-3.37	-3.15	-3.51	-3.57	-3.59	-3.64	-3.70	-3.74	-3.77	-3.80	-3.86
青海	-1.76	-1.80	-1.73	-1.72	-1.74	-1.79	-1.87	-1.87	-1.43	-1.94	-1.97	-1.99	-2.02	-2.08	-2.16	-2.16	-2.21	-2.26
宁夏	-2.21	-2.23	-2.51	-2.55	-2.57	-2.59	-2.56	-2.55	-1.57	-2.57	-2.62	-2.68	-2.69	-2.74	-2.76	-2.78	-2.84	-2.87
新疆	-3.15	-3.19	-3.22	-3.24	-3.24	-3.25	-3.26	-3.27	-3.18	-3.44	-3.52	-3.55	-3.56	-3.57	-3.57	-3.60	-3.56	-3.67

资料来源：笔者测算整理。

303

表 40　农业面源污染 TP 排放量/实际农业增加值（对数）

省份	1998 年	1999 年	2000 年	2001 年	2002 年	2003 年	2004 年	2005 年	2006 年	2007 年	2008 年	2009 年	2010 年	2011 年	2012 年	2013 年	2014 年	2015 年
北京	-5.02	-4.94	-4.82	-4.68	-4.75	-4.73	-4.71	-4.73	-5.09	-5.03	-5.09	-5.11	-5.13	-5.18	-5.25	-5.36	-5.44	-5.26
天津	-5.76	-5.71	-5.55	-5.41	-5.26	-5.22	-5.23	-5.21	-5.56	-5.61	-5.59	-5.57	-5.56	-5.59	-5.56	-5.61	-5.63	-5.65
河北	-5.21	-5.22	-5.24	-5.26	-5.30	-5.29	-5.31	-5.31	-5.67	-5.70	-5.72	-5.76	-5.82	-5.85	-5.84	-5.87	-5.87	-5.91
山西	-5.50	-5.31	-5.41	-5.38	-5.49	-5.55	-5.59	-5.50	-5.70	-5.68	-5.66	-5.67	-5.68	-5.72	-5.73	-5.75	-5.78	-5.80
内蒙古	-5.72	-5.71	-5.75	-5.82	-5.81	-5.73	-5.66	-5.66	-5.72	-5.72	-5.71	-5.68	-5.70	-5.78	-5.78	-5.81	-5.78	-5.83
辽宁	-5.59	-5.62	-5.57	-5.59	-5.59	-5.57	-5.55	-5.57	-5.70	-5.65	-5.66	-5.63	-5.64	-5.69	-5.71	-5.76	-5.76	-5.80
吉林	-5.70	-5.64	-5.68	-5.71	-5.77	-5.76	-5.78	-5.82	-5.89	-5.84	-5.98	-5.96	-5.96	-5.99	-5.98	-5.99	-6.01	-6.07
黑龙江	-5.20	-5.20	-5.18	-5.24	-5.27	-5.31	-5.32	-5.38	-5.50	-5.49	-5.54	-5.51	-5.51	-5.53	-5.55	-5.59	-5.62	-5.69
上海	-4.73	-4.75	-4.72	-4.72	-4.83	-4.90	-5.91	-5.21	-5.53	-5.53	-5.55	-5.55	-5.50	-5.49	-5.57	-5.68	-5.74	-5.51
江苏	-5.62	-5.60	-5.62	-5.63	-5.64	-5.64	-5.70	-5.72	-5.80	-5.84	-5.86	-5.89	-5.91	-5.94	-5.97	-6.03	-6.08	-6.09
浙江	-6.19	-6.19	-6.20	-6.17	-6.17	-6.16	-6.21	-6.21	-6.16	-6.38	-6.25	-6.28	-6.30	-6.37	-6.38	-6.44	-6.54	-6.48
安徽	-5.15	-5.22	-5.23	-5.23	-5.23	-5.16	-5.25	-5.29	-5.54	-5.48	-5.50	-5.50	-5.51	-5.53	-5.55	-5.56	-5.60	-5.65
福建	-5.70	-5.70	-5.73	-5.75	-5.80	-5.82	-5.83	-5.81	-5.72	-5.97	-5.95	-5.98	-5.99	-6.02	-5.97	-5.96	-5.97	-6.05
江西	-4.99	-5.06	-5.13	-5.15	-5.19	-5.20	-5.21	-5.22	-5.32	-5.41	-5.42	-5.39	-5.39	-5.41	-5.42	-5.44	-5.46	-5.52
山东	-4.93	-4.92	-4.91	-4.92	-4.91	-4.92	-4.94	-4.92	-5.20	-5.20	-5.20	-5.24	-5.25	-5.26	-5.26	-5.30	-5.37	-5.39
河南	-4.92	-4.94	-4.94	-4.95	-4.94	-4.88	-4.96	-4.98	-5.21	-5.21	-5.17	-5.15	-5.16	-5.18	-5.21	-5.23	-5.25	-5.31
湖北	-5.11	-5.05	-5.14	-5.14	-5.12	-5.11	-5.15	-5.18	-5.22	-5.30	-5.27	-5.27	-5.30	-5.34	-5.35	-5.38	-5.41	-5.47

续表

省份	1998年	1999年	2000年	2001年	2002年	2003年	2004年	2005年	2006年	2007年	2008年	2009年	2010年	2011年	2012年	2013年	2014年	2015年
湖南	-5.17	-5.19	-5.20	-5.22	-5.21	-5.19	-5.21	-5.27	-5.46	-5.58	-5.58	-5.57	-5.59	-5.63	-5.62	-5.63	-5.66	-5.70
广东	-5.41	-5.34	-5.33	-5.31	-5.34	-5.34	-5.39	-5.41	-5.51	-5.56	-5.54	-5.55	-5.58	-5.63	-5.65	-5.71	-5.77	-5.77
广西	-5.13	-5.17	-5.13	-5.22	-5.30	-5.35	-5.41	-5.40	-5.41	-5.48	-5.47	-5.47	-5.48	-5.52	-5.53	-5.56	-5.61	-5.65
海南	-6.14	-6.16	-6.16	-6.08	-6.29	-6.28	-6.17	-6.36	-5.82	-6.65	-6.62	-6.61	-6.66	-6.68	-6.75	-6.77	-6.84	-6.89
重庆	-5.85	-5.83	-5.79	-5.80	-5.82	-5.84	-5.85	-5.84	-5.46	-6.01	-6.01	-6.00	-6.00	-6.02	-6.03	-6.06	-6.08	-6.14
四川	-5.15	-5.16	-5.13	-5.25	-5.27	-5.30	-5.32	-5.31	-5.34	-5.46	-5.43	-5.44	-5.47	-5.51	-5.54	-5.56	-5.58	-5.63
贵州	-5.53	-5.54	-5.53	-5.52	-5.50	-5.50	-5.53	-5.52	-5.36	-5.83	-5.84	-5.85	-5.87	-5.92	-5.97	-6.00	-6.02	-6.08
云南	-5.52	-5.57	-5.55	-5.58	-5.61	-5.63	-5.63	-5.64	-5.49	-5.77	-5.80	-5.80	-5.78	-5.79	-5.82	-5.86	-5.89	-5.97
西藏	-3.21	-3.23	-3.25	-3.24	-3.24	-3.25	-3.27	-3.29	-2.95	-3.38	-3.41	-3.44	-3.52	-3.55	-3.61	-3.62	-3.67	-3.70
陕西	-5.66	-5.61	-5.64	-5.66	-5.71	-5.66	-5.75	-5.75	-5.54	-6.01	-5.92	-5.97	-6.06	-6.03	-5.96	-5.99	-6.07	-6.10
甘肃	-5.46	-5.44	-5.43	-5.54	-5.53	-5.59	-5.64	-5.57	-5.17	-5.72	-5.77	-5.81	-5.83	-5.88	-5.93	-5.96	-5.96	-6.04
青海	-3.68	-3.72	-3.65	-3.65	-3.67	-3.71	-3.79	-3.79	-3.27	-3.86	-3.90	-3.91	-3.96	-4.01	-4.09	-4.09	-4.14	-4.19
宁夏	-5.54	-5.53	-5.44	-5.55	-5.54	-5.47	-5.42	-5.31	-4.13	-5.46	-5.49	-5.54	-5.56	-5.60	-5.62	-5.64	-5.67	-5.71
新疆	-5.23	-5.26	-5.30	-5.28	-5.27	-5.26	-5.27	-5.26	-5.14	-5.49	-5.59	-5.61	-5.63	-5.63	-5.61	-5.64	-5.59	-5.70

资料来源：笔者测算整理。

表 41 污染排放量/实际农业增加值（对数）

省份	COD					NH				
	2011 年	2012 年	2013 年	2014 年	2015 年	2011 年	2012 年	2013 年	2014 年	2015 年
北京	-2.81	-2.89	-2.96	-3.00	-2.88	-5.65	-5.69	-5.77	-5.83	-5.75
天津	-2.63	-2.67	-2.74	-2.82	-2.87	-5.59	-5.62	-5.71	-5.81	-5.87
河北	-3.43	-3.49	-3.55	-3.62	-3.69	-6.45	-6.51	-6.59	-6.65	-6.74
山西	-3.55	-3.63	-3.71	-3.79	-3.86	-6.23	-6.30	-6.38	-6.44	-6.50
内蒙古	-3.00	-3.10	-3.17	-3.23	-3.26	-6.94	-7.03	-7.09	-7.16	-7.22
辽宁	-3.08	-3.15	-3.21	-3.25	-3.31	-6.29	-6.38	-6.44	-6.49	-6.56
吉林	-3.19	-3.28	-3.35	-3.41	-3.48	-6.55	-6.63	-6.71	-6.79	-6.89
黑龙江	-2.73	-2.85	-2.91	-2.97	-3.03	-6.17	-6.26	-6.35	-6.42	-6.50
上海	-3.61	-3.64	-3.66	-3.69	-3.59	-5.88	-5.89	-5.94	-5.99	-5.87
江苏	-4.34	-4.42	-4.47	-4.54	-4.61	-6.64	-6.71	-6.76	-6.81	-6.88
浙江	-4.31	-4.37	-4.41	-4.45	-4.56	-6.35	-6.39	-6.44	-6.49	-6.60
安徽	-3.92	-4.01	-4.08	-4.14	-4.21	-6.24	-6.33	-6.39	-6.45	-6.52
福建	-4.27	-4.36	-4.43	-4.49	-4.55	-6.16	-6.22	-6.30	-6.37	-6.43
江西	-4.02	-4.11	-4.18	-4.25	-4.32	-6.10	-6.19	-6.27	-6.35	-6.40
山东	-3.36	-3.43	-3.51	-3.57	-3.65	-6.26	-6.33	-6.41	-6.48	-6.58
河南	-3.75	-3.82	-3.89	-3.95	-4.01	-6.27	-6.35	-6.44	-6.51	-6.58

续表

省份	COD					NH				
	2011年	2012年	2013年	2014年	2015年	2011年	2012年	2013年	2014年	2015年
湖北	-3.98	-4.04	-4.11	-4.19	-4.29	-6.29	-6.36	-6.43	-6.51	-6.64
湖南	-3.86	-3.92	-3.96	-4.02	-4.07	-6.06	-6.12	-6.17	-6.23	-6.28
广东	-3.76	-3.83	-3.89	-3.96	-4.02	-6.11	-6.16	-6.24	-6.35	-6.44
广西	-4.52	-4.61	-4.67	-4.74	-4.79	-6.60	-6.69	-6.76	-6.84	-6.90
海南	-4.12	-4.22	-4.30	-4.36	-4.42	-6.55	-6.64	-6.76	-6.82	-6.88
重庆	-4.19	-4.28	-4.34	-4.40	-4.46	-6.43	-6.53	-6.61	-6.68	-6.74
四川	-3.99	-4.06	-4.11	-4.17	-4.26	-6.23	-6.30	-6.36	-6.43	-6.50
贵州	-4.87	-4.83	-4.91	-5.01	-5.11	-6.88	-6.91	-6.97	-7.07	-7.16
云南	-5.27	-5.31	-5.40	-5.48	-5.58	-7.08	-7.15	-7.25	-7.32	-7.41
西藏	-5.08	-5.30	-5.28	-5.04	-5.06	-7.34	-7.43	-7.40	-7.39	-7.43
陕西	-4.11	-4.19	-4.25	-4.32	-4.39	-6.66	-6.73	-6.80	-6.87	-6.93
甘肃	-3.84	-3.91	-3.99	-4.06	-4.15	-7.05	-7.15	-7.24	-7.30	-7.38
青海	-4.28	-4.29	-4.35	-4.42	-4.49	-7.50	-7.51	-7.59	-7.69	-7.76
宁夏	-2.89	-2.95	-3.00	-3.05	-3.09	-6.68	-6.80	-6.87	-6.94	-7.05
新疆	-3.48	-3.50	-3.58	-3.64	-3.75	-6.83	-6.86	-6.94	-7.01	-7.10

资料来源：笔者测算整理。

参 考 文 献

[1] 白金凤：《我国农业节水的法制化建设研究》，西北农林科技大学硕士论文，2008 年。

[2] 鲍超、陈小杰、梁广林：《基于空间计量模型的河南省用水效率影响因素分析》，载于《自然资源学报》2016 年第 7 期。

[3] 操信春、杨陈玉、何鑫等：《中国灌溉水资源利用效率的空间差异分析》，载于《中国农村水利水电》2016 年第 8 期。

[4] 陈安平：《我国区域经济的溢出效应研究》，载于《经济科学》2007 年第 2 期。

[5] 陈飞：《中国农业经济地区差异及成因研究》，科学出版社2014 年版。

[6] 陈洪斌：《我国省际农业用水效率测评与空间溢出效应研究》，载于《干旱区资源与环境》2017 年第 2 期。

[7] 陈吉宁、李广贺、王洪涛：《滇池流域面源污染控制技术研究》，载于《中国水利》2004 年第 9 期。

[8] 陈磊、吴继贵、王应明：《基于空间视角的水资源经济环境效率评价》，载于《地理科学》2015 年第 12 期。

[9] 陈萌山：《把加快发展节水农业作为建设现代农业的重大战略举措》，载于《农业经济问题》2011 年第 2 期。

[10] 陈明华、刘华军、孙亚男等：《中国五大城市群经济发展的空间差异及溢出效应》，载于《城市发展研究》2016 年第 3 期。

[11] 陈午、许新宜、王红瑞等：《梯度发展模式下我国水资源利用效率评价》，载于《水力发电学报》2015 年第 9 期。

[12] 崔海峰：《农业水价改革研究——以山东省引黄灌区为例》，山东农业大学硕士论文，2015 年。

[13] 大西晓生、田山珊、龙振华等：《中国农业用水效率的地区

差别及其评价》，载于《农村经济与科技》2013 年第 7 期。

［14］邓益斌、尹庆民：《中国水资源利用效率区域差异的时空特性和动力因素分析》载于《水利经济》2015 年第 3 期。

［15］邓小云：《农业面源污染防治法律制度研究》，中国海洋大学，2012 年。

［16］董毅明、廖虎昌：《基于 DEA 的西部省会城市水资源利用效率研究》，载于《水土保持通报》2011 年第 4 期。

［17］冯保清：《我国不同分区灌溉水有效利用系数变化特征及其影响因素分析》，载于《节水灌溉》2013 年第 6 期。

［18］盖美、吴慧歌、曲本亮：《新一轮东北振兴背景下的辽宁省水资源利用效率及其空间关联格局研究》，载于《资源科学》2016 年第 7 期。

［19］韩一军、李雪、付文阁：《麦农采用农业节水技术的影响因素分析——基于北方干旱缺水地区的调查》，载于《南京农业大学学报（社会科学版）》2015 年第 4 期。

［20］高铁梅：《计量经济分析方法与建模：EViews 应用及实例 – 第 2 版》，清华大学出版社 2009 年版。

［21］葛继红、周曙东：《农业面源污染的经济影响因素分析——基于 1978～2009 年的江苏省数据》，载于《中国农村经济》2011 年第 5 期。

［22］耿献辉、张晓恒、宋玉兰：《农业灌溉用水效率及其影响因素实证分析——基于随机前沿生产函数和新疆棉农调研数据》，载于《自然资源学报》2014 年第 6 期。

［23］姜楠：《我国水资源利用相对效率的时空分异与影响因素研究》，辽宁师范大学，2009 年。

［24］靳京、吴绍洪、戴尔阜：《农业资源利用效率评价方法及其比较》，载于《资源科学》2005 年第 1 期。

［25］赖斯芸：《非点源污染调查评估方法及其应用研究》，清华大学，2004 年。

［26］梁流涛：《农村生态环境时空特征及其演变规律研究》，南京农业大学博士论文，2009 年。

［27］梁流涛、冯淑怡、曲福田：《农业面源污染形成机制：理论

与实证》，载于《中国人口·资源与环境》2010 年第 4 期。

[28] 梁流涛、曲福田、冯淑怡：《基于环境污染约束视角的农业技术效率测度》，载于《自然资源学报》2012 年第 9 期。

[29] 廖虎昌、董毅明：《基于 DEA 和 Malmquist 指数的西部 12 省水资源利用效率研究》，载于《资源科学》2011 年第 2 期。

[30] 李赫龙、林佳、苏玉萍等：《福建省水资源生态足迹时空差异及演变特征》在，载于《福建师大学报（自然科学版）》2015 年第 6 期。

[31] 李婧、谭清美、白俊红：《中国区域创新生产的空间计量分析——基于静态与动态空间面板模型的实证研究》，载于《管理世界》2010 年第 7 期。

[32] 李敬、陈澍、万广华等：《中国区域经济增长的空间关联及其解释——基于网络分析方法》，载于《经济研究》2014 年第 11 期。

[33] 李静、马潇璨：《资源与环境双重约束下的工业用水效率——基于 SBM – Undesirable 和 Meta-frontier 模型的实证研究》，载于《自然资源学报》2014 年第 6 期。

[34] 李静、马潇璨：《资源与环境约束下的产粮区粮食生产用水效率与影响因素研究》，载于《农业现代化研究》2015 年第 2 期。

[35] 李世祥、成金华、吴巧生：《中国水资源利用效率区域差异分析》，载于《中国人口·资源与环境》2008 年第 3 期。

[36] 李双杰、范超：《随机前沿分析与数据包络分析方法的评析与比较》，载于《统计与决策》2009 年第 7 期。

[37] 李秀芬、朱金兆、顾晓君等：《农业面源污染现状与防治进展》，载于《中国人口·资源与环境》2010 年第 4 期。

[38] 林光平、龙志和、吴梅：《我国地区经济收敛的空间计量实证分析：1978~2002 年》，载于《经济学（季刊）》2005 年第 S1 期。

[39] 刘华军、鲍振、杨骞：《中国二氧化碳排放的分布动态与演进趋势》，载于《资源科学》2013 年第 10 期。

[40] 刘华军、鲍振、杨骞：《中国农业碳排放的地区差距及其分布动态演进——基于 Dagum 基尼系数分解与非参数估计方法的实证研究》，载于《农业技术经济》2013 年第 3 期。

[41] 刘华军、何礼伟、杨骞：《中国人口老龄化的空间非均衡及

分布动态演进：1989～2011》，载于《人口研究》2014年第2期。

[42] 刘华军、刘传明、杨骞：《环境污染的空间溢出及其来源——基于网络分析视角的实证研究》，载于《经济学家》2015年第10期。

[43] 刘华军、杨骞：《金融深化、空间溢出与经济增长——基于空间回归模型偏微分效应分解方法及中国的实证》，载于《金融经济学研究》2014年第2期。

[44] 刘华军、张权：《中国高等教育资源空间非均衡研究》，载于《中国人口科学》2013年第3期。

[45] 刘华军、张权、杨骞：《城镇化、空间溢出与区域经济增长——基于空间回归模型偏微分方法及中国的实证》，载于《农业技术经济》2014年第10期。

[46] 刘华军、张耀、孙亚男：《中国区域发展的空间网络结构及其影响因素——基于2000～2013年省际地区发展与民生指数》，载于《经济评论》2015年第5期。

[47] 刘华军、赵浩、杨骞：《中国品牌经济发展的地区差距与影响因素——基于Dagum基尼系数分解方法与中国品牌500强数据的实证研究》，载于《经济评论》2012年第3期。

[48] 刘华军、赵浩：《中国二氧化碳排放强度的地区差异分析》，载于《统计研究》2012年第6期。

[49] 刘军、朱美玲、贺诚：《新疆棉花节水技术灌溉用水效率与影响因素分析》，载于《干旱区资源与环境》2015年第2期。

[50] 刘涛：《中国农业生态用水效率的空间差异与模式分类》，载于《江苏农业科学》2016年第7期。

[51] 夏明、魏英琪、李国平：《收敛还是发散？——中国区域经济发展争论的文献综述》，载于《经济研究》2004年第7期。

[52] 刘渝、杜江、张俊飚：《湖北省农业水资源利用效率评价》，载于《中国人口·资源与环境》2007年第6期。

[53] 刘渝、王岌：《农业水资源利用效率分析——全要素水资源调整目标比率的应用》，载于《华中农业大学学报（社会科学版）》，2012年第6期。

[54] 刘渝、王兆锋、张俊飚：《农业水资源利用效率的影响因素分析》，载于《经济问题》2007年第6期。

[55] 买亚宗、孙福丽、黄枭枭等：《中国水资源利用效率评估及区域差异研究》，载于《环境保护科学》2014年第5期。

[56] 马海良、黄德春、张继国等：《中国近年来水资源利用效率的省际差异：技术进步还是技术效率》，载于《资源科学》2012年第5期。

[57] 马海良、黄德春、张继国：《考虑非合意产出的水资源利用效率及影响因素研究》，载于《中国人口·资源与环境》2012年第10期。

[58] 马海良、丁元卿、王蕾：《绿色水资源利用效率的测度和收敛性分析》，载于《自然资源学报》2017年第3期。

[59] 潘丹：《基于资源环境约束的中国农业绿色生产率研究》，中国环境出版社2013年版。

[60] 潘丹、应瑞瑶：《资源环境约束下的中国农业全要素生产率增长研究》，载于《资源科学》2013年第7期。

[61] 潘丹：《考虑资源环境因素的中国农业生产率研究》，南京农业大学，2012年。

[62] 潘经韬：《中国农业用水效率区域差异及影响因素研究》，载于《湖北农业科学》2016年第11期。

[63] 彭国华：《中国地区收入差距、全要素生产率及其收敛分析》，载于《经济研究》2005年第9期。

[64] 钱文婧、贺灿飞：《中国水资源利用效率区域差异及影响因素研究》，载于《中国人口·资源与环境》2011年第2期。

[65] 乔文军：《农业水权及其制度建设研究》，西北农林科技大学，2007年。

[66] 沈满洪、程永毅：《中国工业水资源利用及污染绩效研究——基于2003～2012年地区面板数据》，载于《中国地质大学学报（社会科学版）》2015年第1期。

[67] 孙才志、刘玉玉：《基于DEA-ESDA的中国水资源利用相对效率的时空格局分析》，载于《资源科学》2009年第10期。

[68] 孙才志、闫冬：《基于DEA模型的大连市水资源-社会经济可持续发展评价》，载于《水利经济》2008年第4期。

[69] 孙才志、赵良仕、邹玮：《中国省际水资源全局环境技术效

率测度及其空间效应研究》，载于《自然资源学报》2014 年第 4 期。

[70] 佟金萍、马剑锋、王慧敏等：《中国农业全要素用水效率及其影响因素分析》，载于《经济问题》2014 年第 6 期。

[71] 佟金萍、马剑锋、王慧敏等：《农业用水效率与技术进步：基于中国农业面板数据的实证研究》，载于《资源科学》2014 年第 9 期。

[72] 佟金萍、马剑锋、王圣等：《长江流域农业用水效率研究：基于超效率 DEA 和 Tobit 模型》，载于《长江流域资源与环境》2015 年第 4 期。

[73] 王晓青：《中国水资源短缺地域差异研究》，载于《自然资源学报》2001 年第 6 期。

[74] 王洁萍、刘国勇、朱美玲：《新疆农业水资源利用效率测度及其影响因素分析》，载于《节水灌溉》2016 年第 1 期。

[75] 王晓娟、李周：《灌溉用水效率及影响因素分析》，载于《中国农村经济》2005 年第 7 期。

[76] 王亚华：《中国用水户协会改革：政策执行视角的审视》，载于《管理世界》2013 年第 6 期。

[77] 王震、吴颖超、张娜娜等：《我国粮食主产区农业水资源利用效率评价》，载于《水土保持通报》2015 年第 2 期。

[78] 王兵、罗佑军：《中国区域工业生产效率、环境治理效率与综合效率实证研究——基于 RAM 网络 DEA 模型的分析》，载于《世界经济文汇》2015 年第 1 期。

[79] 王兵、吴延瑞、颜鹏飞：《中国区域环境效率与环境全要素生产率增长》，载于《经济研究》2010 年第 5 期。

[80] 王昕、陆迁：《中国农业水资源利用效率区域差异及趋同性检验实证分析》，载于《软科学》2014 年第 11 期。

[81] 王金霞、徐志刚、黄季焜等：《水资源管理制度改革、农业生产与反贫困》，载于《经济学（季刊）》2005 年第 4 期。

[82] 王学渊、赵连阁：《中国农业用水效率及影响因素——基于 1997 ~ 2006 年省区面板数据的 SFA 分析》，载于《农业经济问题》2008 年第 3 期。

[83] 魏后凯：《中国地区发展：经济增长、制度变迁与地区差异》，经济管理出版社 1997 年版。

[84] 魏楚、沈满洪：《水资源效率的测度及影响因素：基于文献的述评》，载于《长江流域资源与环境》2014年第2期。

[85] 谢高地、齐文虎：《主要农业资源利用效率研究》，载于《资源科学》1998年第5期。

[86] 许新宜、刘海军、王红瑞等：《去区域气候变异的农业水资源利用效率研究》，载于《中国水利》2010年第21期。

[87] 许朗、黄莺：《农业灌溉用水效率及其影响因素分析——基于安徽省蒙城县的实地调查》，载于《资源科学》2012年第1期。

[88] 杨明洪、孙继琼：《中国地区差距时空演变特征的实证分析：1978～2003》，载于《复旦学报（社会科学版）》2006年第1期。

[89] 杨骞、刘华军：《污染排放约束下中国农业水资源效率的区域差异与影响因素》，载于《数量经济技术经济研究》2015年第1期。

[90] 杨骞、刘华军：《污染排放约束下中国水资源绩效研究——演变趋势及驱动因素分析》，载于《财经研究》2015年第3期。

[91] 杨骞、武荣伟、王弘儒：《中国农业用水效率的分布格局与空间交互影响：1998～2013年》，载于《数量经济技术经济研究》2017年第2期。

[92] 于法稳：《中国农业绿色转型发展的生态补偿政策研究》，载于《生态经济》2017年第3期。

[93] 于法稳、李来胜：《西部地区农业资源利用的效率分析及政策建议》，载于《中国人口·资源与环境》2005年第6期。

[94] 岳立、赵海涛：《环境约束下的中国工业用水效率研究——基于中国13个典型工业省区2003年～2009年数据》，载于《资源科学》2011年第11期。

[95] 赵良仕、孙才志、郑德凤：《中国省际水资源利用效率与空间溢出效应测度》，载于《地理学报》2014年第1期。

[96] 赵良仕：《中国省际水资源利用效率测度、收敛机制与空间溢出效应研究》，辽宁师范大学博士论文，2014年。

[97] 赵连阁、王学渊：《农户灌溉用水的效率差异——基于甘肃、内蒙古两个典型灌区实地调查的比较分析》，载于《农业经济问题》2010年第3期。

[98] 赵晨、王远、谷学明等：《基于数据包络分析的江苏省水资

源利用效率》，载于《生态学报》2013 年第 5 期。

［99］赵姜、孟鹤、龚晶：《京津冀地区农业全要素用水效率及影响因素分析》，载于《中国农业大学学报》2017 年第 3 期。

［100］张大弟、张晓红、章家骐、沈根祥：《上海市郊区非点源污染综合调查评价》，载于《上海农业学报》1997 年第 1 期。

［101］郑芳：《新疆农业水资源利用效率的研究》，石河子大学硕士论文，2013 年。

［102］臧正、邹欣庆：《中国大陆水资源强度的收敛特征检验：基于省际面板数据的实证》，载于《自然资源学报》2016 年第 6 期。

［103］周晓艳、安月平、李秋丽等：《基于空间 Markov 模型的湖北省区域经济差异时空演变分析（1994 年~2012 年)》，载于《华中师范大学学报（自科版)》2016 年第 1 期。

［104］Anselin L, Spatial Econometrics: Methods and Models. Kluwer Academic Publishers, 1988.

［105］Anselin L, Le Gallo J, Jayet H. Spatial Panel Econometrics. The Econometrics of Panel Data. Springer Berlin Heidelberg, 2008.

［106］Banker R D, Charnes A, Cooper W W. Some Models for Estimating Technical and Scale Inefficiencies in Data Envelopment Analysis. Management Science, Vol. 30, No. 9, 1984.

［107］Barnett G A, Encyclopedia of Social Network. Sage, 2011.

［108］Barro R J, Convergence. Journal of Political Economy, Vol. 100, No. 2, 1992.

［109］Barro R J, Sala – I – Martin X. Economic Growth, 2nd Edition. Mit Press Books, Vol. 1, No. 5, 2003.

［110］Baumol W J, Productivity Growth, Convergence, and Welfare: What the Long – Run Data Show. American Economic Review, Vol. 76, No. 5, 1986.

［111］Bogetoft P, Otto L. Benchmarking with DEA, SFA, and R. Springer Science & Business Media, 2010.

［112］Bouman B A M, A Conceptual Framework for the Improvement of Crop Water Productivity at Different Spatial Scales. Agricultural Systems, Vol. 93, No. 1, 2007.

[113] Charnes A, and Cooper W. Programming with Linear Fractional Functionals. Naval Research Logistic Quarterly, Vol. 9, No. 3 - 4, 1962.

[114] Charnes A, Cooper W W, Rhodes E. Measuring the Efficiency of Decision Making Units. European Journal of Operational Research, Vol. 2, No. 6, 1978.

[115] Coelli T J, Rao D S. Total Factor Productivity Growth in Agriculture: a Malmquist Index Analysis of 93 Countries, 1980 - 2000. Agricultural Economics, Vol. 32, No. s1, 2005.

[116] Cook W D, Seiford L M. Data Envelopment Analysis (DEA) - Thirty Years On. European Journal of Operational Research, Vol. 192, No. 1, 2009.

[117] Cooper W W, Tone K, Seiford L M. Data Envelopment Analysis: A Comprehensive Text with Models, Applications References, and DEA - Solver Software with Cdrom. Kluwer Academic Publishers, 1999.

[118] Cowell F A, On the Structure of Additive Inequality Measures. Review of Economic Studies, Vol. 47, No. 3, 1980.

[119] Dagum C, A New Approach to the Decomposition of the Gini Income Inequality Ratio. Empirical Economics, Vol. 22, No. 4, 1997.

[120] Elhorst J P, Dynamic Spatial Panels: Models, Methods, and Inferences. Journal of Geographical Systems, Vol. 14, No. 1, 2012.

[121] Everett M, Social Network Analysis Textbook at Essex Summer School in SSDA, 2002.

[122] Engle R F, Specification of the Disturbance for Efficient Estimation. Econometrica, Vol. 42, No. 1, 1974.

[123] Färe R, Grosskopf S. Directional Distance Functions and Slacks-based Measures of Efficiency. European Journal of Operational Research, Vol. 200, No. 1, 2010.

[124] Färe R, Grosskopf S, Pasurka C A. Environmental Production Functions and Environmental Directional Distance Functions. Energy, Vol. 32, No. 7, 2007.

[125] Fukuyama H, Weber W L. A Directional Slacks-based Measure of Technical Inefficiency. Socio - Economic Planning Sciences, Vol. 43,

No. 4, 2009.

[126] Groenewold N, Guoping L, Anping C. Regional Output Spillovers in China: Estimates From a VAR Model. Papers in Regional Science, Vol. 86, No. 1, 2007.

[127] Groenewold N, Guoping L E E, Anping C. Inter-regional Spillovers in China: The Importance of Common Shocks and the Definition of the Regions. China Economic Review, Vol. 19, No. 1, 2008.

[128] Hannan E J, Quinn B G. The Determination of the Order of an Autoregression. Journal of the Royal Statistical Society, Vol. 41, No. 2, 1979.

[129] Herrerias M J, Ordoñez J. New Evidence on the Role of Regional Clusters and Convergence in China (1952 – 2008). China Economic Review, Vol. 23, No. 4, 2012.

[130] Hu, J. L., Wang, S. C. and Yeh, F. Y. Total-factor Water Efficiency of Regions in China. Resources Policy, Vol. 31, No. 4, 2006.

[131] Hubert L, Schultz J. Quadratic Assignment as A General Data Analysis Strategy. British Journal of Mathematical and Statistical Psychology, Vol. 29, No. 2, 1976.

[132] Ivanov V, Kilian L. A Practitioner's Guide to Lag Order Selection For VAR Impulse Response Analysis. Studies in Nonlinear Dynamics & Econometrics, Vol. 9, No. 1, 2005.

[133] Kaneko S, Tanaka K, Toyota T, et al. Water Efficiency of Agricultural Production in China: Regional Comparison From 1999 to 2002. International Journal of Agricultural Resources, Governance and Ecology, Vol. 3, No. 3 – 4, 2004.

[134] Keidel A, Chinese Regional Inequalities In Income and Well – Being. Review of Income and Wealth, Vol. 55, Supplement, 2009.

[135] Kraemer H C, Jacklin C N. Statistical Analysis of Dyadic Social Behavior. Psychological Bulletin, Vol. 86, No. 86, 1979.

[136] Krackhardt D, Predicting With Networks: Nonparametric Multiple Regression Analysis of Dyadic Data. Social Networks, Vol. 10, No. 4, 1988.

[137] LeSage J P, Pace R K. Introduction to Spatial Econometrics (Statistics, textbooks and monographs). CRC Press, 2009.

［138］ Lincoln J R, Analyzing Relations In Dyads. Sociological Methods & Research, Vol. 13, No. 1, 1984.

［139］ Liu J, Zang C, Tian S, et al. Water Conservancy Projects in China: Achievements, Challenges and Way Forward Global Environmental Change, Vol. 23, No. 3, 2013.

［140］ Meeusen W, Broeck J V D. Efficiency Estimation from Cobb – Douglas Production Functions with Composed Error. International Economic Review, Vol. 18, No. 18, 1977.

［141］ Miller S M, Upadhyay M P. Total Factor Productivity and the Convergence Hypothesis. Journal of Macroeconomics, Vol. 24, No. 2, 2002.

［142］ Moran P A P. Notes on Continuous Stochastic Phenomena. Biometrika, Vol. 37, No. 1/2, 1950.

［143］ Pastor J T, Lovell C A K. A Global Malmquist Productivity Index. Economics Letters, Vol. 88, No. 2, 2005.

［144］ Silverman B W, Density Estimation for Statistics and Data Analysis. CRC Press, 1986.

［145］ Shorrocks A F, The Class of Additively Decomposable Inequality Measures. Econometrica, Vol. 48, No. 3, 1980.

［146］ Sala – i – Martin X. Lecture Notes on Economic Growth (Ⅱ): Five Prototype Models of Endogenous Growth. National Bureau of Economic Research, 1990.

［147］ Slatyer R O, Bierhuizen J F. The Effect of Several Foliar Sprays on Transpiration and Water Use Efficiency of Cotton Plants. Agricultural Meteorology, Vol. 1, No. 1, 1964.

［148］ Sergio J. Rey, Brett D. Montouri. US Regional Income Convergence: A Spatial Econometric Perspective. Regional Studies, Vol. 33, No. 2, 1999.

［149］ Speelman S, D'Haese M F C, Buysse J, et al. Technical Efficiency of Water Use and Its Determinants, Study at Small-scale Irrigation Schemes in North – West Province, South Africa. General Information, 2007.

［150］ Theil H. , Economics and Information Theory. Amsterdam: North Holland Publishing Company, 1967.

[151] Tobler W R, A Computer Movie Simulating Urban Growth in the Detroit Region. Economic Geography, Vol. 46, No. sup1, 1970.

[152] Tone K, Dealing with Undesirable Outputs in DEA: A Slacks - Mased Measure (SBM) Approach. GRIPS Research Report Series, 2003.

[153] Tone K, A Slacks-based Measure of Efficiency in Data Envelopment Analysis. European Journal of Operational Research, Vol. 130, No. 3, 2001.

[154] Varghese S K, Veettil P C, Speelman S, et al. Estimating The Causal Effect of Water Scarcity on the Groundwater Use Efficiency of Rice Farming in South India. Ecological Economics, Vol. 86, No. 2, 2013.

[155] Wand M P, Jones M C. Kernel Smoothing. Biometrics, Vol. 54, 1994.

[156] Wadud A, White B. Farm Household Efficiency in Bangladesh: A Comparison of Stochastic Frontier and DEA Methods. Applied Economics, Vol. 32, No. 13, 2000.

[157] Yu Y, CHINA_SPATDWM: Stata Module to Provide Spatial Distance Matrices for Chinese Provinces and Cities. Statistical Software Components, 2009.

[158] Zheng, J. Liu, X. Bigsten, A. Ownership Structure and Determinants of Technical Efficiency: An Application of Data Envelopment Analysis to Chinese Enterprises (1986 – 1990). Journal of Comparative Economics, Vol. 26, No. 3, 1998.

后　记

  本书是在我主持完成的国家社科基金青年项目"资源环境约束下农业用水效率评价及提升路径研究"（批准号为：15CGL041）之基础上修改而成。本书研究了水资源与水污染约束背景下的中国农业用水效率。在科学测度分省及地区资源环境约束下农业用水效率的基础上，对中国农业用水效率的时空格局及空间交互影响、中国农业用水效率的区域差距及其成因、中国农业用水效率的影响因素及其空间溢出效应进行了深入研究，最终对于如何有效提升中国农业用水效率提出了相关建议。上述研究的部分成果发表在《数量经济技术经济研究》《财经研究》《农业经济问题》《中国人口·资源与环境》等学术期刊。

  本书研究的顺利完成离不开我所在学术团队的支持。回顾本书的研究及写作，是一个不断汲取新知识、新方法，不断学习、思考及力争创新的过程。在此我要感谢山东财经大学经济增长与绿色发展团队的各位老师和同学们，他们是刘华军、王弘儒、秦文晋、刘鑫鹏、王钰。正是经过团队成员无数次的悉心论证，才使得本研究的思路逐渐明确、结论更具说服力及现实意义。当然，书中若有不当或错误之处，责任由我承担。

  本书研究的顺利完成和出版，还要得益于国家社科基金的资助、匿名评审专家在结题中给予的中肯建议、山东省社科规划办的支持、山东财经大学提供的良好科研环境、山东财经大学各位领导及老师的大力帮助。

  本书汲取和引用了国内外许多专家学者的研究成果，我们尽可能地在书中作出说明和注释，在此向有关专家学者一并表示感谢。

杨　赛

2019 年 9 月于济南